KB130624

초보자부터 마스터까지

8대 공정 마스터

최철종, 심규환 지음

목 차

서 문

인류의 위대한 발명품인 반도체는 지난70여년 사이에 막대한 산업성장과 인류사적 변혁을 이루어왔다. 각종 자동화, 컴퓨터, TV, 스마트폰, 휴대용 건강기기로 이어지는 IT 산업발전을 주도하였으며, 이제 반도체에 의해 실현되는 지능을 부가하여 모빌리티, 의료, 로봇, 우주항공, 군수의 모든 분야에 인공지능이 작동하는 4차 산업혁명이라는 새로운 세대로 진입하는 중이다.

반도체 분야는 크게 공정(소재, 장비), 소자, 회로, S/W로 구성된다고 할 수 있으며, 그중 공정분야는 재료, 화학, 물리, 전자에 대한 융합지식의 복합체이다. 양자물리가 작동하는 원자 수준의 Sub-one-nano 스케일까지 도달하는 반도체 공정기술은 반도체 소자나 회로뿐만 아니고 마이크로 디스플레이, MEMS, RF, 센서 제조기술로 전수되므로 산업적 파급력은 실로 막대하다.

본 교재는 반도체 공정을 배우는 학생과 초급 전문가의 학습 내지 평가를 위하여 객관식의 800여 문제로 구성되었다. 특히 기본원리에 대한 이해와 전문용어에 대한 효율적 학습을 기본 목표로 하여 초급, 중급, 고급 수준이 모두 포함되었다. 반도체 8대공정을 포함하여 10장으로 작성되었으며 각종 공정의 기초원리와 소자제작 공정기술 및 응용에 대응한 실무적 유효성을 높이고자 의도하였다. 기존 반도체 공정의 텍스트들이 대부분 서술적이며 객관식 문제가 없어서 계량화된 학습의 효과를 얻는데 한계가 있다는 점에 대해 항상 아쉬웠으며 본 책자를 구상한 계기가 되었다. 본 교재는 반도체 공정교육이나 반도체설계산업기사와 같은 시험평가 목적의 문제은행식 출제에 유용하다. 따라서 본 교재를 통달한다면 반도체 공정분야에 이론적 기초를 다지고 반도체 과학적 원리를 습득하여 실무과정에서 높은 수준으로 발전하기 위한 건실한 기반마련이 가능할 것이다.

본 교재는 반도체를 전공하지 않은 비전공자들도 반도체 소재, 장비, 공정의 분야로 진출하여 마스터로 진출하기에 충분하도록 반도체 공정기술에 대한 기반을 다지는데 유용할 것이다. 미래 반도체 공정분야에 관심이 많은 후학들이 마스터가 되어 반도체 산업의 전문가로서 세계적 성과를 창출하여 국가산업과 사회의 발전에 기여하기를 고대한다.

저자씀

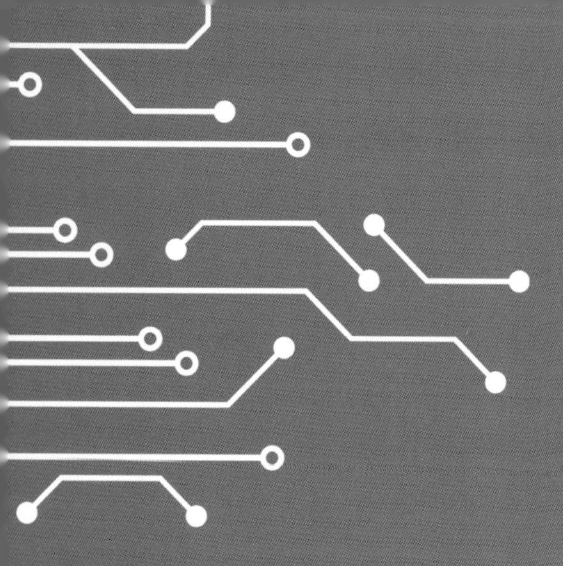

제1장

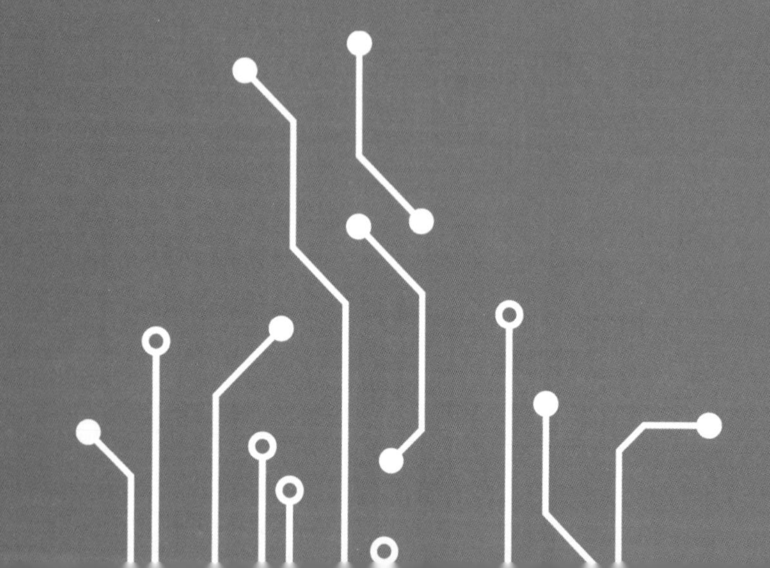

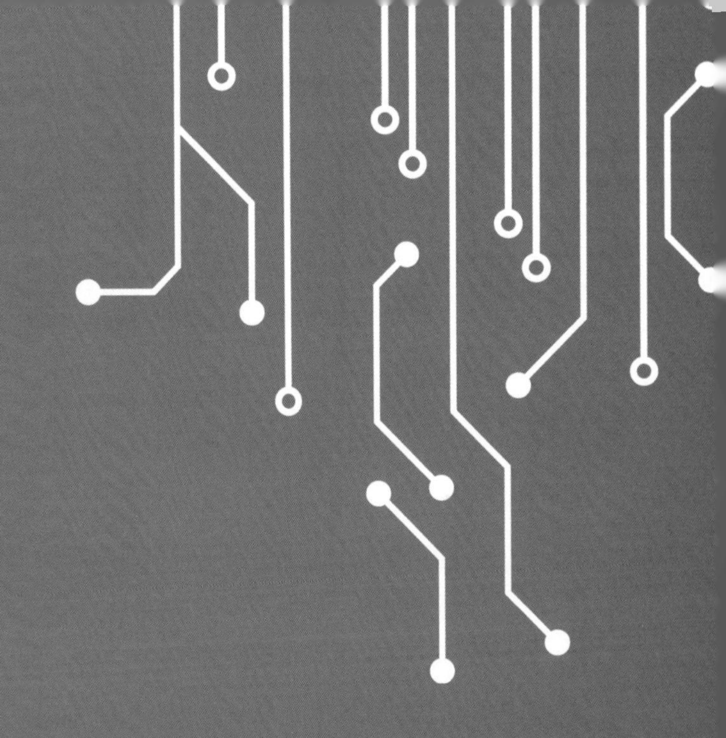

반도체 기초

01 **반도체 트랜지스터 개발에 공헌한 업적으로 1956년에 노벨상을 수상한 인물이 아닌 사람은?**

ⓐ William Schockley ⓑ John Bardeen ⓒ Walter Bratainn ⓓ Gordon Moore

02 **반도체 트랜지스터의 핵심 동작특성에 해당하는 것은?**

ⓐ 스위칭과 증폭

ⓑ 증폭과 발광

ⓒ 스위칭과 인덕션

ⓓ 증폭과 수광

03 **1956년에 노벨상을 수상하게 된 최초의 반도체 트랜지스터는?**

ⓐ Ge에 게이트를 접촉한 MOSFET

ⓑ Ge에 점접촉으로 형성한 바이폴라 트랜지스터

ⓒ Si에 점접촉으로 형성한 바이폴라 트랜지스터

ⓓ Si에 게이트를 접촉한 MOSFET

04 **반도체 소자의 동작에 관한 Schockely가 완성한 중요한 이론에 대한 설명으로 적합한 설명은?**

ⓐ 소수운반자의 주입으로 p-n 접합에서 인가된 전압에 대해 지수함수적 전류의 흐름

ⓑ 소수운반자의 주입으로 MOS 게이트에 인가된 전압에 대해 선형적 전류의 흐름

ⓒ 다수운반자의 주입으로 p-n 접합에서 인가된 전압에 대해 지수함수적 전류의 흐름

ⓓ 다수운반자의 주입으로 MOS 게이트에 인가된 전압에 대해 선형적 전류의 흐름

05 **다른 반도체 물질과 비교해서 실리콘반도체가 주력으로 사용되는 핵심 이유는?**

ⓐ 실리콘 반도체의 운반자 이동도가 가장 높음

ⓑ 실리콘 반도체는 직접천이형 밴드라서 발광효율이 높음

ⓒ 실리콘 반도체에 안정한 산화막이 형성되며 원료가 풍부하여 가격이 저렴함

ⓓ 실리콘 반도체는 자연상태에서 표면산화가 안되는 안정성을 지님

06 **반도체 팹(FAB)의 공조상태에 대한 설명으로 부적합한 것은?**

ⓐ 공정조건이 동일한 상태가 되도록 온도를 일정하게 유지함

ⓑ 습도를 일정하게 유지하여 산화나 습기에 의한 문제를 방지하고 정전기의 발생도 억제함

ⓒ 압력을 상압(1기압)보다 높여서 불순물이 많은 외부 공기의 유입을 방지함

ⓓ 습기에 의한 문제를 제거하고 정전기의 발생도 억제하기 위해 절대습도를 0%로 유지함

07 **품질이 우수한 고비저항 실리콘 반도체 기판에 대한 설명으로 가장 적합한 것은?**

ⓐ 결정성장 기술로 실리콘 기판의 비저항을 증가시켜 최대 10 Ω·cm까지 가능함

ⓑ 진성게더링(intrinsic gettering)내시 외성게더링(extrinsic gettering)에 의해 기판의 품질이 손상됨

ⓒ 플로팅존(floating zone) 방법을 이용하여 고저항 실리콘 기판을 제작할 수 있음

ⓓ 초크랄스키(Czochralski) 결정성장시 실리콘으로 주입된 O_2는 고저항 기판의 성장에 유용함

08 **반도체 팹(FAB)의 공조상태에 대한 설명으로 부적합한 것은?**

ⓐ 청정도는 클래스(class)로 정의하며 웨이퍼에 불순물 유입을 방지하여 수율을 높이는데 중요함

ⓑ 공정장비의 냉각을 위해 가능한 20℃ 이하로 온도를 낮춤

ⓒ 공정조건이 동일한 상태가 되도록 온도를 일정하게 유지함

ⓓ 습도를 일정하게 유지하여 산화나 습기에 의한 문제를 방지하고 정전기 발생을 억제함

09 **반도체 공정에서 초순수(deionized water)의 제조순서로 적합한 것은?**

ⓐ 역삼투압(RO)장치 – 전처리(여과.이온/흡착/살균) – 역삼투압 전기탈이온(EDI) – 폴리싱(UV, 이온수지)

ⓑ 전처리(여과.이온/흡착/살균) – 폴리싱(UV, 수지) – 역삼투압(RO)장치 – 전기탈이온(EDI)

ⓒ 역삼투압(RO)장치 – 전처리(여과.이온/흡착/살균) – 전기탈이온(EDI) – 폴리싱(UV, 이온수지)

ⓓ 전처리(여과.이온/흡착/살균) – 역삼투압(RO)장치 – 전기탈이온(EDI) – 폴리싱(UV, 이온수지)

10 **다음은 EGS(Electronics Grade Silicon)을 제조하는 공정의 반응식으로 A/B/C/D가 정확한 것은?**

- MGS(Metallic Grade Silicon) 형성공정: SiO_2 + **(A)** → Si + 2CO
- TCS(Tri-chloro Silane) 형성공정: Si + 3HCl → **(B)** + H_2
- EGS(Electronics Grade Silicon) 형성공정: $SiHCl_3$ + **(C)** → Si + **(D)**

ⓐ 2C/H_2/HCl/H_2

ⓑ 2C/ $SiHCl_3$/H_2/3HCl

ⓒ $SiHCl_3$/H_2/H_2/HC

ⓓ 2C/$SiHCl_3$/H_2/HCl

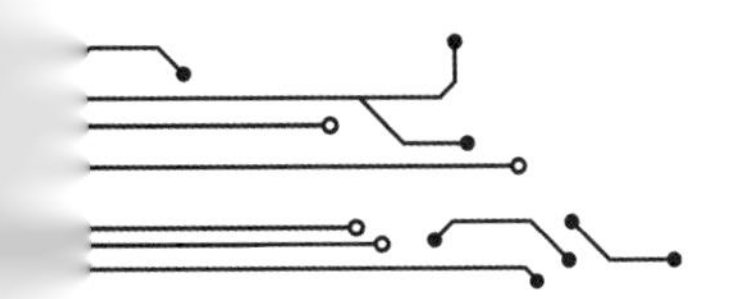

11 반도체 팹(FAB)의 공조상태에 대한 설명으로 가장 적합한 것은?

ⓐ 습도를 최대한 낮추어 정전기의 발생이 쉬운 조건을 유지함

ⓑ 외부의 상압(1기압)보다 압력을 낮추서 높은 청정도를 유지함

ⓒ 공정조건이 동일한 상태가 되도록 온도와 습도를 일정하게 유지함

ⓓ 공정장비의 열적인 냉각을 돕기 위해 20℃ 이하로 온도를 낮춤

12 결함이 적은 고품질의 고비저항 실리콘 반도체 기판에 대한 설명으로 부적합한 것은?

ⓐ 고저항 고품질 기판성장에 초크랄스키(Czochralski) 결정성장법이 가장 우수함

ⓑ 플로팅존(floating zone) 방법을 이용하여 고저항 실리콘 기판을 제작함

ⓒ 진성게더링(intrinsic gettering)내지 외성게더링(extrinsic gettering)으로 결정의 불순물을 무력화함

ⓓ 실리콘 내부에 존재하는 산소(O_2)는 게더링(gettering)에 유용하게 이용됨

13 단결정 반도체를 제작하는 방법인 플로우팅존(floating zone)법의 설명으로 부적합한 것은?

ⓐ 석영 보트(boat)에 원료를 넣고 녹여서 단결정을 성장함

ⓑ 초크랄스키(Czochralski)법에 비해 탄소나 산소의 용융오염도가 낮음

ⓒ 비저항이 높아 전력소자용 반도체 기판의 제작에 유리함

ⓓ 분리계수(segregation coefficient: $k_o=C_s/C_L$)가 성장에 반영되어 정제효과가 있음

14 반도체 소재인 웨이퍼(기판)를 가공하는 웨이퍼(wafer) 가공공정이 아닌 것은?

ⓐ edge rounding ⓑ alloy ⓒ lapping ⓓ grinding

15 품질이 우수한 고비저항 실리콘 반도체 기판에 대한 설명으로 부적합한 것은?

ⓐ 결정성장 기술로 실리콘 기판의 비저항을 증가시켜 10^4 ohm·cm까지 달성함

ⓑ 초크랄스키(Czochralski) 결정성장시 실리콘 내부에 주입된 O_2는 고저항 기판의 성장에 유용함

ⓒ 플로팅존(floating zone) 방법을 이용하여 고저항 실리콘 기판을 제작함

ⓓ 진성게더링(intrinsic gettering)내지 외성게더링(extrinsic gettering) 방법으로 결정에 존재하는 불순물을 무력화함

16 반도체 공정에서는 초순수(deionized water)의 제조순서로 정확한 것은?

ⓐ 전처리(여과.이온/흡착/살균) – 역삼투압(RO)장치 – 전기탈이온(EDI) – 폴리싱(UV, 이온수지)

ⓑ 역삼투압(RO)장치 – 전처리(여과.이온/흡착/살균) – 역삼투압 전기탈이온(EDI) – 폴리싱(UV, 이온수지)

ⓒ 전처리(여과.이온/흡착/살균) – 폴리싱(UV, 수지) – 역삼투압(RO)장치 – 전기탈이온(EDI)

ⓓ 전기탈이온(EDI) – 폴리싱(UV, 이온수지) – 전처리(여과.이온/흡착/살균) – 역삼투압(RO)장치

17 **단결정 반도체를 제작하는 방법중의 하나인 플로우팅 존 방법(floating zone method)의 설명으로 가장 적합한 것은?**

ⓐ 초크랄스키법에 비해 탄소나 산소의 용융오염도가 낮음

ⓑ 비저항이 낮아 전력소자용 반도체 기판의 제작에 불리함

ⓒ 편석(segregation) 효과가 작용하여 품질이 낮지만 저렴한 결정성장에 유용함

ⓓ 석영 보트(boat)에 원료를 넣고 녹여서 단결정을 성장함

18 **반도체 웨이퍼(기판)를 제조하는 웨이퍼(wafer) 가공공정에 해당하지 않는 것은?**

ⓐ CMP
ⓑ wire sawing
ⓒ grinding
ⓓ RTA(rapid thermal anneal)

19 **단결정 반도체를 제작하는 방법인 플로우팅 존 방법(floating zone method)의 설명으로 부적합한 것은?**

ⓐ 초크랄스키 방법에 비해 고품질 결정성장이 가능함

ⓑ 초크랄스키법에 비해 탄소나 산소의 용융오염도가 낮음

ⓒ 불순물 농도가 높아 저저항의 반도체 기판을 제작하는데 주로 사용함

ⓓ 존리화이닝(zone refining: 정제)으로 비저항이 높은 전력소자용 반도체 기판의 제조에 유용함

20 **크린룸의 청정도인 100 클래스(class 100)에 대한 정의로서 정확한 것은?**

ⓐ 1 ft^3의 부피에 직경이 0.5 μm 이하인 미세입자가 100개 이하로 제어되는 경우

ⓑ 1 m^3의 부피에 직경이 0.5 μm 이하인 미세입자가 100개 이하로 제어되는 경우

ⓒ 1 ft^3의 부피에 직경이 0.5 μm 이상인 미세입자가 100개 이하로 제어되는 경우

ⓓ 1 m^3의 부피에 반경이 0.5 μm 이상인 미세입자가 100개 이하로 제어되는 경우

21 **반도체 공정중에서 통상 청정도(class)가 가장 높은 공간(room)을 이용하는 공정은?**

ⓐ 리소그래피

ⓑ 금속배선

ⓒ 이온주입

ⓓ PVD(Physical Vapor Deposition) 박막증착

22 **크린룸의 청정도인 10 클래스(class 10)를 정의하는데 있어서 정확한 정의는?**

ⓐ 1 ft^3의 부피에 직경이 0.5 μm 이상인 미세입자가 10개 이하로 제어되는 경우

ⓑ 1 ft^3의 부피에 반경이 0.5 μm 이하인 미세입자가 10개 이하로 제어되는 경우

ⓒ 1 m^3의 부피에 반경이 0.5 μm 이하인 미세입자가 10개 이하로 제어되는 경우

ⓓ 1 m^3의 부피에 직경이 0.5 μm 이상인 미세입자가 10개 이상으로 제어되는 경우

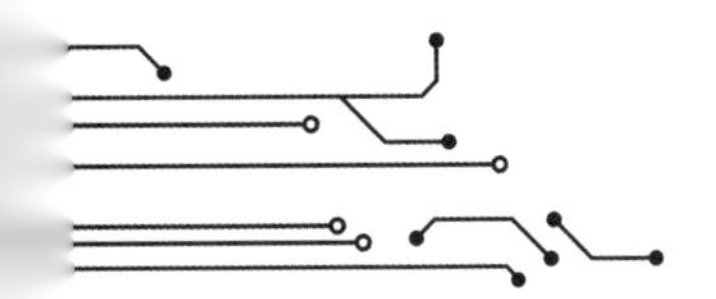

23 **반도체 공정 중에서 통상 청정도(class)가 상대적으로 낮게 유지되는 공정은?**

ⓐ 광사진전사(리소그래피)

ⓑ 화학기상증착(CVD) 박막증착

ⓒ 웨이퍼 후면 그라인드

ⓓ 금속박막 스퍼터(sputter) 증착

24 **실리콘 반도체의 플로팅존 성장법(floating zone method)에 대한 설명으로 부적합한 것은?**

ⓐ 단결정 잉곳을 성장하는 방식임

ⓑ 점결함이나 전위(dislocation)과 같은 결정결함이 전혀 발생하지 않음

ⓒ 다결정 실리콘을 원료로 사용함

ⓓ 탄소나 산소의 오염이 초크랄스키법에 비해 낮음

25 **실리콘 반도체의 물리적 특성에 대한 설명으로 부적합한 것은?**

ⓐ 상온에서 밴드갭이 1.1 eV

ⓑ 양자효율이 높은 발광소자의 제작에 적합함

ⓒ 간접 천이형 밴드갭

ⓓ 0K의 온도에서 운반자농도는 O(zero)임

26 **실리콘 반도체의 플로팅존 성장법(floatin zone method)에 대한 설명으로 가장 적합한 것은?**

ⓐ 액상(liquid)과 고상(solid)의 불순물 고용도(solid solubility)의 차이에 따른 정제효과가 작용함

ⓑ 저렴한 다결정 실리콘을 성장하는데 최적의 방법임

ⓒ 전위(dislocation)과 같은 결정결함이 전혀 없는 성장법임

ⓓ 탄소나 산소의 오염이 초크랄스키법에 비해 높음

27 **반도체 클린룸에 대한 설명으로 부적합한 것은?**

ⓐ FAB 조명시설은 UV 파장을 제거한 특수 램프만을 사용함

ⓑ 반도체 수율을 높이기 위해 청정실의 class가 높을수록 유리함

ⓒ 온도를 일정한 수준(통상 ~23℃ ±1℃)으로 유지 관리해야 함

ⓓ 습도를 일정한 수준(통상 ~45% ±5%)으로 유지 관리해야 함

28 **실리콘 반도체의 플로팅존 성장법(floating zone method)에 대한 설명으로 부적합한 것은?**

ⓐ 전위(dislocation)나 SF(stacking fault)과 같은 1D&2D 결정결함이 전혀 없는 성장법임

ⓑ 탄소나 산소의 오염이 초크랄스키법에 비해 낮음

ⓒ 고순도의 실리콘을 성장하여 고전압 소자의 제작에 유용함

ⓓ 액상(liquid)과 고상(solid)의 불순물 고용도(solid solubility) 차이에 의해 정제 효과가 있음

29 **실리콘 반도체에 도핑한 경우 도너(donor)로 작용하는 불순물은?**

ⓐ As ⓑ In ⓒ B ⓓ Ga

30 **도핑하지 않은 진성(undoped intrinsic) 실리콘 반도체 단결정에서 결정결함의 종류가 아닌 것은?**

ⓐ dislocation ⓑ atomic vacancy ⓒ arsenic ⓓ Frenkel defect

31 **실리콘 반도체에 대한 설명으로 부적합한 것은?**

ⓐ 불순물을 도핑하지 않으면 진성반도체임

ⓑ 용융점(T_m)이 Al 금속과 대등한 680℃로 낮음

ⓒ 불순물을 도핑하지 않아도 상온에서 전자농도가 10^{10} /cm^3 수준으로 존재함

ⓓ diamond cubic의 결정구조를 가짐

32 **반도체 클린룸에 대한 설명으로 가장 적합한 것은?**

ⓐ 습식공정에 낮은 비저항의 DI water를 사용함

ⓑ 정전기를 발생시키는 소재를 위주로 사용함

ⓒ 압력은 대기압 보다 조금 높게 관리되어야 함

ⓓ FAB 조명시설은 UV 파장을 제거한 특수 램프만을 사용함

33 **실리콘 단결정인 다이아몬드 큐빅(diamond cubic) 구조의 단위셀(unit cell)에 포함되는 원자의 수는?**

ⓐ 5 ⓑ 6 ⓒ 7 ⓓ 8

34 **단결정 bulk(ingot) 반도체를 성장하는 방법에 해당하지 않는 것은?**

ⓐ MOCVD(Metal Organic Chemical Vapor Deposition)

ⓑ Czochralski growth

ⓒ Bridgeman method

ⓓ physical vapor transport method

35 **실리콘 반도체의 특성으로 맞지 않는 것은?**

ⓐ 상온에서 밴드갭이 1.1 eV임

ⓑ 전자의 이동도는 온도와 전자농도에 따라 변하는데 고순도의 경우 1,400 cm^2/Vs까지 높음

ⓒ 임계전계(critical electric field)는 3x10^5 V/cm로 높음

ⓓ FCC(Face Centered Cubic)의 결정구조에 해당함

36 **다음중 반도체 전공정(front end process)에 해당하는 것은?**

ⓐ EDS ⓑ oxidation ⓒ saw ⓓ dicing

37 **반도체 단결정 bulk(ingot)를 성장하는 방법에 해당하지 않는 것은?**

ⓐ LEC(Liquid Encapsulated Czochralski) growth

ⓑ vapor transport method

ⓒ Bridgman method

ⓓ LPCVD(Low Pressure Chemical Vapor Deposition)

38 **실리콘 웨이퍼의 표면에서 그림과 같은 원자의 배열에 해당하는 기판은?**

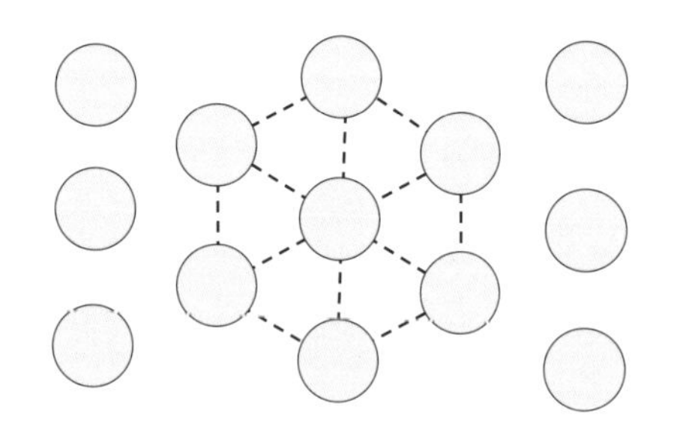

ⓐ (100) ⓑ (110)
ⓒ (111) ⓓ (311)

39 **실리콘 웨이퍼의 표면에서 원자배열을 보자면 그림과 같은 원자의 배열에 해당하는 기판은?**

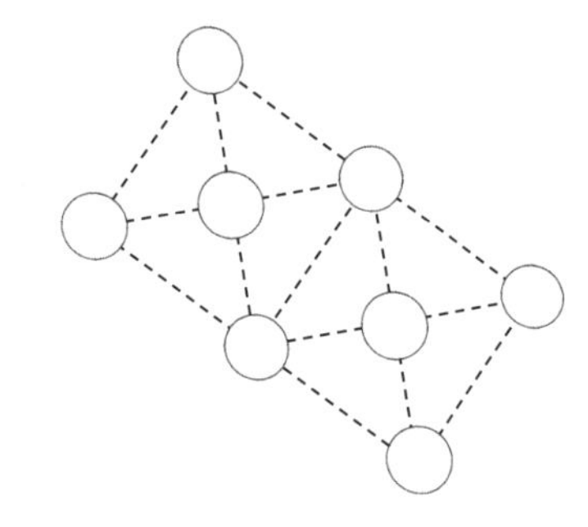

ⓐ (111) ⓑ (110)
ⓒ (100) ⓓ (311)

40 **다음중 반도체 후공정(back end process)에 해당하는 것은?**

ⓐ die attach ⓑ implantation ⓐ oxidation ⓓ trench etch

41 **다음중 반도체 전공정(front end process)에 해당하지 않는 것은?**

ⓐ lithography ⓑ implantation ⓒ oxidation ⓓ back grinding

42 **Si(100) 웨이퍼가 쉽게 쪼개지는 벽개(cleavage)면은?**

ⓐ (110) ⓑ (111) ⓒ (100) ⓓ (113)

43 **아래에서 실리콘(Si) 단결정의 원자구조는?**

ⓐ 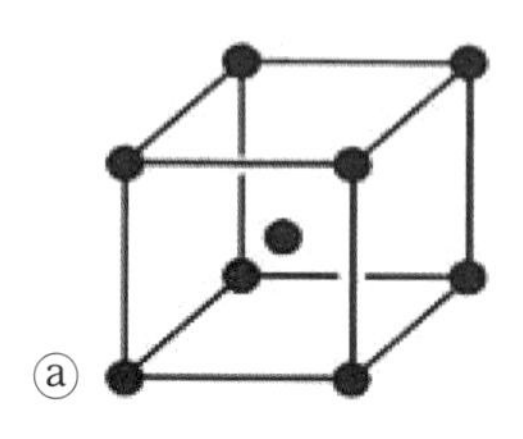 ⓑ 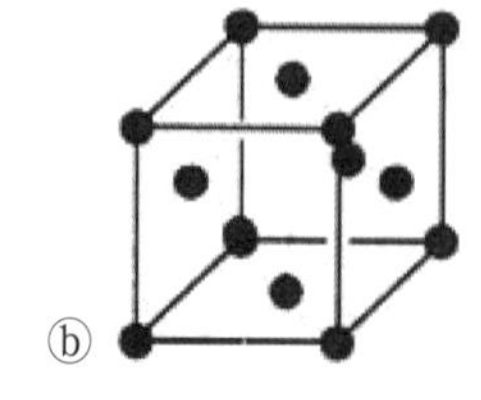 ⓒ 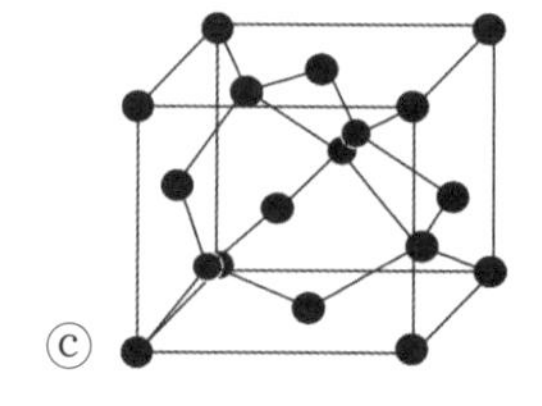 ⓓ 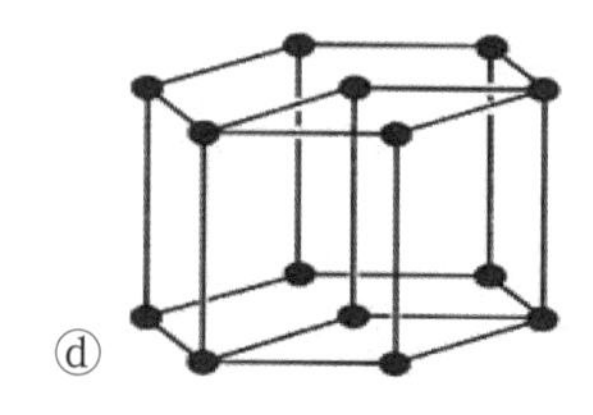

44 **다음의 원자배열에 대해 A-B-C 순서대로 상(phase)의 명칭이 올바른 것은?**

(A) (B) (C)

ⓐ 단결정(sigle crystal) – 비정질(amorphous) – 다결정(poly crystal)

ⓑ poly crystal – amorphous – single crystal

ⓒ single crystal – poly crystal – amorphous

ⓓ poly crystal – single crystal – amorphous

45 **그림의 원자에 대한 결정구조에 해당하지 않는 것은?**

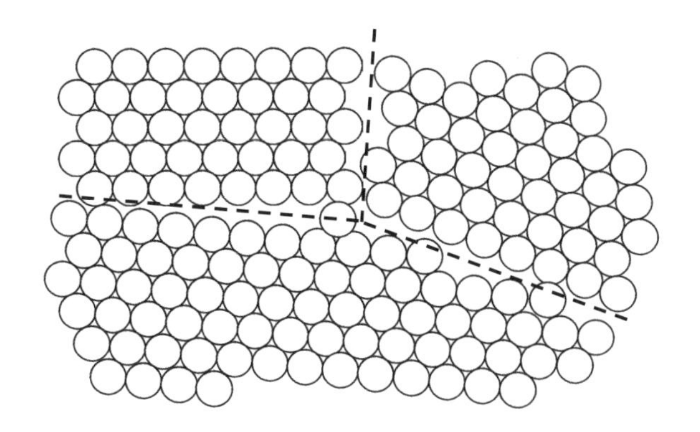

ⓐ 다결정(poly crystal) 구조임

ⓑ 입자경계(grain boundary)가 존재함

ⓒ 결함(defect)의 밀도가 높음

ⓓ 비정질(amorphous) 상태임

46 **Si(100) 기판에서 표현되는 밀러지수(Miller indices)로 표현하는 결정면의 명칭은?**

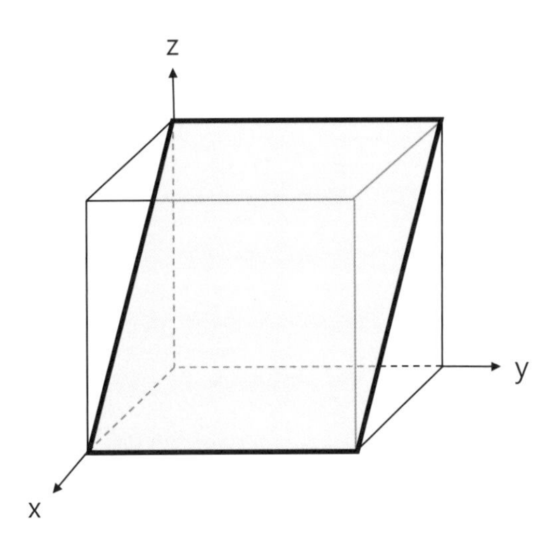

ⓐ (101) ⓑ (111)

ⓒ (100) ⓓ (010)

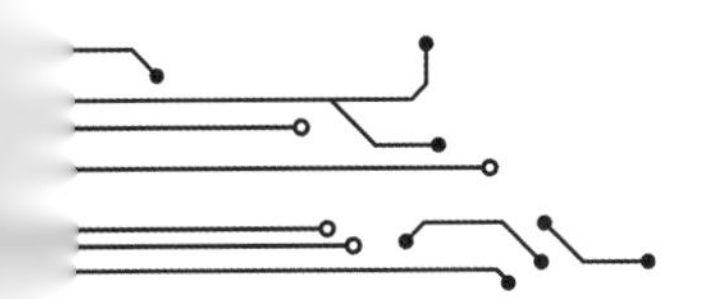

47 **다이아몬드 큐빅(diamond cubic) 결정구조에서 결정방향(A, B, C)의 순서대로 올바른 표현은?**

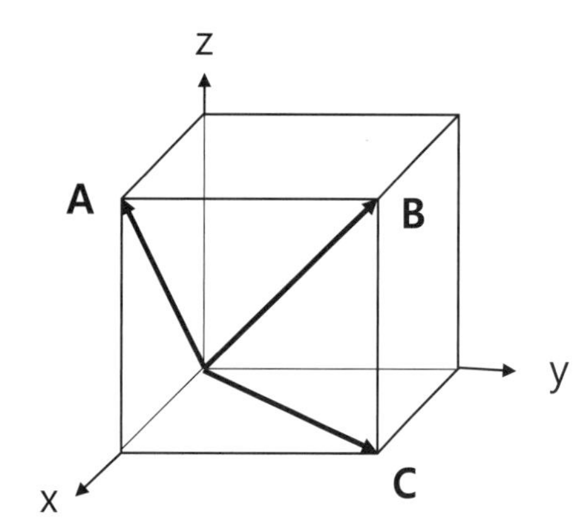

ⓐ 〈101〉, 〈110〉, 〈111〉
ⓑ 〈101〉, 〈111〉, 〈110〉
ⓒ 〈110〉, 〈111〉, 〈110〉
ⓓ 〈110〉, 〈101〉, 〈111〉

48 **다이아몬드큐빅(diamond cubic)결정구조인 Si(격자상수= 5.431Å) 기판의 (100)면의 원자밀도는?**

ⓐ $6.8\text{x}10^{11}\ cm^{-2}$
ⓑ $6.8\text{x}10^{12}\ cm^{-2}$
ⓒ $6.8\text{x}10^{13}\ cm^{-2}$
ⓓ $6.8\text{x}10^{14}\ cm^{-2}$

49 **다이아몬드 큐빅(diamond cubic)결정구조에서 결정방향(A, B, C)의 순서대로 올바른 표현은?**

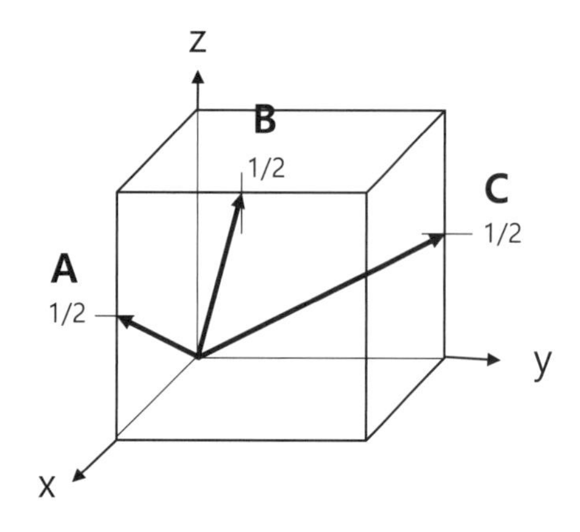

ⓐ 〈201〉, 〈021〉, 〈212〉
ⓑ 〈021〉, 〈212〉, 〈201〉
ⓒ 〈021〉, 〈201〉, 〈212〉
ⓓ 〈201〉, 〈212〉, 〈021〉

50 **Si 반도체의 결정구조에서 (100), (110), (111)면의 원자밀도가 높은 순서로 바른 것은?**

ⓐ $(110) < (100) < (111)$
ⓑ $(110) < (111) < (100)$
ⓒ $(100) < (110) < (111)$
ⓓ $(100) < (111) < (110)$

51 **Si 반도체에서 원자 사이의 결합구조는?**

ⓐ 이온결합　ⓑ 공유결합　ⓒ 수소결합　ⓓ 금속결합

52 **실리콘(Si) 반도체 기판의 상부에 Si 에피층을 성장한 고품질 에피기판의 장점이 아닌 것은?**

ⓐ COP(Crystal Orientated Particle) 최소화

ⓑ LSTD(Laser Scattering Topography Defect) 최소화

ⓒ 웨이퍼 휨(warpage) 최소화

ⓓ OP(Oxygen Precipitate) 최소화

53 **결함에 따른 칩수율은 $Y_1 = \exp(-D_o A)$을 따르고, 제조공정에 의한 수율은 Y_0=98%일 때, 웨이퍼의 결함밀도(D_0 =0.1 /cm^2), 집적회로(IC) 칩의 면적(A)=(1 cm x 1 cm)으로 제작되면 IC의 대략적 예상수율($Y=Y_1*Yo$)은?**

ⓐ 88.7%　　ⓑ 8.87%　　ⓒ 98.7%　　ⓓ 9.87%

54 **반도체에 대한 설명으로 틀린 설명은?**

ⓐ 반도체에는 전도대(conduction band)와 가전자대(valence band)가 있음

ⓑ 전도대(conduction band)와 가전자대(valence band) 사이에 밴드갭(bandgap)이 있음

ⓒ 도핑용 불순물(impurity)을 주입하면 n-type이나 p-type을 형성할 수 있음

ⓓ 밴드갭(bandgap)이 커지면 금속의 특성이 나타나 전기전도도가 증가함

55 **실리콘 원자에서 최외각 전자의 수는?**

ⓐ 2　　ⓑ 3　　ⓒ 4　　ⓓ 5

56 **반도체에 대한 설명으로 틀린 설명은?**

ⓐ 도핑용 불순물(impurity)이 없는 순수 반도체를 진성(intrinsic)반도체라 함

ⓑ 모든 원소는 반도체에 주입되면 도핑용 불순물로 작동함

ⓒ 도핑용 불순물(impurity)을 주입한 n-type 또는 p-type 반도체를 외인성(extrinsic)반도체라 함

ⓓ 진성(intrinsic) 반도체는 저항이 크고 외인성(extrinsic) 반도체는 전기전도도가 증가함

57 **실리콘 결정성장에서 플로팅존법은 분리계수를 이용한 정제효과로 고순도의 기판을 제조하는데, 이에 대한 설명으로 바르지 않은 것은?**

불순물	B	P	As	Sb	O	Al
분리계수($k_0=C_S/C_L$)	0.8	0.35	0.3	0.03	1.25	0.002

ⓐ 실리콘의 주요 n형 불순물 중에서 Sb의 정제효과가 가장 높음

ⓑ 실리콘에서 Al은 다른 불순물에 비해 매우 효과적으로 정제될 수 있음

ⓒ 위의 불순물 중에서 실리콘의 p형 불순물인 B의 정제효과가 가장 높음

ⓓ 분리계수로 인하여 oxygen도 정제효과 있음

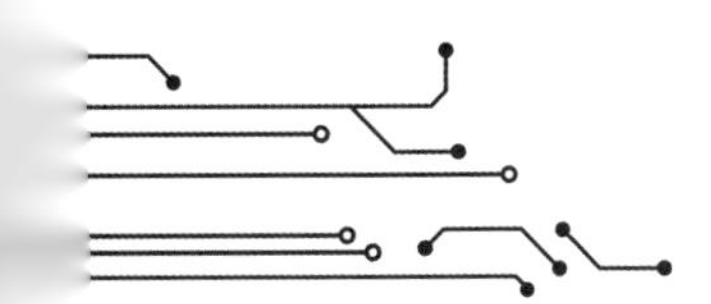

58 다음중 4족 원소가 아닌 것은?

ⓐ C ⓑ Si ⓒ Ge ⓓ Ga

59 실리콘 반도체에 대한 설명으로 가장 올바른 것은?

ⓐ 용융점(T_m)이 680℃로 낮아서 가공이 매우 쉬움

ⓑ 간접 천이형 밴드갭을 지님

ⓒ 육방전계(hexagonal) 결정구조로 성장됨

ⓓ 양자효율이 높은 발광소자의 제작에 적합함

60 n-type과 p-type의 반도체에서 운반자(carrier)에 대한 설명으로 올바른 것은?

ⓐ n-type 반도체의 다수운반자(majority carrier)는 정공(hole)임

ⓑ p-type 반도체의 소수운반자(minority carrier)는 정공(hole)임

ⓒ n-type 반도체의 소수운반자(minority carrier)는 전자(electron)임

ⓓ p-type 반도체의 다수운반자(majority carrier)는 정공(hole)임

61 반도체 소자의 수명과 신뢰성을 감소시키는 항목으로 구성된 것은?

ⓐ hot carrier, 우주선(α), 전자이동(electromigration), 적외선

ⓑ hot carrier, 우주선(α), 전자이동(electromigration), 정전기

ⓒ 자외선, 전자이동(electromigration), 자기력, 소수운반자

ⓓ 자외선, 전자이동(electromigration), 정전기, 적외선

62 실리콘 반도체의 특성으로 맞지 않는 것은?

ⓐ 직접천이형 밴드구조를 지님

ⓑ 결정구조는 diamond cubic 구조임

ⓒ 임계전계(critical electric field)는 3x105 V/cm로 높음

ⓓ 유전상수는 11.8임

63 반도체에서 인가된 전압에 의해 전자가 자유롭게 이동하는 에너지대의 명칭은?

ⓐ 가전자대 ⓑ 금지대 ⓒ 전도대 ⓓ 활동대

64 실리콘 단결정 diamond cubic 구조의 단위셀에서 (111)면에 포함되는 원자의 수는?

ⓐ 1 ⓑ 2 ⓒ 3 ⓓ 4

65 **실리콘 반도체에 존재하는 운반자에 대한 설명으로 틀린 것은?**

ⓐ 전자는 도핑된 5족 불순물에 의해 주로 공급됨

ⓑ 정공은 도핑된 3족 불순물에 의해 주로 공급됨

ⓒ n-type 불순물이 도핑된 반도체의 경우 상온(300K)에서 전기적으로 중성상태를 유지함

ⓓ 도핑이 안된 순수 Si 반도체의 경우 상온(300K)에서 운반자가 존재하지 못함

66 **그림에서 밀러지수(Miller indices)에 의한 차례대로 정확하게 면(face)을 표시한 것은?**

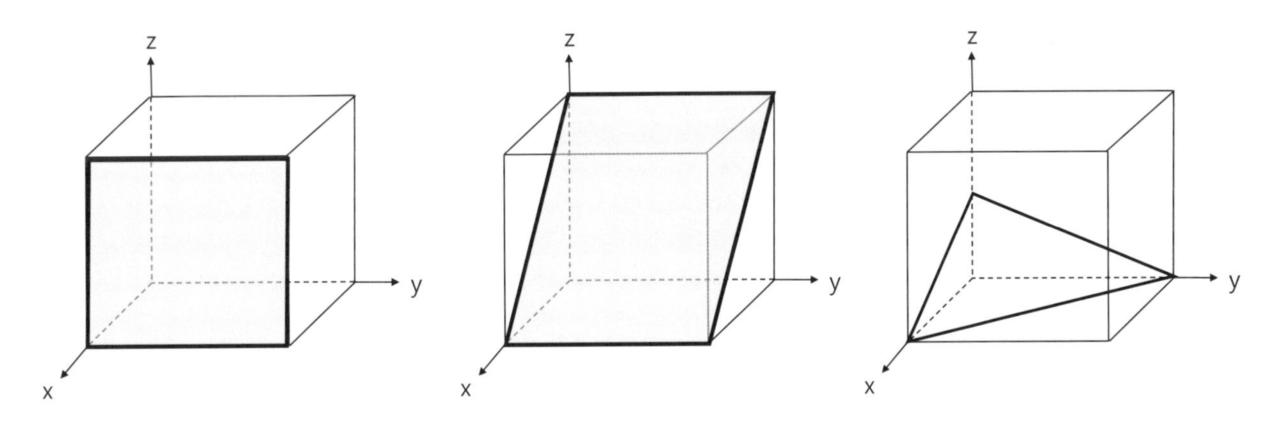

ⓐ (100), (101), (112)

ⓑ (100), (101), (221)

ⓒ (100), (110), (112)

ⓓ (100), (110), (221)

67 **다음의 결정면에 대한 family plane은 무엇?**

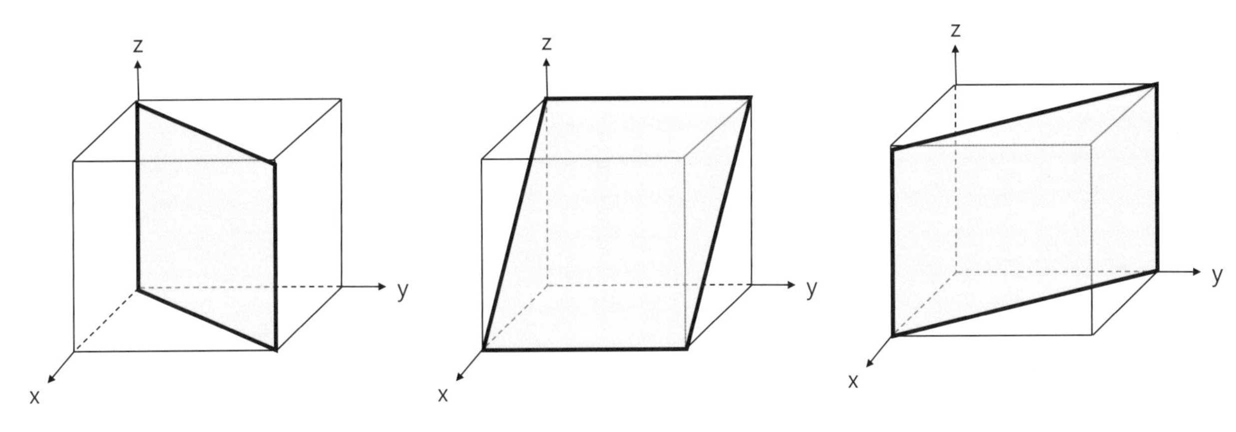

ⓐ {111}

ⓑ {100}

ⓒ {110}

ⓓ {112}

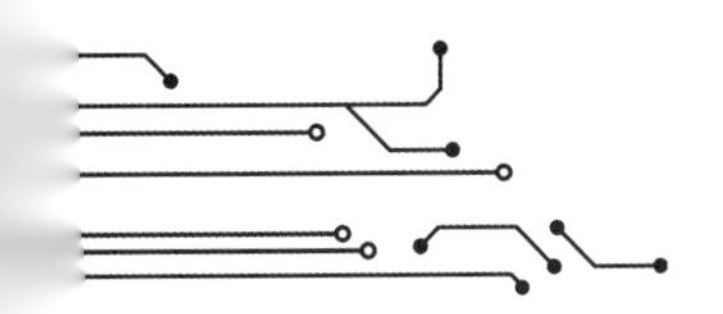

68 다이아몬드 큐빅(diamond cubic) 결정구조를 갖는 실리콘의 격자상수(a)와 원자반경(R)의 관계식은 무엇?

ⓐ $a = 2R$

ⓑ $a = 4R/\sqrt{3}$

ⓒ $a = 4R/\sqrt{2}$

ⓓ $a = 8R/\sqrt{3}$

69 상온에서 진성 실리콘 반도체(intrinsic Si semiconductor)에 존재하는 전자의 농도는 얼마?

ⓐ $1.5\times10^{8}\ cm^{-3}$

ⓑ $1.5\times10^{10}\ cm^{-3}$

ⓒ $1.5\times10^{12}\ cm^{-3}$

ⓓ $1.5\times10^{14}\ cm^{-3}$

70 전자(electron)의 농도가 $2x10^{19}\ cm^{-3}$인 반도체에 정공(hole)농도 $1x10^{19}\ cm^{-3}$에 해당하는 불순물을 도핑할 경우 반도체의 타입과 운반자의 농도로 가장 부합하는 것은?

ⓐ N-type, $10^{19}\ cm^{-3}$

ⓑ P-type, $10^{19}\ cm^{-3}$

ⓒ N-type, $2\times10^{19}\ cm^{-3}$

ⓓ P-type, $2\times10^{19}\ cm^{-3}$

71 실리콘 반도체의 zone refining(구역 정제)에 의한 불순물의 재분포에 대한 설명으로 올바른 것은?

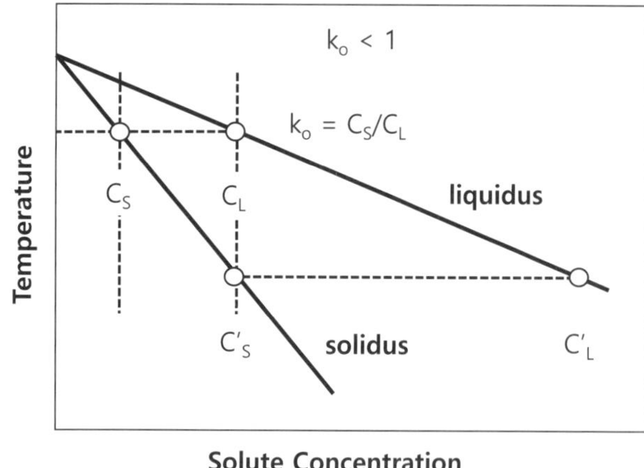

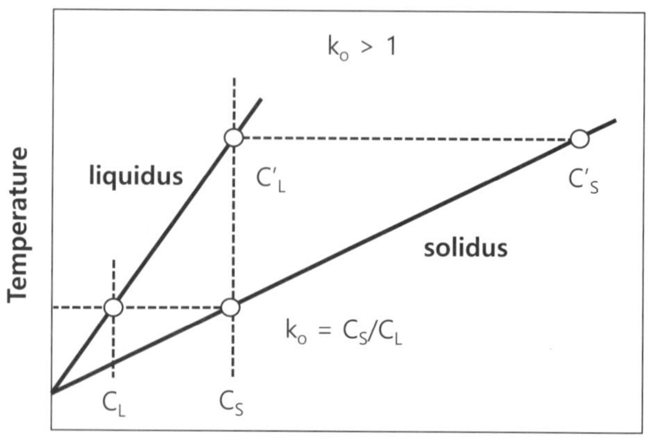

ⓐ 분리계수(segregation coefficient: $k_o=C_S/C_L$)가 대부분 1보다 커서 불순물 농도가 tail(끄트머리) 방향으로 높아지는 분포로 성장됨

ⓑ segregation coefficient가 대부분 1보다 커서 불순물 농도가 tail 방향으로 낮아지는 분포로 성장됨

ⓒ segregation coefficient가 대부분 1보다 작아서 불순물 농도가 tail 방향으로 높아지는 분포로 성장됨

ⓓ segregation coefficient가 대부분 1보다 작아서 불순물 농도가 tail 방향으로 낮아지는 분포로 성장됨

[72-73] 다음 그림을 보고 물음에 답하시오.

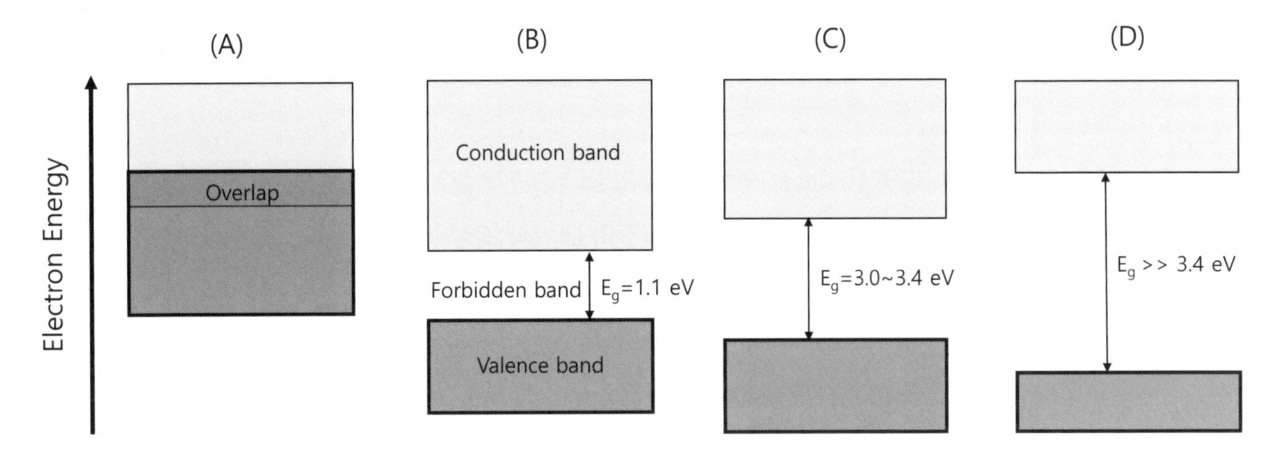

72 **그림의 에너지 밴드갭의 형상 대한 (A)-(B)-(C)-(D) 순서대로 가장 합당한 물질로 작성된 것은?**

ⓐ Al – Si – SiO_2 – SiC

ⓑ SiO_2 – Si – SiC – Al

ⓒ Al – Si – SiC – SiO_2

ⓓ SiO_2 – SiC – Si – Al

73 **그림의 에너지 밴드갭 형태에 대한 (A)-(B)-(C)-(D) 순서대로 합당한 물질로 표현된 것은?**

ⓐ metal – narrow bandgap semiconductor – wide bandgap semiconductor – insulator

ⓑ insulator – narrow bandgap semiconductor – wide bandgap semiconductor – metal

ⓒ metal – insulator – narrow bandgap semiconductor – wide bandgap semiconductor

ⓓ insulator – metal – narrow bandgap semiconductor – wide bandgap semiconductor

74 **반도체에 p형 또는 n형을 형성하기 위한 불순물을 도핑할 때 불순물 원자가 들어가야 하는 위치는?**

ⓐ 침입형 자리 (interstitial site)

ⓑ 치환형 자리 (substitutional site)

ⓒ 전위 자리 (dislocation site)

ⓓ 쌍정 자리 (wtin site)

75 **실리콘 반도체에 대한 설명으로 틀린 것은?**

ⓐ 진성반도체는 0K의 온도에서 운반자가 없음

ⓑ 동작 온도에 따라 전기적 특성은 변하지 않음

ⓒ n형 운반자인 전자의 이동도가 p형 분반자인 hole 보다 높음

ⓓ 도핑하는 불순물의 농도에 따라 비저항이 변함

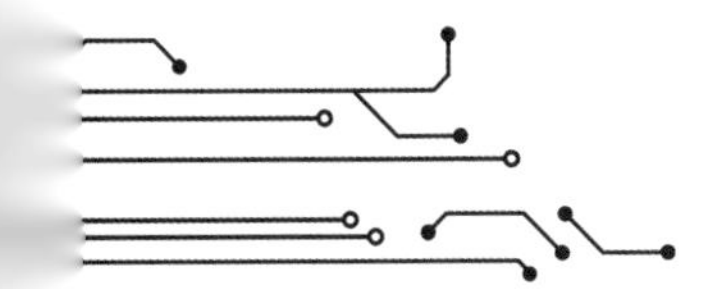

76 직경 200 mm 실리콘 기판에 1 cm x 1 cm인 단위칩이 300개 설계되었는데, 전공정이 완료된 기판에서 치명적 결함이 30개 칩에서 발견된 경우 칩제조의 대략적 예상수율은?

ⓐ 80% ⓑ 85% ⓒ 90% ⓓ 95%

77 직경 200 mm 실리콘 기판에 1 cm x 1 cm인 단위칩이 1,200개 설계되었는데, 전공정이 완료된 기판에서 치명적 결함이 30개 칩에서 발견된 경우 칩제조의 대략적 예상수율은?

ⓐ 85.5% ⓑ 90.5% ⓒ 95.5% ⓓ 97.5%

78 단위면적이 1 cm^2인 IC 칩이 300개 설계된 직경 200 mm 실리콘 기판에서 전공정 후에 결함칩이 30개 발견되었으며, 칩의 패키지에 대한 수율이 90%인 경우 칩제조의 대략적 최종 예상수율은?

ⓐ 81% ⓑ 86% ⓒ 91% ⓓ 96%

79 청정실의 상태가 반도체 소자에 직접적으로 미치는 영향이라 볼 수 없는 것은?

ⓐ 신뢰성 ⓑ 수율 ⓒ 성능 ⓓ 경도

80 다음중 반도체 청정실의 주요 오염원으로 해당하지 않는 것은?

ⓐ particle ⓑ metallic ions ⓒ hydrogen ⓓ bacteria

81 다음중 반도체 청정실에 반입이 절대 금지되어야 하는 물질은?

ⓐ NaCl ⓑ Al ⓒ W ⓓ developer

82 다음중 반도체 물질이 아닌 것은?

ⓐ Si ⓑ Ge ⓒ Al_2O_3 ⓓ GaN

83 다음중 절연체가 아닌 물질은?

ⓐ SiGe ⓑ Al_2O_3 ⓒ SiO_2 ⓓ HfO_2

84 반도체 기판의 일반적 품질 평가항목에 해당하지 않는 것은?

ⓐ flatness (편평도)

ⓑ surface roughness (표면 거칠기)

ⓒ resitivity uniformity (비저항 균일도)

ⓓ vacancy concentration (원자 빈자리 농도)

85 다음중 반도체에 사용하는 용제(solvent)가 아닌 것은?

ⓐ IPA ⓑ acetone ⓒ NH_4OH ⓓ xylene

86 **청정실의 작업복(garment)의 기능으로 해당하지 않는 것은?**

ⓐ 방열제어에 의한 일정한 체온의 유지

ⓑ 몸에서 발생하는 오염원 물질의 격리

ⓒ ESD(정전기) 발생 방지

ⓓ 화학, 생물학상 물질의 오염으로부터 격리

87 **첨단 ULSI 반도체 청정실에서 요구하는 초순수(DI water)의 비저항 수준은?**

ⓐ 0~1 MΩ·cm
ⓑ 4~8 MΩ·cm
ⓒ 8~15 MΩ·cm
ⓓ 15~18 MΩ·cm

88 **실리콘 반도체에 억셉터(acceptor)용 불순물 도핑에 가장 많이 사용되는 원소는?**

ⓐ Be
ⓑ B
ⓒ Al
ⓓ Ga

89 **다음의 반도체 불순물 도핑과 관련한 설명중에서 부적합한 것은?**

ⓐ 이온화된 도너(donor)는 양(positive) 전하를 지님

ⓑ 이온화된 억셉터(acceptor)는 음(negative) 전하를 지님

ⓒ 페르미(E_f: Fermi energy)보다 낮은 위치의 deep donor는 정공(hole)을 포획(trap)함

ⓓ 페르미(E_f: Fermi energy)보다 높은 위치의 deep acceptor는 정공(hole)을 trap함

90 **n-형 실리콘 반도체와 관련한 설명중에서 부적합한 것은?**

ⓐ As, P, Sb의 불순물을 도핑하여 제조함

ⓑ 내부에 정공(hole)에 비해 전자가 월등히 많이 존재함

ⓒ 내부에 전자가 정공보다 많으므로 전기적으로 음(negative)의 상태로 충전된 상태임

ⓓ 내부에 전자가 많으나 다른 전하들과 총합해서 중성인 전기적 상태를 유지함

91 **고순도의 실리콘을 얻는 방법은?**

ⓐ 구역정제(zone refining)
ⓑ 결정화(crystallization)
ⓒ 도금(electroplating)
ⓓ 산화(oxidation)

92 **다음중에서 1차원(one dimensional) 반도체에 해당하는 것은?**

ⓐ 양자점
ⓑ 나노선
ⓒ 그래핀
ⓓ 실리콘 웨이퍼

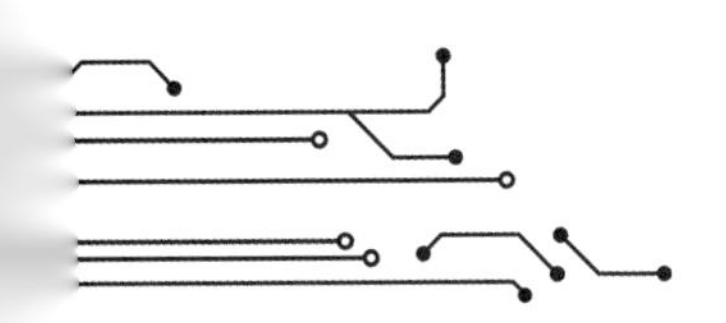

93 실리콘 반도체의 광전특성에 관련한 설명중 틀린 것은?

ⓐ 에너지밴드갭에 해당하는 에너지에서 광흡수가 급격히 증가함

ⓑ 광흡수에 의해 전자가 전도대로 여기(excite)되며 정공이 가전자대에 생성됨

ⓒ 광흡수로 생성된 전자와 정공은 매우 빠르게 재결합하여 평형상태로 복귀함

ⓓ 전자와 정공이 재결합하면서 대부분 광(photon)을 발생시킴

94 다음중에서 밴드갭 에너지가 가장 작은 반도체는?

ⓐ Ge　　ⓑ Si　　ⓒ SiC　　ⓓ GaN

95 다음의 화합물반도체 결정구조에서 (A)-(B)-(C)-(D)의 순서로 결함의 명칭으로 정확한 것은?

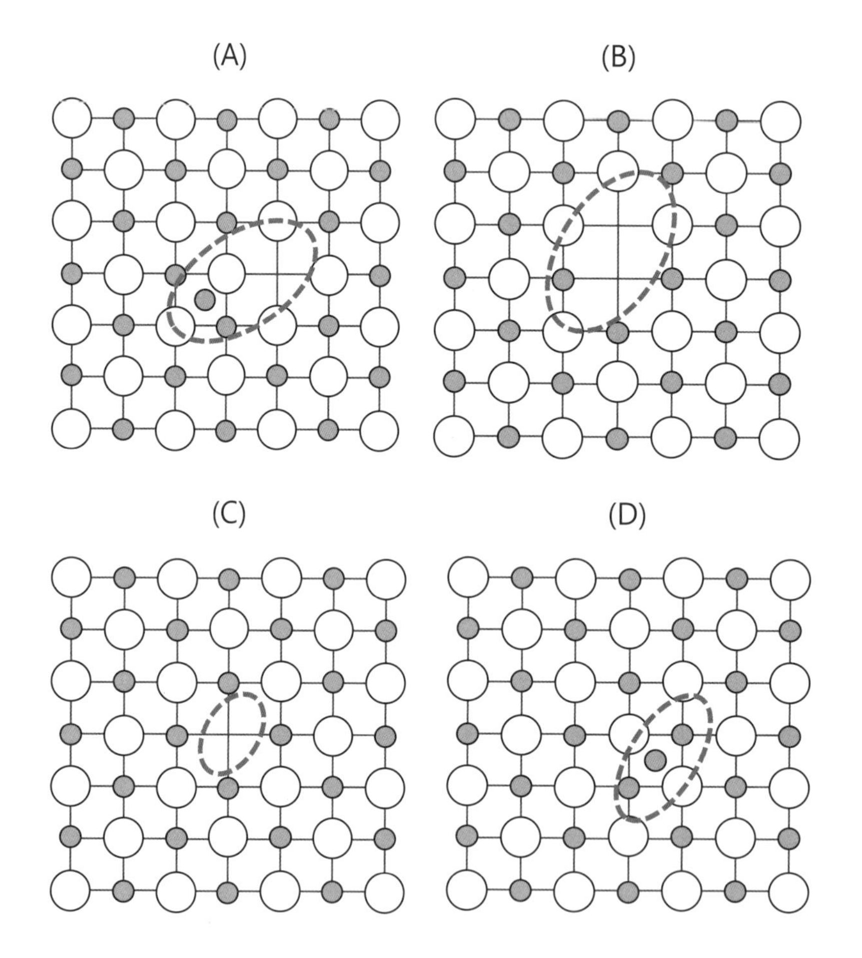

ⓐ Frenkel – Vacancy – Schottky – Interstitial

ⓑ Schottky – Frenkel – Vacancy – Interstitial

ⓒ Frenkel – Schottky – Vacancy – Interstitial

ⓓ Schottky – Vacancy – Interstitial – Frenkel

제 2 장

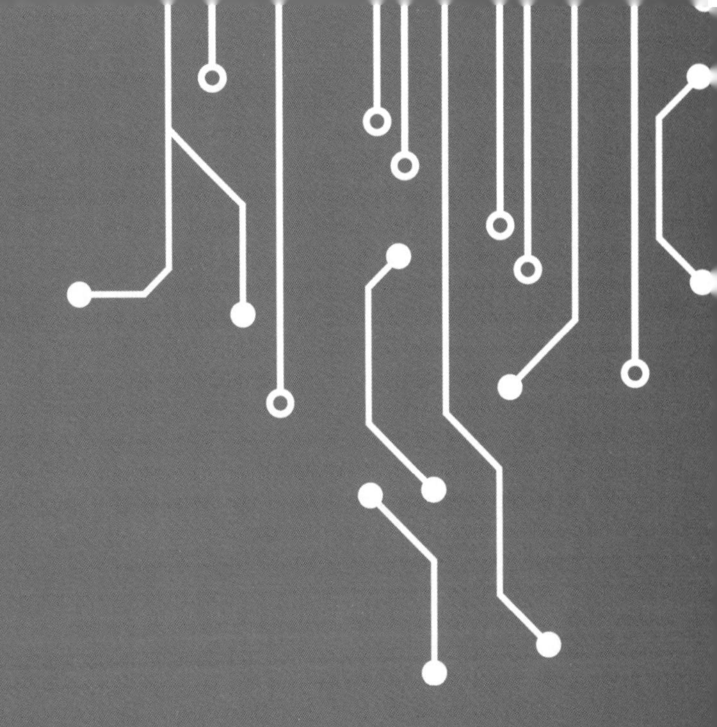

산화

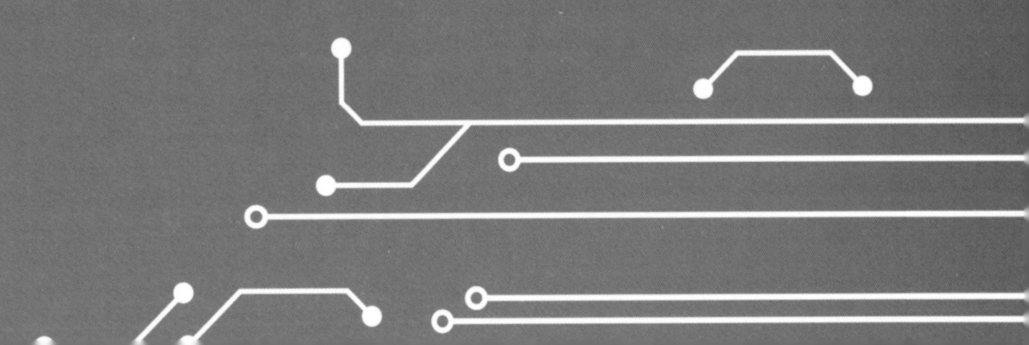

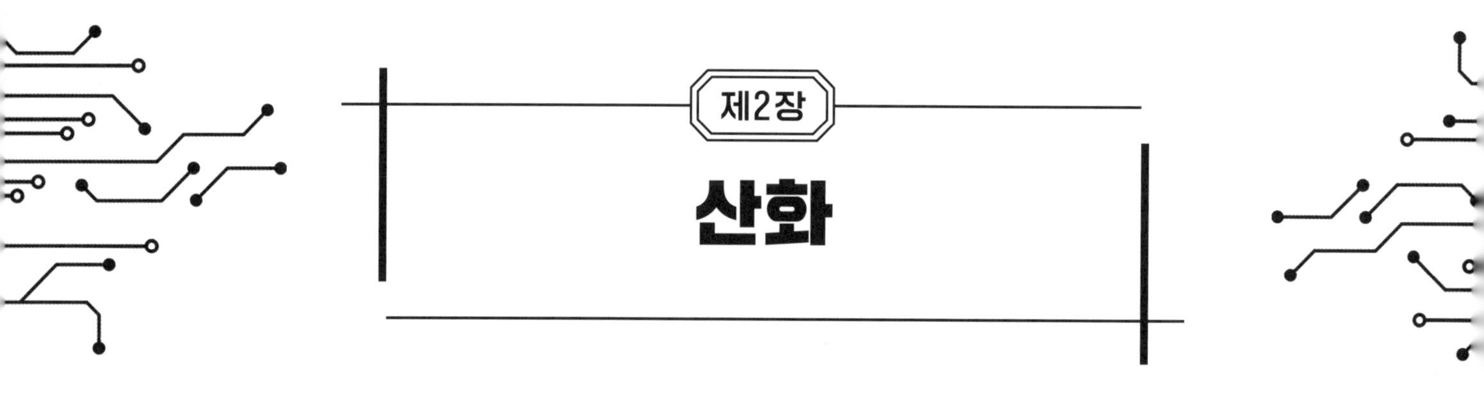

01 **실리콘 반도체에서 건식산화에 비해 습식산화의 속도에 대한 비교 설명으로 적합한 것은?**

ⓐ 가스상태에서 H_2O의 활성도가 높기 때문에 습식산화가 빠름

ⓑ 습식산화는 실리콘 계면에서 산화반응의 활성화 에너지가 낮으므로 습식산화가 빠름

ⓒ 건식산화는 실리콘 계면에서 산화반응의 활성화 에너지가 낮으므로 건식산화가 빠름

ⓓ H_2O의 습식산화는 산화막에서 확산이 O_2에 비해 활성화에너지가 낮아서 습식산화가 빠름

02 **실리콘 기판의 산화속도에 영향을 미치는 공정조건(파라미터)에 해당하지 않는 것은?**

ⓐ 온도　ⓑ 챔버의 크기　ⓒ 기판의 방향　ⓓ 기판의 불순물 농도

03 **Si MOSFET의 게이트 절연막을 산화공정으로 형성하는데 대한 설명으로 적합한 것은?**

ⓐ 산소가스를 이용하는 건식식각으로 산화하여 산화막의 품질이 우수해야 함

ⓑ 산소가스를 이용하는 건식식각으로 산화하여 산화막이 두꺼워야 함

ⓒ H_2와 O_2 혼합가스를 이용하는 습식식각으로 산화하여 산화막의 품질이 우수해야 함

ⓓ H_2와 O_2 혼합가스를 이용하는 습식식각으로 산화막이 두꺼워야 함

04 **실리콘의 자연산화막(native oxide)에 대한 설명으로 부적합한 것은?**

ⓐ 공기중에 노출된 실리콘 기판에 형성됨

ⓑ 두께는 공기에 노출된 시간에 따라 1~2 nm까지 성장함

ⓒ 열산화막에 비해 밀도가 낮음

ⓓ 열산화막에 비해 절연특성이 우수하게 형성됨

05 **실리콘 기판의 산화속도에 영향이 없는 공정조건(파라미터)은?**

ⓐ 압력　ⓑ 기판의 방향　ⓒ HCl 농도　ⓓ 크린룸 온도

06 **실리콘의 자연산화막(native oxide)에 대한 설명으로 올바른 것은?**

ⓐ 습식식각으로 제거할 수 없음

ⓑ 실리콘 기판에 보통 1~2 nm까지 성장함

ⓒ 자연산화막은 열산화막에 비해 밀도가 높음

ⓓ 습도가 높은 공기에 장기간 노출되면 100 nm까지 형성됨

07 **실리콘 기판의 산화속도에 영향을 미치는 공정조건(파라미터)이 아닌 것은?**

ⓐ 온도 ⓑ 압력 ⓒ 자연산화막 ⓓ 기판의 불순물 농도

08 **실리콘의 자연산화막에 대한 설명으로 부적합한 것은?**

ⓐ 자연산화막은 밀도가 낮음

ⓑ 자연산화막에는 불순물이 많이 함유됨

ⓒ 습식식각의 방식으로는 제거할 수 없음

ⓓ 불산(HF) 용액에 의해 매우 빠르게 제거됨

09 **실리콘 반도체에서 필드산화막(filed oxide 또는 LOCOS)에 대한 설명으로 가장 적합한 것은?**

ⓐ 습식식각을 이용하여 고온에서 빠르게 두꺼운 산화막을 형성함

ⓑ 습식식각을 이용하여 저온에서 느리게 고품질의 산화막을 형성함

ⓒ 건식식각을 이용하여 고온에서 빠르게 두꺼운 산화막을 형성함

ⓓ 건식식각을 이용하여 저온에서 느리게 고품질의 산화막을 형성함

10 **실리콘 반도체 공정에서 사용하는 산화막의 용도에 직접 해당하지 않는 것은?**

ⓐ 합금(alloy) 반응 ⓑ 전기적 절연 ⓒ 기판의 표면 보호 ⓓ 경질(hard) 마스크

11 **자연산화막이 일정한 두께 이상으로 성장하지 못하는 이유는?**

ⓐ 상온에서는 산화막을 투과하는데 필요한 에너지가 부족함

ⓑ 산화를 지속하기에는 산소나 습기가 충분하지 않음

ⓒ 시간이 지나면서 자연산화막이 공기중으로 날아감

ⓓ 공기중에 존재하는 산화를 방해하는 불순물에 의함

12 **실리콘 반도체에서 산화막의 용도에 직접 해당하지 않는 것은?**

ⓐ 확산공정에서 방지막 마스크(mask)

ⓑ MOSFET의 게이트 산화막

ⓒ 소자 격리(isolation)

ⓓ 리소그래피

13 **실리콘 반도체의 산화공정으로 형성하는 실리콘산화막에 대한 설명으로 적합한 것은?**

ⓐ 밴드갭이 9 eV 정도로 높음

ⓑ 밴드갭이 작아서 적외선을 흡수하여 투과율 낮음

ⓒ 임계전계(E_c)는 보통 10 V/cm 정도로 낮음

ⓓ 단결정 상태의 구조로 형성됨

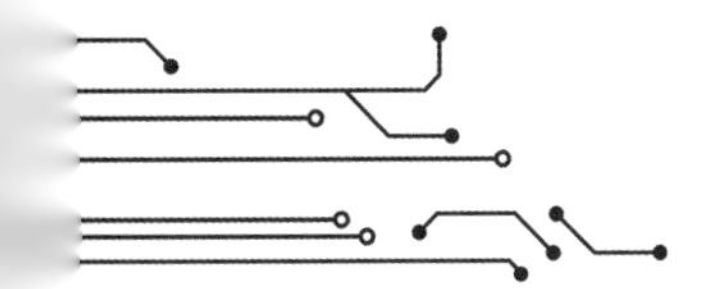

14 **실리콘 반도체의 산화공정에 대한 아래의 설명중 가장 합당한 것은?**

ⓐ 자연산화막은 기판 내부의 산소가 외부로 확산하여 형성됨

ⓑ 건식산화에 의한 산화막은 습식산화에 의한 산화막에 비해 품질이 우수함

ⓒ 기판의 붕소(B) 불순물이 산화공정 후에 산화막에 잔류하면 누설전류가 급증함

ⓓ 자연산화막의 품질이 습식산화의한 산화막에 비해 물리적 특성이 안정함

15 **실리콘 반도체에서 산화막의 용도에 해당하지 않는 것은?**

ⓐ 게이트 절연막

ⓑ 트렌치 격리(trench isolation)

ⓒ 쇼트키 접합

ⓓ 커패시터 유전체막

16 **산소가스를 사용한 실리콘 기판의 건식산화에 있어서 Cl_2나 HCl 가스의 첨가와 관련하여 가장 적합한 설명은?**

ⓐ 산화막 내부에 이동성 이온의 농도를 높임

ⓑ 산화막과 실리콘 계면에서 산화반응을 지연시킴

ⓒ 산화막에 Cl이 함유되어 O_2의 확산이 지연고 산화속도가 감소함

ⓓ Na와 같은 금속의 오염을 줄임

17 **실리콘 반도체의 산화공정에 대한 아래의 설명중 틀린 것은?**

ⓐ 건식산화에 의한 산화막은 습식산화에 의한 산화막에 비해 품질이 우수함

ⓑ 자연산화막은 공기중의 산소가 표면에서 반응하여 형성됨

ⓒ 기판에 있던 B, P 불순물이 산화공정 후에 산화막에 잔류할 수 있지만 소자에 문제는 없음

ⓓ 자연산화막의 품질이 습식산화에 의한 산화막에 비해 물리적 특성이 우수함

18 **실리콘 반도체에 산화공정으로 형성하는 실리콘산화막에 대한 설명으로 부적합한 것은?**

ⓐ 밴드갭이 9 eV 정도로 높음

ⓑ 굴절률은 보통 1.46

ⓒ 결정질(crystalline) 상태을 유지함

ⓓ Si에 비해 밀도가 낮음

19 **실리콘 반도체의 산화공정에 대한 아래의 설명중 바르지 않은 것은?**

ⓐ 동일 조건이라면 건식산화가 습식산화에 비해 느림

ⓑ 기판의 B 불순물이 산화공정 후에 산화막에 잔류하면 산화막을 통한 누설전류가 급증함

ⓒ 건식산화에 의한 산화막은 습식산화에 의한 산화막에 비해 품질이 우수함

ⓓ 자연산화막은 공기중의 산소가 표면에서 반응하여 형성됨

20 실리콘 반도체에서 희생산화막(sacrificial oxide)의 가장 중요한 용도는?

ⓐ 기판의 표면 보호

ⓑ 리소그래피의 해상도

ⓒ 쇼트키 접합의 형성

ⓓ 합금(alloy) 열처리

21 산소가스를 사용한 실리콘 기판의 건식산화에 있어서 Cl_2나 HCl 가스를 첨가와 관련한 부적합한 설명은?

ⓐ Na와 같은 알칼리 금속의 오염을 줄임

ⓑ 산화막 내부에 이동성 이온의 농도를 줄임

ⓒ 산화막과 실리콘 계면에서 산화반응을 가속시킴

ⓓ 산화막에 Cl이 함유되어 O_2의 확산이 지연고 산화속도가 감소함

22 실리콘 반도체에 산화공정으로 형성하는 실리콘산화막에 대한 설명으로 부적합한 것은?

ⓐ 유전상수는 3.9

ⓑ 결정질 상태로 형성됨

ⓒ 전기비저항은 10^{14} ~ 10^{16} $\Omega\cdot$cm

ⓓ 임계전계(E_c)는 10^7 V/cm

23 산화공정에 있어서 기판에 도핑된 불순물의 분리계수(k_0= C_{Si}/C_{SiO2})에 대한 설명으로 부적합한 것은?

ⓐ 분리계수에 의해 계면농도가 변하면 전류누설의 문제가 발생할 수 있음

ⓑ 분리계수에 의해 계면농도가 변하면 소자의 임계전압이 변화할 수 있음

ⓒ 분리계수는 물질의 고용도(solid solubility)의 차이에 의해 발생함

ⓓ 기판의 면방향에 따라 분리계수가 변화함

24 산소가스를 사용한 실리콘 기판의 건식산화에 있어서 Cl_2나 HCl 가스의 첨가와 관련하여 틀린 설명은?

ⓐ 웨이퍼 뒷면으로 Na와 같은 금속의 오염이 증가함

ⓑ 산화막 품질을 높이기 위해 HCl이나 Cl_2를 첨가하여 산화공정을 진행함

ⓒ Na와 같은 이동성(mobile) 금속의 오염을 줄임

ⓓ 산화막 내부에 이동성 이온의 농도를 줄임

25 실리콘의 산화공정에서 기판에 도핑된 불순물의 분리계수(k_0= C_{Si}/C_{SiO2})에 대한 설명으로 부적합한 것은?

ⓐ 분리계수가 1보다 작으면 계면에 있는 불순물은 산화막으로 더 주입됨

ⓑ 분리계수가 1보다 작으면 실리콘 측의 계면에 불순물 농도가 감소함

ⓒ 분리계수가 1보다 크면 계면에 있는 불순물은 실리콘 측으로 축적되어 농도가 증가함

ⓓ 실리콘 기판의 결정면 방향에 따라 분리계수가 변화함

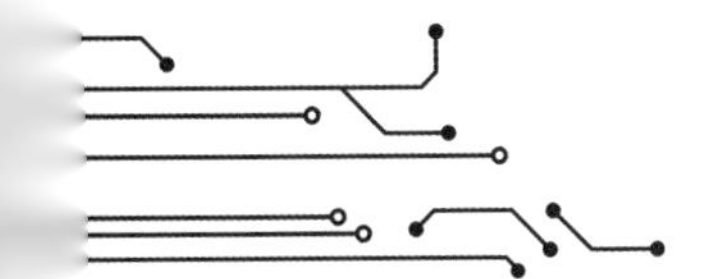

26 **MOSFET의 게이트 산화막에서 flat band voltage (V_{FB})는 하전입자의 영향을 고려하여 $V_{FB} = \Phi_{ms} - (Q_f + Q_m + Q_{ot})/C_o - Q_{it}/C_{o^*}$ 로 표현된다. 아래중 가장 적합한 설명은?**

ⓐ Q_{it}은 산화막과 외부의 표면(surface) 공기층 사이의 계면에 존재하는 계면전하임

ⓑ Q_m은 산화막에 존재하는 이동성 이온(mobile ion)에 의한 전하임

ⓒ Q_f는 산화막과 가까운 실리콘의 내부에서 존재하는 고정전하임

ⓓ 산화공정 이후에 열처리는 하전입자들의 농도를 감소시키지 않음

27 **산화공정에서 기판에 도핑된 불순물의 분리계수($k_o = C_{Si}/C_{SiO2}$)에 대한 설명으로 적합한 것은?**

ⓐ P는 분리계수가 1보다 작음

ⓑ B는 분리계수가 1보다 큼

ⓒ 분리계수가 1보다 크면 불순물이 계면에 축적됨

ⓓ 기판의 면방향에 따라 분리계수가 변화함

28 **실리콘 산화공정에서 기판방향이 산화속도에 미치 영향에 대한 설명으로 부적합한 것은?**

ⓐ 산화막이 1 μm 정도로 두꺼워지면 산화막을 통한 확산이 주된 확산제어(diffusion control)임

ⓑ 산화공정 온도가 1100℃ 이상으로 높으면 (100)와 (111) 방향의 차이가 감소함

ⓒ 산화공정 온도가 1100℃ 이상으로 높으면 계면반응인 반응제어(reaction control)의 영향이 감소함

ⓓ 산화공정의 초기에는 기판방향의 영향이 전혀 없음

29 **실리콘 반도체의 산화막 형성 후에 존재하는 계면포획 전하와 관련한 설명으로 부적합한 것은?**

ⓐ (100)기판에서 (111)기판보다 계면포획 전하의 밀도가 높음

ⓑ 주로 양의 전하의 상태로서 전자를 포획함

ⓒ 계면전하는 MOSFET 소자의 임계전압(V_{th})를 변화시킴

ⓓ 수소나 수분(H_2O)의 분위기에서 고온결처리하여 농도를 감소시킬 수 있음

30 **MOSFET의 게이트 산화막에서 flat band voltage (V_{FB})는 하전입자의 영향을 고려하여 $V_{FB} = \Phi_{ms} - (Q_f + Q_m + Q_{ot})/C_o - Q_{it}/C_{o^*}$ 로 표현된다. 아래 설명중 부적합한 것은?**

ⓐ 산화공정 이후 열처리를 이용해서 일부 하전입자의 농도는 감소시킴

ⓑ 한 번 발생한 하전입자는 제거할 수 없음

ⓒ 계면전하는 밴드갭의 에너지에 따른 분포를 가지고 존재함

ⓓ MOSFET에서 계면전하는 채널을 이동하는 운반자와 쿨롬산란의 원인이 되어 성능을 감소시킴

31 **실리콘 산화공정에서 기판방향이 산화속도에 미치 영향에 대한 설명으로 부적합한 것은?**

ⓐ 통상적으로 (111) 기판의 경우가 (100) 기판에 비해 산화속도가 빠름

ⓑ 산화막이 1 μm 정도로 두꺼워지면 (100)와 (111) 방향의 차이에 의한 영향이 감소함

ⓒ 산화공정의 초기에는 기판방향의 영향이 전혀 없음

ⓓ 산화막이 1 μm 정도로 두꺼워지면 산화막을 통한 확산이 주된 확산제어(diffusion control)임

32 **습식산화에서 포물선성장율 $B=B_0\exp(-E_{a1}/kT)$에서 활성화에너지 E_{a1}=0.71 eV라 하고, 선형성장율 $B/A=(B_0/A_0)\exp(-E_{a2}/kT)$에서 활성화에너지 E_{a2}=1.96 eV인데, 건식산화에서는 E_{a1}=1.24 eV, E_{a2}=2 eV로 변화한 차이에 대한 설명으로 가장 적합한 것은?**

ⓐ 건식식각에 비교하여 습식산화에서 산화막을 통한 확산이 빠르고, 계면반응에 대한 차이는 거의 없음

ⓑ 건식식각에 비교하여 습식산화에서 산화막을 통한 확산이 빠르고, 계면반응은 느림

ⓒ 습식식각에 비교하여 건식산화에서 산화막을 통한 확산이 빠르고, 계면반응에 대한 차이는 거의 없음

ⓓ 습식식각에 비교하여 건식산화에서 산화막을 통한 확산이 빠르고, 계면반응도 느림

33 **Si의 분자량은 28.9 g/mole이며, 밀도는 2.33 g/cm^3 이다. 실리콘 산화막(SiO_2)의 분자량은 60.08 g/mole이고, 밀도는 2.21 g/cm^3 이다. 실리콘산화막을 성장할 때 실리콘이 소모된 두께는 산화막 두께의 몇 %인가?**

ⓐ 46%

ⓑ 50%

ⓒ 54%

ⓓ 64%

34 **실리콘 반도체의 산화공정 이후에 산화막과 실리콘 반도체 계면의 하단부에 산화저층결함 OISF(Oxidation Induced Stacking Fault)결함이 발생하는 경우에 대한 설명으로 적합한 것은?**

ⓐ OISF는 제작하는 소자의 특성에는 영향을 미치지 아니함

ⓑ 산화막의 두께를 1 μm 이상으로 충분히 성장하면 OISF는 완전히 제거됨

ⓒ 실리콘 내부에 존재하던 탄소, 산소와 같은 불순물과 결함이 OISF의 주요 발생원인임

ⓓ OISF의 발생에 대해 실리콘 반도체 단결정의 성장조건의 영향은 없음

35 **인(phosphorous)이 도핑된 n-type Si 기판의 산화공정에 대한 설명에 있어서 올바르지 않은 것은?**

ⓐ 온도가 1000℃ 이하인 보통의 산화공정이면 10^{20} cm^{-3}의 고농도로 도핑된 경우가 10^{16} cm^{-3}으로 도핑된 저농도의 기판보다 산화가 빠름

ⓑ 인(phosphorous)의 분리계수(segregation coefficient)는 1보다 작음

ⓒ 산화공정 온도를 1100℃ 이상 고온으로 하면 (a)번의 차이는 감소함

ⓓ 산화막-실리콘 계면에 phosphorous가 축적됨

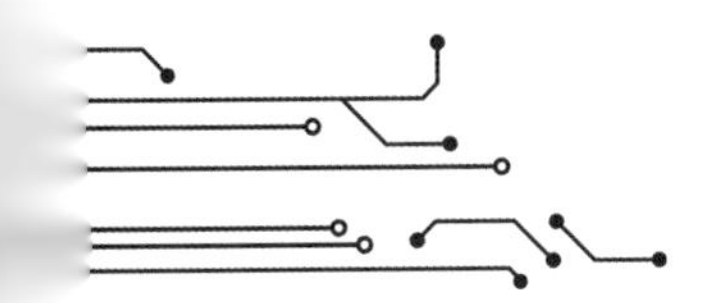

36 **붕소(boron)가 도핑된 p-type Si 기판의 산화공정에 대한 설명에 있어서 올바르지 않은 것은?**

ⓐ 온도가 1000℃ 이하인 통상적인 산화공정의 경우 10^{20} cm^{-3}의 고농도로 도핑된 경우 10^{16} cm^{-3}으로 도핑된 경우보다 산화가 빠름

ⓑ boron의 분리계수(segregation coefficient)는 1보다 큼

ⓒ 산화공정 온도를 1100℃ 이상 고온으로 높이면 (a)번 확산속도 차이는 감소함

ⓓ 확산에 의해 산화막-실리콘 계면에 boron이 공핍됨

37 **온도가 1000℃ 이하인 통상적인 산화공정의 경우 인(phosphorous)이 도핑된 n-type Si 기판의 산화공정에 대한 설명에 있어서 가장 정확한 것은?**

ⓐ 도핑농도가 높은 10^{20} cm^{-3}의 경우 10^{16} cm^{-3}으로 도핑된 기판의 경우보다 산화가 빠름

ⓑ 산화공정 온도를 1100℃ 이상 고온으로 하면 (a)번의 산화속도 증가의 차이가 더욱 커짐

ⓒ 산화막-실리콘 계면에 phosphorous는 외부로 확산하여 완전히 사라짐

ⓓ 기판의 도핑농도가 높으면 산화막에서 확산계수가 증가하기 때문에 산화속도가 빠름

38 **실리콘 반도체에 산화(oxidation)공정을 이용해 성장한 산화막의 용도로 부합하지 않는 것은?**

ⓐ LOCOS(Local Oxidation of Silicon)

ⓑ 게이트 산화막(gate oxide)

ⓒ 트렌치 격리(trench isolation)

ⓓ 금속간 절연(intermetallic insulation)

39 **붕소(boron)가 도핑된 p-type Si 기판의 산화공정에 대한 설명에 있어서 올바르지 않은 것은?**

ⓐ 온도가 1000℃ 이하인 통상적인 산화공정의 경우 10^{20} cm^{-3}의 고종도로 도핑된 경우 10^{16} cm^{-3}으로 도핑된 경우보다 산화가 빠름

ⓑ 산화공정 온도를 1100℃ 이상 고온으로 높이면 (a)번의 산화속도 차이는 감소함

ⓒ 산화막-실리콘 계면에서 붕소(boron)의 공핍현상이 발생함

ⓓ 위 (a)번의 원인은 실리콘 내부로 산소원자의 확산이 빠르기 때문임

40 **MOSFET의 게이트 산화막에서 flat band voltage (V_{FB})는 하전입자의 영향을 고려하여 $V_{FB} = \Phi_{ms} - (Q_f + Q_m + Q_{ot})/C_o - Q_{it}/C_{o^*}$ 로 표현된다. 아래 설명중 부적합한 것은?**

ⓐ 계면전하의 원인은 주로 계면의 불완전 결합(dangling bond)임

ⓑ 고정전하의 원인은 주로 과잉 실리콘 원자의 불완전 결합임

ⓒ Q_{it}은 산화막과 금속과 사이의 계면에 존재하는 계면전하임

ⓓ 하전입자로 인하여 V_{FB}과 동시에 V_{th}를 변화시킴

41 **실리반도체에서 실리콘산화막(SiO_2)의 용도에 직접 해당하지 않는 것은?**

ⓐ MOSFET의 게이트 절연막
ⓑ 금속-반도체 쇼트키 접합
ⓒ 선택적 이온주입의 마스크
ⓓ capacitor의 유전체

42 **실리콘 반도체의 산화막 형성 후에 존재하는 계면포획 전하와 관련한 설명으로 부적합한 것은?**

ⓐ 계면포획 전하는 산화막과 실리콘의 계면에 존재함
ⓑ 계면전하는 MOSFET 소자의 임계전압(V_{th})을 변화시키지 않음
ⓒ 계면포획 전하는 결합이 불완전한 dangling bond가 주요 원인임
ⓓ (111)기판에서 (100)기판보다 계면포획 전하의 밀도가 높음

43 **실리반도체에서 실리콘산화막(SiO_2)의 용도에 직접 해당하는 것은?**

ⓐ 오믹 금속 접합
ⓑ 웨이퍼의 습식 세정
ⓒ trench isolation의 측벽용 절연막
ⓓ 쇼트키 금속 접합

44 **실리콘 반도체의 열산화막(thermal oxide)에 대한 설명으로 부적합한 것은?**

ⓐ 상온에서 에너지 밴드는 대체로 9 ev임
ⓑ 항복전계는 10 MV/cm 정도로 높음
ⓒ 실리콘 기판과 동일한 단결정의 구조를 갖음
ⓓ 비저항은 10^{20} Ω·cm정도로 높음

45 **실리콘 반도체 기판에 소자격리를 위하여 산화막과 질화막으로 하드마스크를 정의하고 트렌치 식각을 한 후에 산화공정으로 라이너 산화막(liner oxide)을 성장하는 목적으로 정확한 것은?**

ⓐ 트렌치 식각면의 결함을 제어하고 고품위 산화막을 성장하여 누설전류의 발생을 방지함
ⓑ 트렌치 내부의 불순물 확산을 방지
ⓒ 고온의 공정조건에서 식각 잔유물을 제거
ⓓ HDP(High Density Plasma) 산화막의 접착성 향상

46 **고압조건을 이용하는 HIPOX(High Pressure Oxidation)에 대한 설명으로 맞지 않는 것은?**

ⓐ 동일 온도라면 상압(1 기압)에서의 산화보다 성장속도가 빠름
ⓑ 비교적 저온에서 산화막을 형성하는데 유용함
ⓒ 상압보다 저압인 조건에서 산화하여 품질을 높임
ⓓ 기상에서 산화가스의 농도가 높아서 산화속도가 빠름

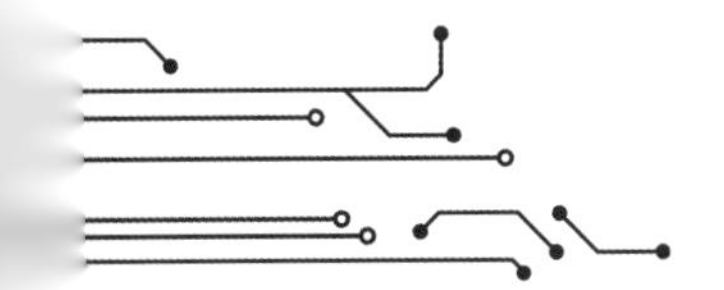

47 **실리콘 반도체의 열산화막(thermal oxide)에 대한 설명으로 부적합한 것은?**

ⓐ 굴절률(refractive index)은 대체로 1.46임

ⓑ 상온에서 에너지 밴드는 대체로 1.1 ev임

ⓒ 유전상수는 대체로 3.9임

ⓓ 실리콘 기판과 다르게 비정질 구조를 가짐

[48-49] **다음 그림을 보고 물음에 답하시오.**

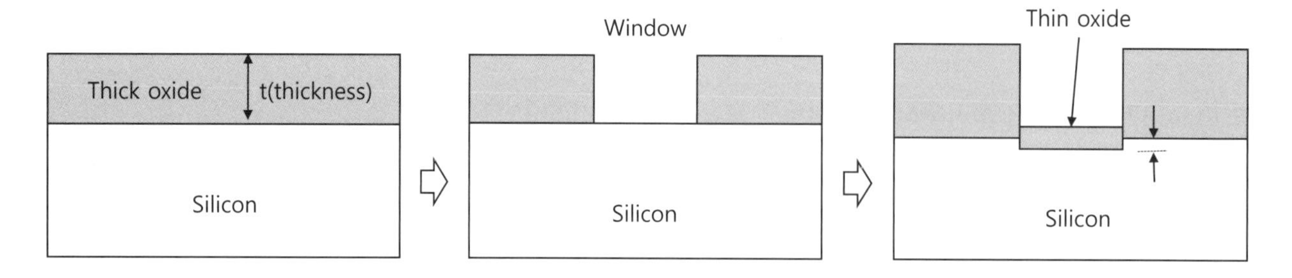

48 **위 그림과 같이 실리콘 기판에 1차 산화공정으로 두꺼운 산화막을 성장하고 가운데 부분을 식각하여 hole을 만든 다음에 다시 2차 산화에서 얇은 산화막을 형성하였다. 여기에서 1차 산화를 10시간 이행한 경우 1차 산화막 두께의 근사치는? 단, B=100 nm2/sec, B/A=0.001 nm/sec, $X_{ox} + AX_{ox}^2 = B(t + \tau)$인데, τ=0으로 근사하기로 함**

ⓐ 36 μm　　ⓑ 360 μm　　ⓒ 36 nm　　ⓓ 360 nm

49 **위 그림과 같이 실리콘 기판에 1차 산화공정으로 두꺼운 산화막을 성장하고 가운데 부분을 식각하여 hole을 만든 다음에 다시 2차 산화에서 얇은 산화막을 형성하였다. 반응제어(reaction control) 조건만 이용하는 경우 2차 산화에서 20 nm 두께를 얻기 위한 시간은? 단, B=1 nm^2/sec, B/A=0.001 nm/sec, $X_{ox} + AX_{ox}^2 = B(t + \tau)$인데, τ=0으로 근사하기로 함**

ⓐ 400 sec　　ⓑ 4000 sec　　ⓒ 400 min　　ⓓ 4000 min

50 **고압조건을 이용하는 HIPOX(High Pressure Oxidation)에 대한 설명으로 가장 적합한 것은?**

ⓐ 상압보다 저압인 조건에서 산화하여 산화막의 품질을 높임

ⓑ 가급적 고온에서 산화막을 감소시키려는 목적으로 사용함

ⓒ 불완전 결합에 의한 계면전하를 완전히 제거할 수 있음

ⓓ 상압보다 높은 고압의 조건에서 산화하여 성장속도가 빠름

51 **고유전율(high-k) 게이트 절연막으로 제작하는 MOSFET의 고압수소어닐링의 효과로 부합하지 않는 것은?**

ⓐ 게이트 산화막의 두께 증가

ⓑ 계면 결함 감소

ⓒ 채널의 이동도 증가

ⓓ 소자 성능 개선

52 **그림과 같이 실리콘 표면을 산화하는 경우 Si 노출부위(T_{ox-1})는 0.2 ㎛ 성장하고, SiO_2 마스킹 부위(T_{ox-2})는 0.1 ㎛ 성장하였다고 할 때, 두 곳의 단차(h)는 얼마? 단, Si이 산화될 때 실리콘이 소모되는 두께는 생성되는 산화막 총두께의 46%로 적용함**

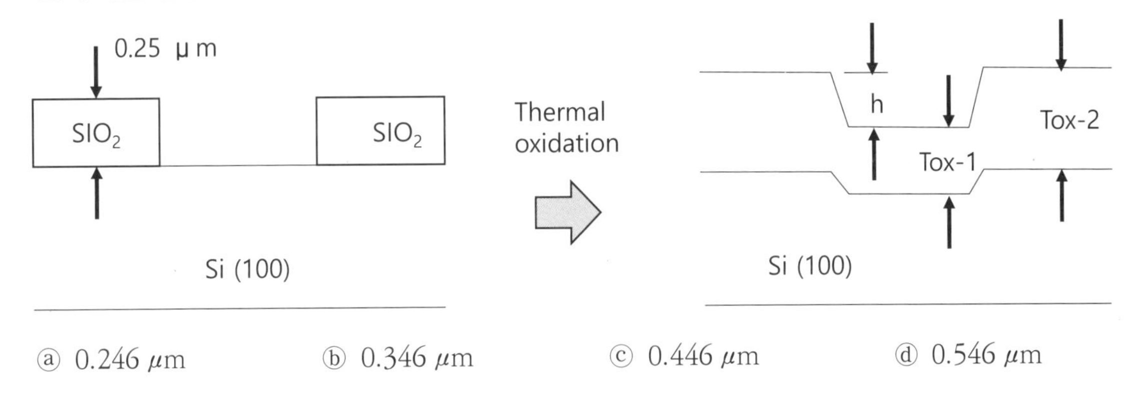

ⓐ 0.246 ㎛ ⓑ 0.346 ㎛ ⓒ 0.446 ㎛ ⓓ 0.546 ㎛

53 **그림과 같이 얕은 트렌치 격리(shallow trench isolation)의 공정에서 라이너 산화(liner oxidation) 공정을 이용하는데, 패드산화막(pad oxide)과 질화막(nitride)을 동시에 사용하는 이유로 가장 적합한 것은?**

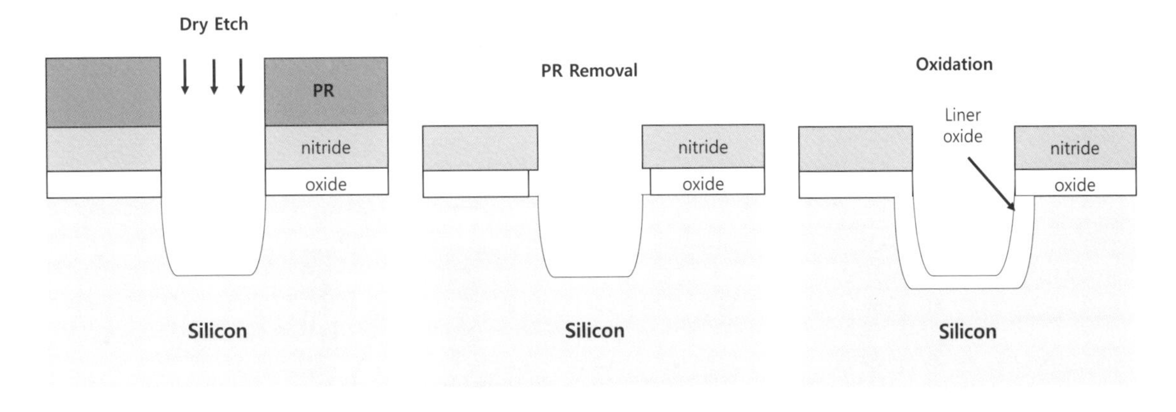

ⓐ 패드산화막은 트렌치 식각용 마스크, 질화막은 리소그래피 패턴형성을 보강하기 위함

ⓑ 패드산화막은 불순물의 확산을 방지하고, 질화막은 결함의 생성을 방지함

ⓒ 패드산화막은 희생산화막으로 안정한 계면을 유지, 질화막은 산소의 침투를 방지하는 장벽(barrier)

ⓓ 패드산화막은 게이트 절연체로 사용하고, 질화막은 실리콘으로 질소를 공급함

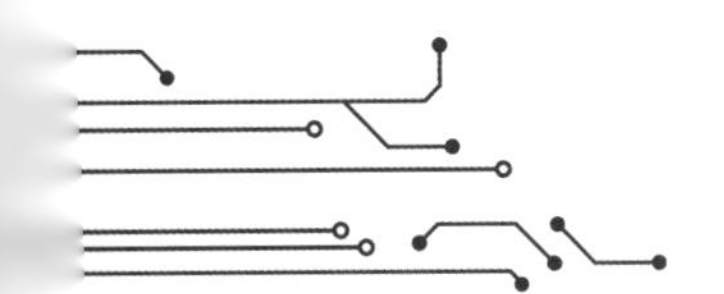

54 그림과 같이 얕은트렌치격리(shallow trench isolation)의 공정에서 식각된 폭이 1.08 ㎛ 이고, 산화속도가 (111) : (110) : (100) = 1.66 : 1.2 : 1.00이고, (100) 방향으로 산화속도가 1 ㎛/hr인 경우, 산화막 성장으로 트렌치가 완전히 충진되는 순간 트렌치폭($W_{ox\text{-}trench}$)는 얼마?

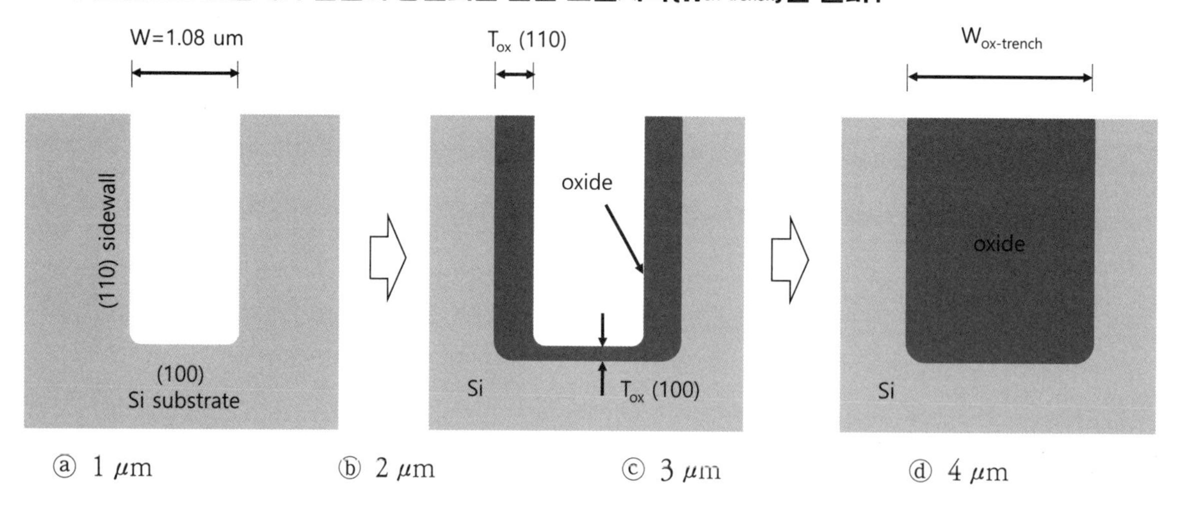

ⓐ 1 ㎛ ⓑ 2 ㎛ ⓒ 3 ㎛ ⓓ 4 ㎛

55 다음 실리콘 산화막 형성법중에서 가장 밀도와 절연내력(dielectric strength)이 낮은 방식은?

ⓐ PECVD(SiH_4 + O_2) ⓑ 열산화막(O_2) ⓒ TEOS ⓓ LPCVD (DCS + N_2O)

56 실리콘 기판의 산화공정으로 형성한 산화막의 두께를 측정할 수 있는 방법이 아닌 것은?

ⓐ 홀측정(Hall measurement)
ⓑ 엘립소미터(ellipsometer)
ⓒ 나노스펙(nanospec)
ⓓ 산화막 식각과 알파스텝(etch and alpha-step)

57 그림과 같이 얕은트렌치격리(shallow trench isolation)의 산화공정에서 식각된 폭이 1.08 ㎛ 이고, 산화속도가 (111) : (110) : (100) = 1.66 : 1.2 : 1.00이고, 바닥의 산화막 두께 t_{ox}(100)=0.2 ㎛ 이면, 측벽의 두께 t_{ox}(110)는 얼마?

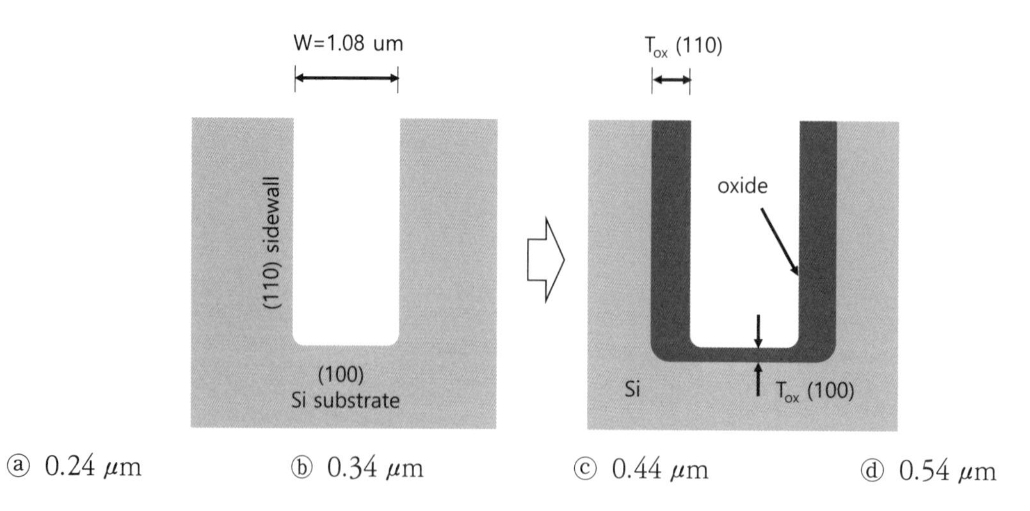

ⓐ 0.24 ㎛ ⓑ 0.34 ㎛ ⓒ 0.44 ㎛ ⓓ 0.54 ㎛

58 **그림으로 표현된 열산화 공정에 대한 설명으로 부적합한 것은?**

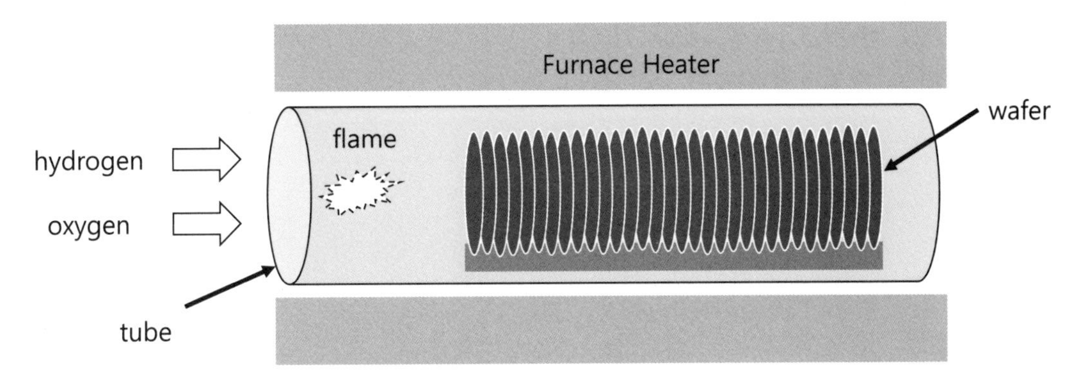

ⓐ 배치공정으로 래디칼을 이용한 습식산화로 산화속도가 빠름

ⓑ 공정중 수소가스의 폭발방지를 위해 산소의 양을 충분히 넣어주어야 함

ⓒ 균일한 산화를 위해 산화 로(furnace)에 온도기울기를 주어 가스출구측 온도가 높음

ⓓ 산화공정의 온도가 400℃ 이하에 적합한 건식산화 방식임

59 **실리콘 기판의 산화공정으로 형성한 MOS 구조에서 계면전하밀도에 대한 단위는?**

ⓐ $cm^{-3}\,eV^{-1}$　　ⓑ $eV^{-1}\,cm^{-2}$　　ⓒ $cm^{-2}\,eV^{-1}$　　ⓓ $eV\,cm^{-3}$

60 **실리콘 산화막의 형성법중에서 단차피복성(step coverage: 상부두께/내부두께)가 비등각(nonconformal)하고 식각속도(etch rate)가 가장 빠른 특성을 갖는 증착방식은?**

ⓐ 열산화막(O_2)

ⓑ TEOS(Tetraorthosilicate)

ⓒ LPCVD(DCS + N_2O)

ⓓ PECVD(SiH_4 +O_2)

61 **실리콘 산화공정에서 분리계수에 의해 산화막과 실리콘 사이의 계면에서 불순물 분포가 영향을 받는데, 이에 대한 설명으로 바르지 않은 것은?**

불순물	B	P	As	Sb
분리계수(k_o=C_{Si}/C_{oxide})	0.1~0.3	10~2000	10~3000	~10

ⓐ B은 산화막측으로 외부 확산이 심하게 발생함

ⓑ 분리계수는 온도나 가스와 같은 산화공정의 조건에 무관함

ⓒ P는 산화막 아래 실리콘측 계면에 축적(accumulation)이 발생함

ⓓ B이 도핑된 실리콘의 산화공정에서 산화막과 실리콘의 계면에서 B의 감소를 고려해야 함

62 **열산화 공정으로 형성한 실리콘산화막을 공정제어평가(PCM)하는 측정(방식)에 해당하지 않는 것은?**

ⓐ 두께

ⓑ 굴절률

ⓒ 절연특성

ⓓ Hall 측정

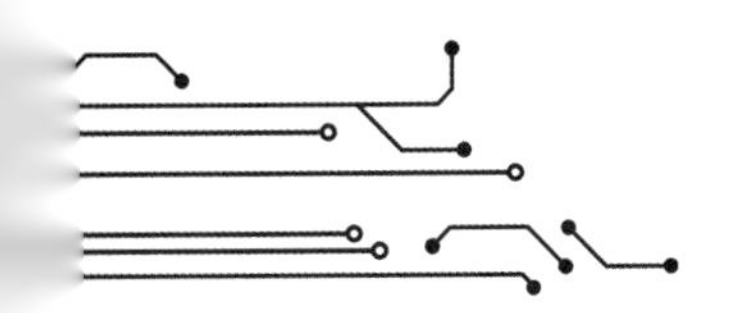

63 그림과 같이 얕은트렌치격리(shallow trench isolation)의 공정에서 식각된 폭이 1.08 ㎛ 이고, 산화속도가 (111) : (110) : (100) = 1.66 : 1.2 : 1.00이고, (110) 측벽의 산화막 두께 t_{ox}(100)=0.2 ㎛ 이면, PECVD를 이용한 gap fill 에 최소로 필요한 산화막의 두께는?

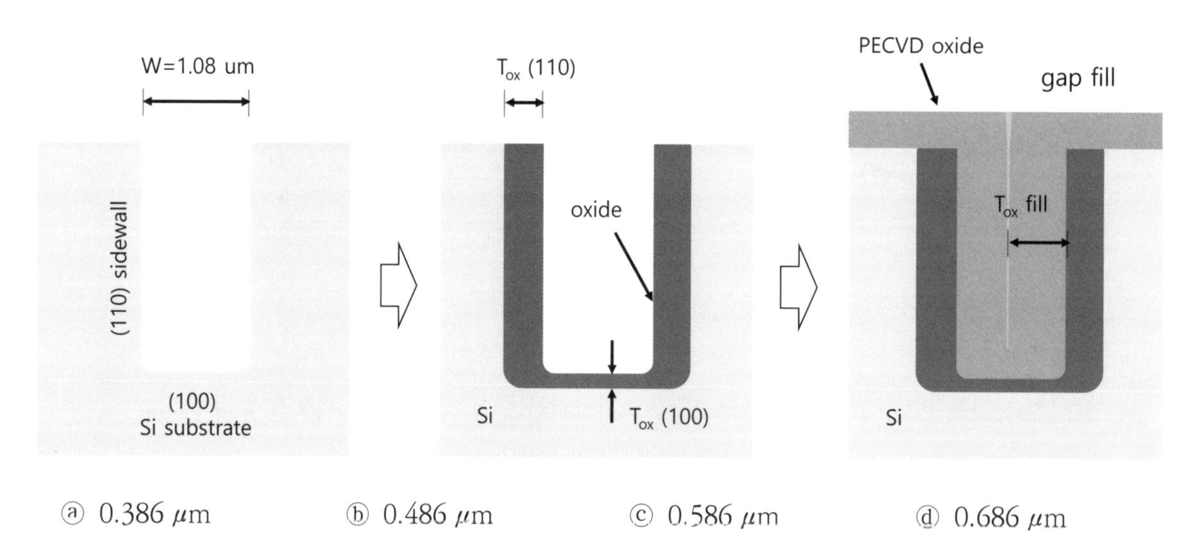

ⓐ 0.386 ㎛　　ⓑ 0.486 ㎛　　ⓒ 0.586 ㎛　　ⓓ 0.686 ㎛

64 산화장치(oxidation furnace)를 구성하는 기능과 무관한 것은?

ⓐ Hydrogen MFC(Mass Flow Coltroller)　　ⓑ heater

ⓒ RF generator　　ⓓ torch

65 실리콘의 게더링(gettering)의 효과와 관련 없는 것은?

ⓐ 소수운반자의 수명 개선

ⓑ 접합에서 누설전류 감소

ⓒ 산화막 실리콘 계면의 전하영향 감소

ⓓ 불순물 증가로 항복전압 감소

66 실리콘의 고온(900~1000℃) 산화공정에 있어서 게더링(gettering)의 효과를 부가하는 방법이 아닌 것은?

ⓐ Au의 후면 증착　　ⓑ TCA(Trichroloethane) 주입

ⓒ HCl 주입　　ⓓ 고농도 인(P) 도핑

67 습식산화에서 반응가스의 공급과 관련한 틀린 설명인 것은?

ⓐ 수소와 산소가스를 주입하면서 반응시켜 H_2O를 발생시켜 공급할 수 있음

ⓑ 수분(H_2O)을 bubbler를 이용해 공급할 수 있음

ⓒ 산화막의 품질을 위해 HCl 가스를 첨가하여 공급할 수 있음

ⓓ 챔버를 고진공으로 조절하여 산화속도를 높게 제어함

68 **실리콘 열산화를 통해 산화막에 존재하는 전하(charge) 중 실리콘 댕글링본드(dangling bond)와 관련 있는 전하(charge)는?**

ⓐ mobile ionic charge

ⓑ fixed oxide charge

ⓒ interface trapped charge

ⓓ oxide trapped charge

69 **두께가 1 ㎛ 인 실리콘을 완전히 열산화할 경우 형성되는 열산화막(thermal oxide)의 두께는? 단, Si이 산화될 때 실리콘이 소모되는 두께는 생성되는 산화막 총두께의 46%로 적용함**

ⓐ 0.17 ㎛　　ⓑ 1.17 ㎛　　ⓒ 2.17 ㎛　　ⓓ 3.17 ㎛

70 **실리콘 산화 공정에 대해 틀린 설명은?**

ⓐ 산화하는 결정면의 원자밀도가 증가할수록 산화 속도가 증가함

ⓑ 표면 결함이 있는 부분은 활성화 에너지가 낮아서 산화막 성장 속도가 감소함

ⓒ 압력이 증가하면 산화속도가 증가함

ⓓ 산화막의 성장속도는 시간이 지날수록 감소하여 두께가 수렴하는 형태로 됨

71 **실리콘 산화 공정에 대한 설명으로 올바른 설명은?**

ⓐ (100) 기판의 산화속도가 (111) 기판보다 빠름

ⓑ 고농도의 p 또는 n 형 기판은 산화속도를 감소시킴

ⓒ 실리콘과 계면에서 산화막(SiO_x)의 산소함량 x는 2보다 작음

ⓓ 열산화 과정에 P는 편석(segregation)이 일어나지만 B는 일어나지 아니함

72 **실리콘 산화 공정을 마친 후에 질소분위에서 추가로 열처리하는 이유는?**

ⓐ Q_{it}(interface state charge)의 농도를 감소시킴

ⓑ 오염된 금속성 불순물의 농도를 감소시킴

ⓒ 오염된 알칼리 이온성분의 농도를 감소시킴

ⓓ 열산화 과정에 P는 편석(segregation)이 일어나지만 B는 일어나지 아니함

73 **수평로와 비교하여 수직로의 특징으로 해당하지 않는 설명은?**

ⓐ 수직로는 차지하는 공간(footprint)이 작아 청정실의 공간효율이 높음

ⓑ 수직로는 가스의 분포가 대칭적이고 균일함

ⓒ 미량입자에 의한 오염을 제어하는데 유리함

ⓓ 석영기구물 때문에 기판의 온구구배가 큼

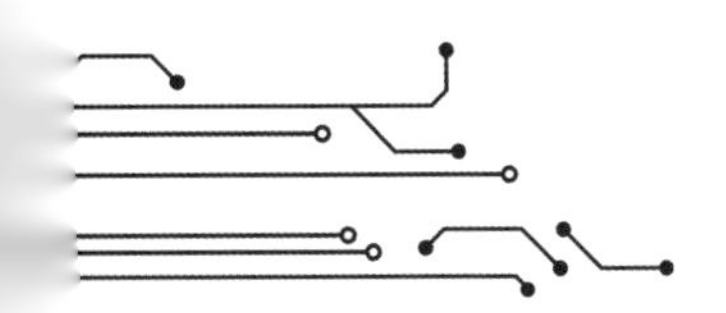

74 **Si의 산화공정에 대한 그림의 Deal-Grove 모델에 대한 설명중에서 틀린 설명은?**

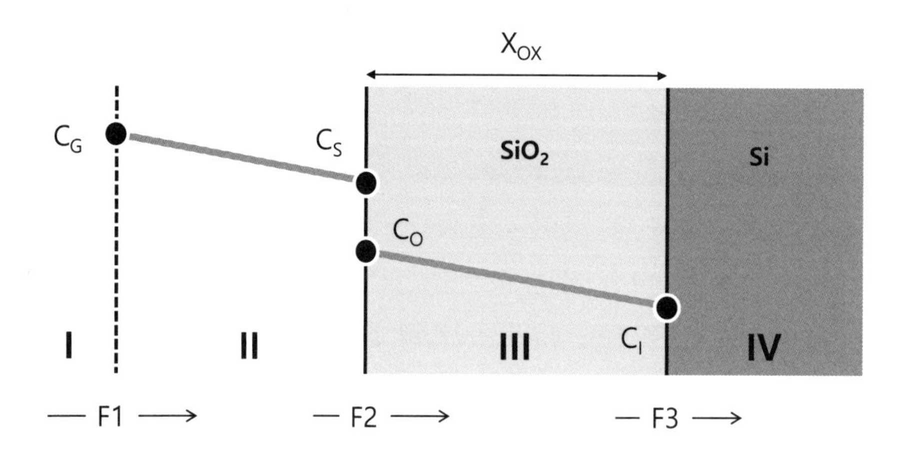

ⓐ II 영역은 정체층(stagnant layer)이며 기체상태에서 산소공급에 대한 농도기울기를 지님

ⓑ C_O는 확산온도에서 산화막 내부의 산소포화농도를 의미함

ⓒ C_G는 기상에서 산소농도로서 이 농도가 높으면 산화속도가 증가함

ⓓ 실리콘산화막에서 산소원자는 치환형(substitutional) 확산이 주도함

75 **다음중 반드시 열산화 공정을 이용해야 하는 것은?**

ⓐ trench liner oxide

ⓑ 층간금속유전체(IMD)

ⓒ trench filling oxide

ⓓ 금속-유전체-금속 커패시터(MIM capacitor)

76 **10g의 실리콘을 산화하니 11.14g의 실리콘 산화막(SiO_x)이 형성된 경우 실리콘 산화막의 조성은?**

ⓐ SiO

ⓑ SiO_2

ⓒ SiO_3

ⓓ SiO_4

77 산화방식에 따른 Deal-Grove 모델의 성장에 관한 그림과 데이터에서 올바른 설명은?
(단, $X_{ox} + AX_{ox}^2 = B(t + \tau)$인데, τ=0으로 근사하기로 함)

산화방법	직선성장상수 (B/A)	포물선성장상수 (B)
건식산화 (111)	B/A=6.23×10^6 μm/hr Ea=2.0 eV	B=7.72×10^2 μm²/hr Ea=1.23 eV
습식산화 (bubbler)	B/A=8.95×10^7 μm/hr Ea=2.0 eV	B=2.14×10^2 μm²/hr Ea=0.71 eV
스팀산화 (pyrogenic)	B/A=1.63×10^8 μm/hr Ea=2.05 eV	B=3.86×10^2 μm²/hr Ea=0.71 eV

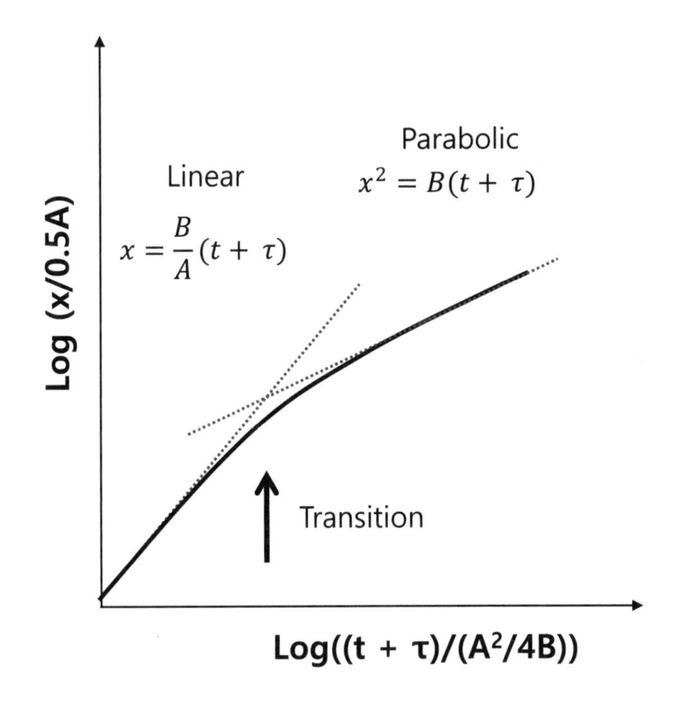

ⓐ 단기간의 확산에는 직선형 성장이 주요 확산기구로서 B 상수에 의해 좌우됨
ⓑ 장기간 확산에는 포물선형 성장이 주요 확산기구로서 B/A 상수에 의해 좌우됨
ⓒ 직선형 성장에서 포물선 성장으로 변환되는 천이영역은 수 μm 두께 수준에 발생함
ⓓ 포물선 성장구역에서 건식산화의 속도가 스팀산화에 비해 큰 차이로 빠름

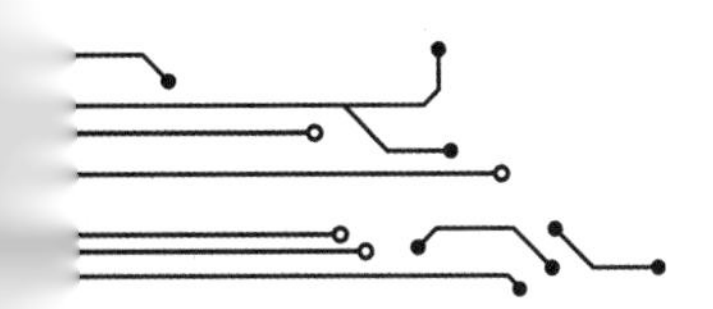

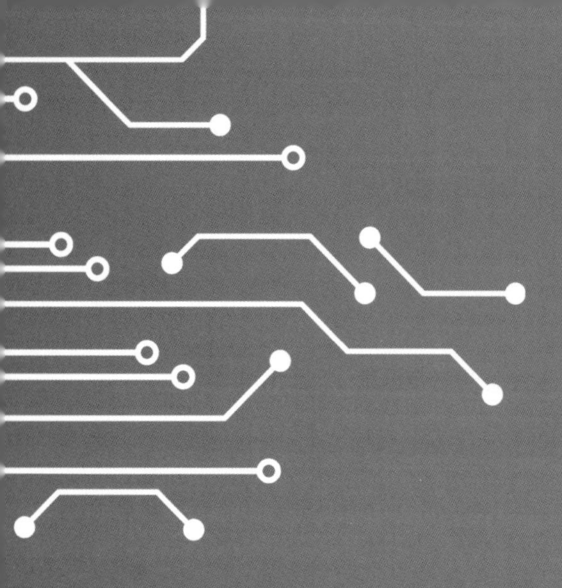

제 3 장

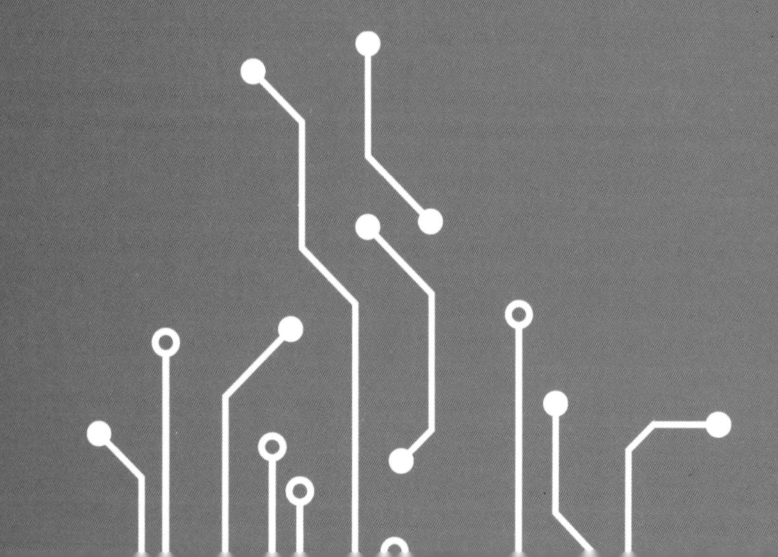

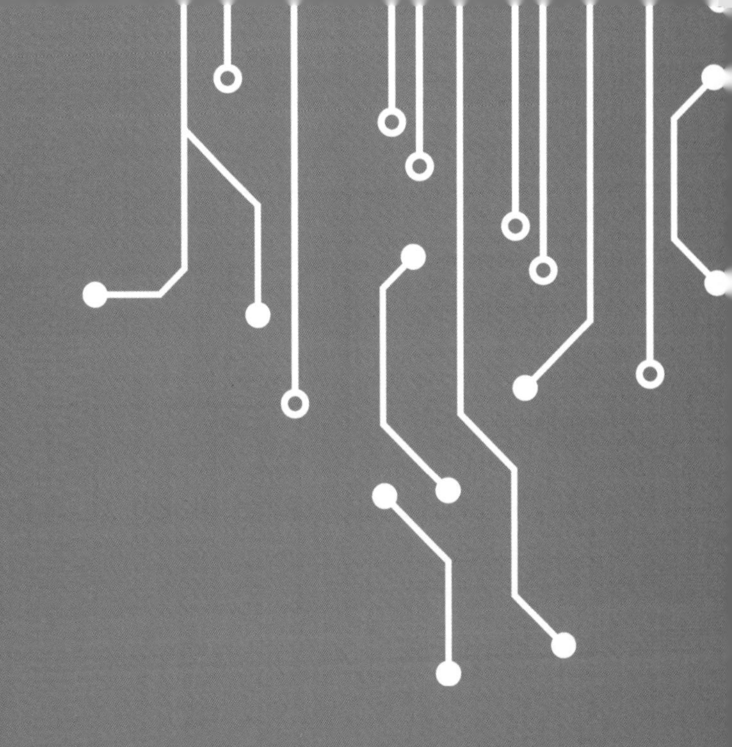

확산

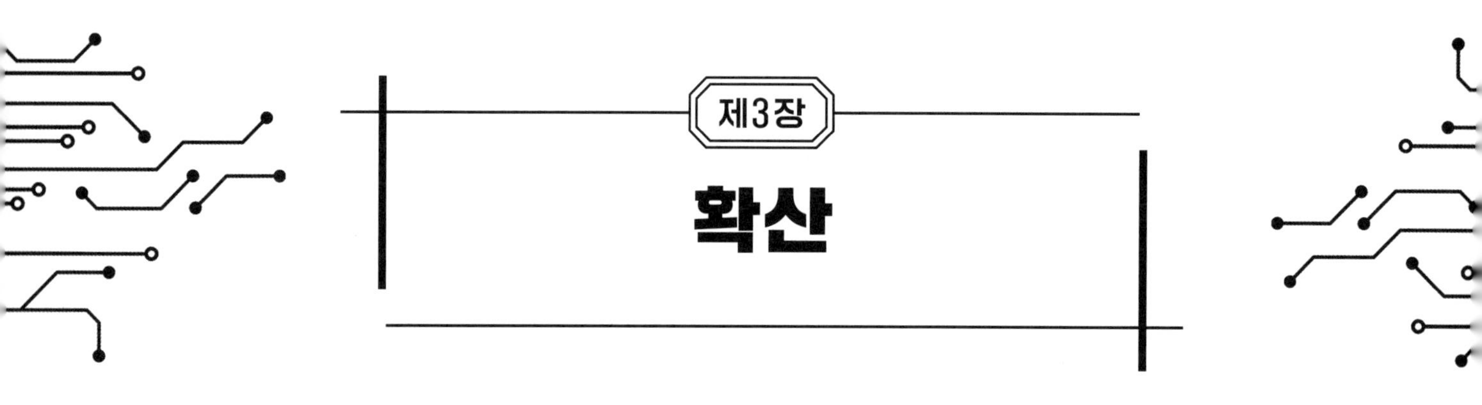

제3장 확산

01 반도체의 도핑에 사용하는 불순물이 지녀야 하는 특성으로 가장 적합한 것은?

ⓐ 확산속도가 적정해야 하고 에너지밴드 내부에 깊이 위치하여 고온에서 이온화되어야 함

ⓑ 확산속도가 최대한 높아야 하고 에너지밴드 가장자리에 위치하여 상온에서 이온화되어야 함

ⓒ 확산속도가 적정해야 하고 에너지밴드 가까이 위치하여 상온에서 이온화되어야 함

ⓓ 확산속도가 최대한 낮아야 하고 에너지밴드 내부에 깊이 위치하여 고온에서 이온화되어야 함

02 반도체의 도핑용 불순물 확산에 관한 아래의 설명중 맞지 않는 것은?

ⓐ 확산의 구동력(driving force)는 농도기울기임

ⓑ 반도체 도핑에 사용하는 불순물은 치환형(substitutional) 확산임

ⓒ 침입형(interstitial) 확산하는 불순물은 반도체에서 p 또는 n 형 도핑으로 유용하지 아니함

ⓓ 치환형(substitutional) 확산이 침입형(interstitional) 확산에 비해 빠름

03 Si 반도체에서 확산에 대한 설명중 맞지 않는 것은?

ⓐ 확산계수(D)는 어떤 조건에서도 변하지 않는 상수임

ⓑ 치환형(substitutional) 확산의 활성화에너지는 Si 원자간의 결합을 끊고 불순물이 이동하는 에너지와 관련함

ⓒ substitutional 확산의 활성화에너지는 Si 원자의 사이를 통과하는 에너지 배리어에 관련함

ⓓ Al과 Ga 원자는 substitutional 확산기구로 확산함

04 불순물의 확산계수는 $D(cm^2/sec) = 1.3 \cdot exp(-E_a/kT)$, E_a=2.9 eV, k=8.625x10^{-5} eV/K 때, 다음과 같이 C_0와 L은 상수, A는 초기 진폭(amplitude)의 의미가 있으며, sinusoidal 함수인 $C(x,t) = C_o + A \cdot exp\left(-\frac{Dt\pi^2}{L^2}\right) \cdot sin\left(\frac{\pi x}{L}\right)$의 분포에서 L=10 ㎛인 경우, 1000°C에서 열처리하여 피크 농도가 최초농도의 1 %로 감소되는데 소요되는 확산시간은?

ⓐ 29.48 h　　ⓑ 39.48 h　　ⓒ 49.48 h　　ⓓ 59.48 h

05 실리콘에서 보론(B)의 확산계수가 $D = 0.76\exp(-3.46/kT)$ 이다. 보론이 많이 도핑된 (heavily doped) 기판의 상부 표면에 에피층을 1200°C에서 20분간 성장하는 경우 표면으로 보론이 심하게 외부 확산(out-diffusion)하는 확산길이($L = 2\sqrt{DT}$)는? (k=8.625x10^{-5} eV/K)

ⓐ 0.736 nm　　ⓑ 0.736 ㎛　　ⓒ 7.36 nm　　ⓓ 7.36 ㎛

06 보론이 심하게 도핑된 (heavily doped) 기판의 상부 표면에 에피층을 1200°C에서 20분간 성장하고자 한다. 단, 표면으로 보론이 심하게 out-diffusion 하는데 확산길이($L = 2\sqrt{DT}$)와 확산계수가 $D(cm^2/sec) = 1.3 \cdot exp(-E_a/kT)$ 를 고려해야 한다. 에피의 두께가 확산길이 보다 커서 표면까지 보론의 외부확산을 무시될 정도로 보기 위한 경우 최소한의 에피성장 속도는? ($k=8.625 \times 10^{-5}$ eV/K)

ⓐ 0.61 nm/min　ⓑ 6.1 nm/min　ⓒ 0.61 nm/s　ⓓ 6.1 nm/s

07 실리콘 반도체에서 가장 대표적인 확산기구(diffusion mechanism) 3종류가 아닌 것은?

ⓐ 교류형 확산　ⓑ 치환형 확산　ⓒ 침입형-치환형 확산　ⓓ 침입형 확산

08 아래 불순물 중 실리콘 반도체에서 치환형 확산을 하는 것은?

ⓐ Au　ⓑ As　ⓒ Fe　ⓓ Ni

09 확산계수(D)가 일정한 상수가 아니고 D(x)와 같이 확산조건(위치)에 따라 변화하는 확산기구(diffusion mechanism)에 해당하지 않는 것은?

ⓐ transient enhanced diffusion

ⓑ oxidation enhanced diffusion

ⓒ surface enhanced diffusion

ⓓ concentration dependent diffusion

10 N-type 불순물인 P의 확산에 있어서 맞지 않는 설명은?

ⓐ P_2O_5는 고체 소스이지만 널리 사용되지는 아니함

ⓑ $POCl_3$는 액체소스로 고농도 도핑에 자주 사용됨

ⓒ $POCl_3$ 액체 소스는 버블러를 통해 공급되며 웨이퍼 표면에서 P2O5를 형성함

ⓓ PH_3는 가스소스로서 무독성이고 편리하여 널리 사용됨

11 아래 불순물 중 실리콘 반도체에서 치환형(substitutional) 확산을 하는 것은?

ⓐ Zn　ⓑ Cu　ⓒ Sb　ⓓ O

12 실리콘 반도체에서 아래 주어진 항목중에 침입형(interstitial) 확산을 하는 불순물은 어느 것인가?

ⓐ As　ⓑ B　ⓒ P　ⓓ Au

13 확산계수 $D=2.96 \times 10^{-13}$ cm^2/sec인 1,100°C에서 1시간 확산한 후에 추가하여 1,150°C에서 5시간 확산한 경우 최종 확산길이($l = \sqrt{Dt}$)는?

ⓐ 10^{-3} cm　ⓑ 10^{-4} cm　ⓒ 10^{-5} cm　ⓓ 10^{-6} cm

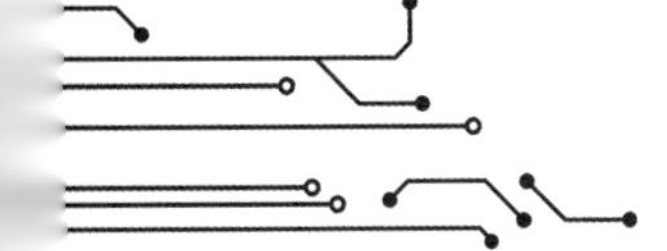

14 실리콘 기판에 인(P)을 가우시안 분포를 갖는 $C(x,t)=\frac{Q}{\sqrt{\pi Dt}}e^{-\frac{x^2}{4Dt}}$ 드라이브인(drive-in) 방식으로 확산하는 경우 주입된 P의 양(Q)은? 단, 간단한 계산을 위해 확산후 C_s=1 x 10^{19} cm^{-3}, Dt=10^{-8} cm^2 조건을 이용함

ⓐ 1.77x10^{13} cm^{-2} ⓑ 1.77x10^{14} cm^{-2} ⓒ 1.77x10^{15} cm^{-2} ⓓ 1.77x10^{16} cm^{-2}

15 보론(boron)의 기판농도가 1 x 10^{16} cm^{-3}인 p-type 실리콘 기판에 인(P)을 가우시안 분포를 갖는 $C(x,t)=\frac{Q}{\sqrt{\pi Dt}}e^{-\frac{x^2}{4Dt}}$ 드라이브인(drive-in) 방식으로 확산하는 경우 접합깊이는? 단, 간단한 계산을 위해 확산후 C_s=1 x 10^{19} cm^{-3}, Dt=10^{-8} cm^2 조건을 적용

ⓐ 5.25 nm ⓑ 52.5 nm ⓒ 5.25 μm ⓓ 52.5 μm

16 실리콘 기판에 인(P)을 에러함수 분포를 갖는 $C=C_S erfc(\frac{x}{2\sqrt{Dt}})$, predeposition(일정 소스: constanct source) 방식으로 확산한 경우 확산후 표면농도 C_s는?
단, 간단한 계산을 위해 불순물 주입량 $Q=2C_S\sqrt{\frac{Dt}{\pi}}$=1.13 x 10^{15} cm^{-2}, 확산 Dt=10^{-8} cm^2 조건을 적용

ⓐ 10^{19} cm^{-3} ⓑ 10^{20} cm^{-3} ⓒ 10^{21} cm^{-3} ⓓ 10^{22} cm^{-3}

17 붕소(boron)의 배경농도가 1 x 10^{16} cm^{-3}인 p-type 실리콘 기판에 인(P)을 을 에러함수 분포를 갖는 , $C=C_S erfc(\frac{x}{2\sqrt{Dt}})$ Predeposition 방식으로 확산한 경우 접합깊이는?
단, 간단한 계산을 위해 불순물 주입량 $Q=2C_S\sqrt{\frac{Dt}{\pi}}$=1.13 x 10^{15} cm^{-2}, 확산 Dt=10^{-8} cm^2 조건을 적용

ⓐ 0.2 μm ⓑ 2 μm ⓒ 0.2 nm ⓓ 2 nm

18 실리콘 기판에 인(P)을 가우시안 분포를 갖는 $C(x,t)=\frac{Q}{\sqrt{\pi Dt}}e^{-\frac{x^2}{4Dt}}$ drive-in 방식으로 확산하였다. 단, 간단한 계산을 위해 확산후 C_s=1x10^{19} cm^{-3}, Dt=10^{-8} cm^2, 전자이동도(μ)=1000 cm^2/Vs 조건을 이용하는 경우 확산층의 면저항으로 가장 근사한 값은?

ⓐ 0.019 $\Omega/\square$ ⓑ 0.19 $\Omega/\square$ ⓒ 1.9 $\Omega/\square$ ⓓ 19 $\Omega/\square$

19 실리콘 기판에 인(P)을 에러함수 분포를 갖는 , $C=C_S erfc(\frac{x}{2\sqrt{Dt}})$ Predeposition(일정 소스: constanct source) 방식으로 확산한 경우 확산층의 면저항으로 가장 근사한 값은? 단, 간단한 계산을 위해 불순물 주입량 $Q=2C_S\sqrt{\frac{Dt}{\pi}}=1.13\times10^{15}\ cm^{-2}$, 확산 C_s=1x10^{19} cm^{-3}, Dt=10^{-8} cm^2, 전자이동도(μ)=1000 cm^2/Vs조건을 적용

ⓐ 0.05 $\Omega/\square$ ⓑ 0.5 $\Omega/\square$ ⓒ 5 $\Omega/\square$ ⓓ 50 $\Omega/\square$

20 n-MOSFET의 p-well을 만들기 위해, 실리콘(100) 기판에 boron(B)을 에너지(E=40 keV)와 dose(Q=2x10^{15} cm^{-2})의 조건으로 이온주입한 후에 1100°C에서 8시간 동안 drive-in하였다. 실리콘 기판의 표면을 산화막으로 passivation하여 주입된 보론이 모두 실리콘 기판의 내부로 확산하였으며, 보론의 최종농도는 확산계수(D)와 시간(t)과 깊이(x)의 함수로 $C(x,t) = \frac{Q}{\sqrt{\pi Dt}} e^{-\frac{x^2}{4Dt}}$인 가우시안 분포를 보였다. 여기에서 실리콘 기판은 n-type으로 (As 농도=1x10^{15} cm^{-3}) 도핑되어 있고, 보론의 확산계수는 $D(cm^2/s) = 10.5 \cdot exp(-3.69/kT)$, $k = 8.625 \times 10^{-5}\ eV/K$ 에서 구할 수 있고, 이온주입된 초기(initial)의 보론이 표면(x=0)에 델타함수로 존재하며 반도체로만 확산한다고 가정할 때, 보론의 표면농도로 가장 근사한 값은?

ⓐ 1.2x10^{17} cm^{-3}　ⓑ 1.2x10^{18} cm^{-3}　ⓒ 1.2x10^{19} cm^{-3}　ⓓ 1.2x10^{20} cm^{-3}

21 n-MOSFET의 p-well을 만들기 위해, 실리콘(100) 기판에 Boron을 에너지(E=keV)와 Dose(Q=2x10^{15} cm^{-2})의 조건으로 이온주입한 후에 1100°C에서 8시간 동안 drive-in하였다. 실리콘 기판의 표면을 산화막으로 passivation하여 주입된 보론이 모두 실리콘 기판의 내부로 확산하였으며, 보론의 최종농도는 $C(x,t) = \frac{Q}{\sqrt{\pi Dt}} e^{-\frac{x^2}{4Dt}}$인 가우시안 분포를 보였다. 여기에서 보론의 확산계수는 , $D(cm^2/s) = 10.5 \cdot exp(-3.69/kT)$, $k = 8.625 \times 10^{-5}\ eV/K$ 에서 구할 수 있고, 이온주입된 초기(initial)의 보론이 표면(x=0)에 델타함수로 존재하며 반도체로만 확산한다고 가정할 때, p-well의 접합깊이로 가장 근사한 값은?

ⓐ 5.77 nm　ⓑ 57.7 nm　ⓒ 5.77 μm　ⓓ 57.7 μm

22 p-형 (boron, 10^{18} cm^{-3}) 실리콘 기판에 n-형 불순물인 phosphorous (D_o=8x10^4 cm^2/sec, E_a=3 eV, k=8.617x10^{-5} eV/K)를 Predeposition 확산하는데 있어서, predeposition 확산(1,100°C, 1 hr)을 할 때, P의 표면농도는 solid solubility (C_o=1.94x10^{20} cm^{-3})와 동일하다는 점과 $C = C_o \cdot erfc\left[\frac{x}{2\sqrt{Dt}}\right]$, $C_o = \frac{Q}{2}\sqrt{\frac{\pi}{Dt}}$를 이용하여 구한 주입량(Q)으로 가장 근사한 값은?

ⓐ 1.2x10^{16} cm^{-2}　ⓑ 1.2x10^{17} cm^{-2}　ⓒ 1.2x10^{18} cm^{-2}　ⓓ 1.2x10^{19} cm^{-2}

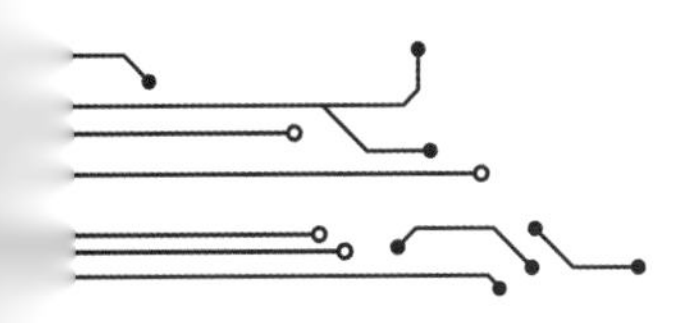

23 n-MOSFET의 p-well을 만들기 위해, 실리콘(100) 기판에 boron을 에너지(E=40 keV)와 Dose(Q=2x10^{15} cm^{-2})의 조건으로 이온주입한 후에 1100°C에서 8시간 동안 drive-in하였다. 실리콘 기판의 표면을 산화막으로 차폐(passivation)하여 주입된 보론이 모두 실리콘 기판의 내부로 확산하였으며, 이온주입된 initial 보론이 표면(x=0)에 델타함수로 존재하였다고 가정하고, p-well에서 정공의 이동도가 100 cm^2/Vs으로 일정하다고 보고, 주입된 불순물의 양만을 고려하여 구한 면저항으로 가장 근사한 값은?

ⓐ 3.125 Ω/□ ⓑ 31.25 Ω/□ ⓒ 312.5 Ω/□ ⓓ 3,125 Ω/□

24 P-형 (boron, 10^{18} cm^{-3}) 실리콘 기판에 n-형 불순물인 phosphorous (D_o=8x10^4 cm^2/sec, E_a=3 eV, k=8.617x10^{-5} eV/K)를 도핑하는데 있어서, predeposition 확산(1,100°C, 1 hr)에 이어서 drive-in 확산(1,100°C, 10 hr)을 한다. 주입된 불순물이 손실없이 모두 확산한다고 보고 predeposition에서 P의 표면농도는 solid solubility (C_o=1.94x10^{20} cm^{-3})를 이용하되, 1차 predeposion diffusion 및 2차 drive-in diffusion이 완료된 후 $C = \frac{2C_o}{\pi}\sqrt{\frac{D_1 t_1}{D_2 t_2}} exp\left(-\frac{x^2}{4D_2 t_2}\right)$로 근사되는데, D_1, t_1은 predeposition diffusion, D_2, t_2는 drive-in diffusion에 해당한다. 이 때 최종표면에서 P의 농도값으로 가장 정확한 것은?

ⓐ 3.9x10^{16} cm^{-3} ⓑ 3.9x10^{17} cm^{-3} ⓒ 3.9x10^{18} cm^{-3} ⓓ3.9x10^{19} cm^{-3}

25 실리콘 반도체에서 도핑용 불순물(dopant)에 대한 설명중에서 가장 적합한 것은?

ⓐ Al, Ga는 p-type 불순물로 자주 이용됨

ⓑ P는 고용도(solid solubility)가 높고 확산계수는 As에 비해 낮아 n+ 형성에 가장 유용함

ⓒ Fe는 Si에서 확산하지 않음

ⓓ As, P, Sb는 모두 n-type 불순물임

26 P-형 (boron, 10^{18} cm^{-3}) 실리콘 기판에 n-형 불순물인 phosphorous (D_o=8x10^4 cm^2/sec, E_a=3 eV, k=8.617x10^{-5} eV/K)를 도핑하는데 있어서, predeposition 확산(1,100°C, 1 hr)에 이어서 drive-in 확산(1,100°C, 10 hr)을 한다. 주입된 불순물이 손실없이 모두 확산하여 $C = C_S erfc(\frac{x}{2\sqrt{Dt}})$, $Q = 2C_S\sqrt{\frac{Dt}{\pi}}$를 준수한다. 사전증착(predeposition)에서 P의 표면농도는 solid solubility (C_o=1.94x10^{20} cm^{-3})를 이용하여 predeposion diffusion 이 완료된 후의 접합깊이(metallic junction depth)는? 단, 간단한 계산을 위해 erfc(x)≈ exp(-x^2)로 근사함

ⓐ 0.2 nm ⓑ 2 nm ⓒ 0.2 μm ⓓ 2 μm

[27-28] 다음 그림을 보고 물음에 답하시오.

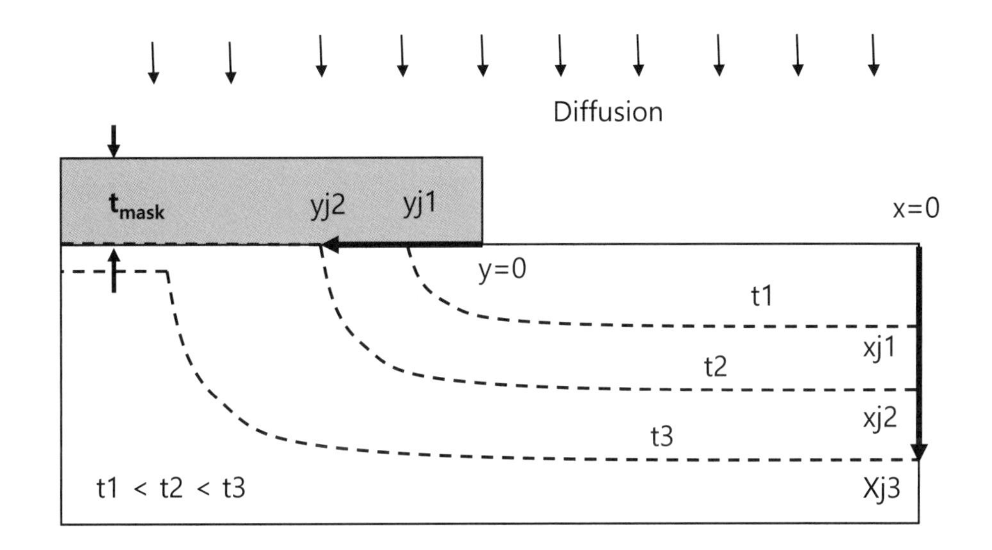

27 실리콘 반도체 기판(불순물 농도=1x10^{15} cm^{-3})에 마스크를 이용해 선택적으로 확산을 하는 아래의 그림에 있어서, 확산시간 100hr 동안 확산하고자 할 때, 마스크에서의 확산계수 D_{mask}=2x10^{-18} cm^2/sec, $C = C_o \cdot erfc\left[\frac{x}{2\sqrt{Dt}}\right]$, $\text{erfc(x)} \approx \exp(-x^2)$, 마스크산화막 표면에서 불순물의 표면농도는 C_o=2x10^{21} cm^{-3}를 이용한다. 기판의 계면에 확산된 불순물 농도가 기판의 농도와 동일한 상태가 되는 조건으로 확산시간을 한계로 정할 때, 마스크를 통한 확산을 저지하는 마스크층의 최소 두께는?

ⓐ 1.3 nm ⓑ 13 nm ⓒ 130 nm ⓓ 1,300 nm

28 실리콘 반도체 기판(불순물 농도=1x10^{15} cm^{-3})에 일정한 두께의 마스크를 이용해 선택적으로 확산을 하는 아래의 그림에 있어서, 확산시간 (t2=100 h) 동안 확산하며, D_{si}=2x10^{-16} cm^2/sec, C_o=1x10^{21} cm^{-3}이다. 마스크와 기판의 계면에 농도가 기판종농도와 동일한 y축 방향으로 측면측 접합의 위치(y_{j2})는? 단, 간단한 계산을 위해 $C = C_o e^{-\frac{x^2}{4Dt}}\left[1 + erf\left(\frac{y}{2\sqrt{Dt}}\right)\right]$, $\text{erfc(x)} \approx \exp(-x^2)$를 적용

ⓐ 1.4 nm ⓑ 14 nm ⓒ 140 nm ⓓ 1,400 nm

29 실리콘 반도체 기판(n-형 불순물 농도=1x10^{15} cm^{-3})에 2차례 drive-in (Gaussian: $c = \frac{Q}{2\sqrt{\pi Dt}} exp\left(-\frac{x^2}{4Dt}\right)$) 확산을 하여 p-n 형태의 접합을 형성하는데 있어서, p-형 불순물인 boron을 drive-in 확산하여 표면 농도 C_s=10^{18} cm^{-3}이 되도록 확산하는데 1000℃에서 5시간 소요된 경우, 확산후 형성된 p 농도와 n 농도가 동일한 p-n 접합의 깊이? 단, boron의 D_o=10.5 cm^2/sec, E_a=3.69 eV, k=8.625x10^{-5} eV/K임

ⓐ 0.592 nm ⓑ 5.92 nm ⓒ 0.592 μm ⓓ 5.92 μm

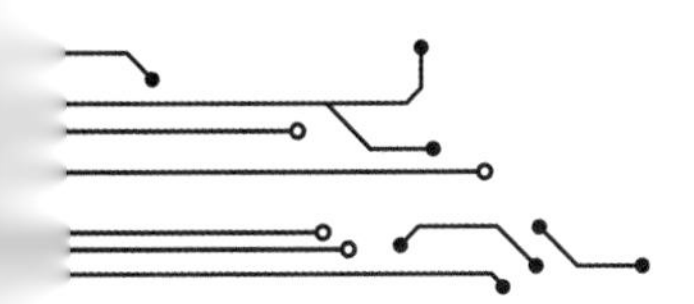

30 실리콘 반도체 공정에서 고체형 확산소스에 해당하지 않는 것은?

ⓐ B_2O_3 ⓑ $POCl_3$ ⓒ P_2O_5 ⓓ Sb_2O_3

31 실리콘 반도체 기판(n-형 불순물 농도=1x10^{15} cm^{-3})에 drive-in (Gaussian: $c = \frac{Q}{2\sqrt{\pi Dt}} exp\left(-\frac{x^2}{4Dt}\right)$) 확산을 하여 p-n 형태의 접합을 형성한다. p-형 불순물인 boron을 drive-in 확산하여 표면농도 C_s=10^{18} cm^{-3}이 되도록 확산하는데 1000℃에서 5시간 소요된 경우 주입된 boron 불순물의 총량(Q: dose)은? (boron의 D_o=10.5 cm^2/sec, E_a=3.69 eV, k=8.625x10^{-5} eV/K)

ⓐ 1.9x10^{14} cm^{-2} ⓑ 1.9x10^{15} cm^{-2} ⓒ 1.9x10^{16} cm^{-2} ⓓ 1.9x10^{17} cm^{-2}

32 실리콘 반도체 기판(p-형 불순물 농도=1x10^{15} cm^{-3})에 drive-in (Gaussian: $c = \frac{Q}{2\sqrt{\pi Dt}} exp\left(-\frac{x^2}{4Dt}\right)$) 확산을 하여 n-p 형태의 접합을 형성하고자 한다. 확산으로 n-형 불순물인 As를 표면농도 C_s=10^{20} cm^{-3}이 되도록 확산하는데 1100℃에서 D=2.7x10^{-15} cm^2/sec인 조건에서 30분 소요된 경우 주입된 As 불순물의 총량(Q: dose)은?

ⓐ 2.5x10^{17} cm^{-2} ⓑ 2.5x10^{18} cm^{-2} ⓒ 2.5x10^{19} cm^{-2} ⓓ 2.5x10^{20} cm^{-2}

33 저농도(1x10^{15} cm^{-3})의 p-type 실리콘 기판에 P를 확산하여 n^+ 확산층을 형성한 후에 4단자(four point probe) 방식으로 면저항을 측정하는데 있어서 다음에 답하시오 단, 가장자리 두 단자 사이에 전류를 입력하고, 가운데 두 단자에서 전압을 측정하며, 단자 사이의 거리는 확산층의 깊이보다 10배 이상으로 커서 R_s=(π/LN2)·(V/I)라는 관계식을 이용한다. 간단한 계산을 위해 균일한 농도분포와 균일한 이동도를 가정하여, 입력전류가 1 mA일 때, 출력전압이 10 V인 경우 면저항 (R_s)은?

ⓐ 4.53 Ω/□ ⓑ 45.3 Ω/□ ⓒ 0.453 kΩ/□ ⓓ 4.53 kΩ/□

34 실리콘 반도체 기판(p-형 불순물 농도=1x10^{15} cm^{-3})에 drive-in (Gaussian: $c = C_s exp\left(-\frac{x^2}{4Dt}\right)$) 확산을 하여 n-p 형태의 접합을 형성하려 한다. 확산으로 n-형 불순물인 As를 표면농도 C_s=10^{20} cm^{-3}이 되도록 확산하는데 1100℃에서 30분 소요되었다. 확산후 형성된 n 농도와 p 농도가 동일한 n-p 접합의 깊이는? 단, As의 D=2.7x10^{-15} cm^2/sec, D_o=0.32 cm^2/sec, E_a=3.56 eV, k=8.62x10^{-5} eV/K을 적용

ⓐ 1.5 nm ⓑ 15 nm ⓒ 150 nm ⓓ 1500 nm

35 **실리콘 반도체에서 도핑용 불순물(dopant)에 대한 설명으로 부적합한 것은?**

ⓐ Al, Ga, In은 p-type 불순물임

ⓑ Ga은 확산계수와 이온화에너지가 높아 사용되지 않음

ⓒ In은 도판트로서 활성화에너지가 0.14 eV로 커서 사용되지 않음

ⓓ Au는 Si에서 확산하지 않음

36 **저농도($1x10^{15}$ cm^{-3})의 p-type 실리콘 기판에 P를 확산하여 n^+ 확산층을 형성한 후에 4단자(four point probe) 방식으로 면저항을 측정하는데 있어서 다음에 답하시오 단, 가장자리 두 단자 사이에 전류를 입력하고, 가운데 두 단자에서 전압을 측정하며, 단자 사이의 거리는 확산층의 깊이보다 10배 이상으로 커서 $R_s=(\pi/LN2)\cdot(V/I)=q\mu Q$라는 관계식을 이용한다. 단, 간단한 계산을 위해 균일한 농도분포와 균일한 이동도를 가정한다. 입력전류가 1 mA일 때, 출력전압이 10 V인 경우 확산층의 n^+ 도핑된 유효두께가 0.1 μm 라면 n^+ 확산층의 평균 비저항은?**

ⓐ $4.53x10^{-2}$ $\Omega\cdot cm$　　ⓑ $4.53x10^{-3}$ $\Omega\cdot cm$　　ⓒ $4.53x10^{-4}$ $\Omega\cdot cm$　　d) $4.53x10^{-5}$ $\Omega\cdot cm$

37 **확산에 대한 아래의 설명중 가장 정확한 것은?**

ⓐ 확산의 구동력(driving force)은 농도기울기임

ⓑ 확산의 활성화에너지는 운동에너지임

ⓒ 반도체 도핑에 사용하는 불순물은 주로 침입형(interstitial) 확산함

ⓓ 확산계수(D)는 공정조건에 따라 변하지 않는 상수임

38 **아래 불순물중에 실리콘 반도체에서 침입형(interstitial) 확산을 하는 것은?**

ⓐ P　　ⓑ B　　ⓒ Na　　ⓓ Sb

39 **저농도($1x10^{15}$ cm^{-3})의 p-type 실리콘 기판에 인(P)를 확산하여 n^+ 확산층을 형성한 후에 4단자(four point probe) 방식으로 면저항을 측정하는데 있어서, 가장자리 두 단자 사이에 전류를 입력하고, 가운데 두 단자에서 전압을 측정하며 단자 사이의 거리는 확산층의 깊이보다 10배 이상으로 커서 $R_s=(\pi/LN2)\cdot(V/I)$라는 관계식을 이용할 수 있다. 단, 간단한 계산을 위해 균일한 농도분포와 균일한 이동도를 가정한다. 입력전류가 1 mA일 때, 출력전압이 10 V인 경우, 확산층의 n^+ 도핑된 유효두께가 0.1 μm 이고 확산층의 전자이동도가 100 cm^2/Vs로 일정하다면 n^+ 확산층의 평균 분술물 농도는? 단, 간단한 계산을 위해 n^+층의 운반자(carrier) 농도와 이동도는 균일하다고 가정함**

ⓐ $1.4x10^{17}$ cm^{-3}　　ⓑ $1.4x10^{18}$ cm^{-3}　　ⓒ $1.4x10^{19}$ cm^{-3}　　ⓓ $1.4x10^{20}$ cm^{-3}

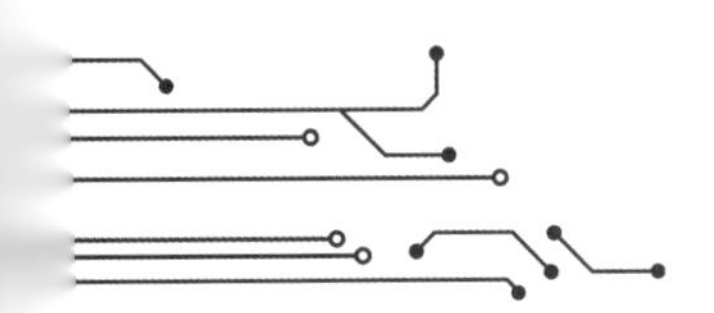

40 마스킹 산화막의 두께가 불순물의 확산길이($\sqrt{Dt}$)의 10배 이상이어야 한다면, P를 900℃에서 100 min 확산하려는 경우 마스킹 산화막의 최소두께는? 단, 불순물 확산을 차폐하는 용도의 마스킹 산화막(SiO_2)에서 P 불순물의 확산계수(D)는 900℃에서 10^{-18} cm^2/s을 적용함

ⓐ 7.7 nm ⓑ 77 nm ⓒ 770 nm ⓓ 770 μm

41 반도체의 불순물 확산에 있어서 액체형 확산소스인 것은?

ⓐ $POCl_3$ ⓑ P_2O_5 ⓒ Sb_2O_3 ⓓ As_2O_3

42 반도체의 불순물 확산에 있어서 액체형 확산소스가 아닌 것은?

ⓐ $POCl_3$ ⓑ Sb_3Cl_5 ⓒ $(CH_3O)_3B$ ⓓ As_2O_3

43 반도체 공정에서 불순물 확산을 위한 장치와 무관한 것은?

ⓐ ion gun ⓑ gas bubbler
ⓒ dopant delivery ⓓ diffusion tube

44 실리콘 반도체에서 철(Fe)의 확산에 대해 가장 적합한 설명은?

ⓐ 틈새형 확산으로 interstitial site의 농도가 낮고 이동에 필요한 에너지가 높아 확산이 느름
ⓑ 틈새형 확산으로 interstitial site의 농도가 높고 이동에 필요한 에너지가 작아 확산이 빠름
ⓒ 치환형 확산으로 치환형 site의 농도가 높고 이동에 필요한 에너지가 작아 확산이 빠름
ⓓ 치환형 확산으로 치환형 site의 농도가 낮고 이동에 필요한 에너지가 높아 확산이 느림

45 반도체에서 불순물로 접합을 형성하는데 있어서 이온주입에 이은 drive-in 확산하는 방식을 주로 이용하는데 이에 대한 설명으로 가장 적합한 것은?

ⓐ 이온주입은 농도의 균일도가 낮으며 drive-in 확산으로 활성화와 접합깊이를 제어하여 유용함
ⓑ 이온주입은 농도의 균일도가 높으며 drive-in 확산시 auto-doping을 활성화하여 불편함
ⓒ 이온주입은 농도의 균일도가 낮으며 drive-in 확산시 auto-doping을 활성화하여 불편함
ⓓ 이온주입은 농도의 균일도가 높으며 drive-in 확산으로 활성화와 접합깊이를 제어하여 유용함

46 실리콘의 산화과정에 실리콘 계면에 도핑용 불순물 원자의 편석(segregation)에 대한 올바른 설명은?

ⓐ B은 고갈되고, As와 P는 축적(pile-up)되어 MOSFET의 임계전압과 무관하지만 누설전류를 발생시킴
ⓑ B은 축적(pile-up)되고, As와 P는 고갈되어 MOSFET의 임계전압을 변화시키지만 누설전류와 무관함
ⓒ B은 고갈되고, As와 P는 축적되어 MOSFET의 임계전압을 변화시키거나 누설전류를 발생시킴
ⓓ B은 축적되고, As와 P는 고갈되어 MOSFET의 임계전압과 무관하지만 누설전류를 발생시킴

47 **실리콘 반도체에 확산으로 형성한 p-n 접합의 불순물 도핑분포를 분석하는 측정법과 무관한 것은?**

ⓐ SIMS(Secondary Ion Mass Spectrometry)

ⓑ SRP(Spreading Resistance Probe)

ⓒ AFM(Atomic Force Microscopy)

ⓓ C-V(Capactance-Voltage)

48 **두께가 t=4 ㎛ 인 분리박막의 양측면에 확산하는 물질의 농도가 각각 C_o=0.4 g/cm^3, C_i=0.1 g/cm^3 이고, 부리막에서의 확산계수가 D=1x10^{-6} cm^2/s인 경우 고농도에서 저농도 방향으로 분리박막을 통해서 선형농도기울기 상태로 확산되는 flux(g/cm^{2}s)는? (J=-D·dC/dx)**

ⓐ 7.68x10^{-2} ⓑ 7.68x10^{-3} ⓒ 7.68x10^{-4} ⓓ 7.68x10^{-5}

49 **두께 t=4 ㎛ 인 분리박막의 양측면에 boron(10.8 amu)의 농도가 각각 C_o=0.4 g/cm^3, C_i=0.1 g/cm^3 이고, 분리막에서 boron의 확산계수가 D=1x10^{-6} cm^2/s인 경우 고농도에서 저농도 방향으로 분리박막을 통해서 확산되는 flux(boron atom/cm^2 sec)는? (J=-D*dC/dx, 6.02x10^{23} atom/mole)**

ⓐ 6x10^{12} ⓑ 6x10^{13} ⓒ 6x10^{14} ⓓ 6x10^{15}

50 **치환형(sustitutional) 확산의 주요한 세 종류에 해당하지 않는 것은?**

ⓐ direct exchange ⓑ ring ⓒ mixing ⓓ vacancy

51 **드라이브인(drive-in) 확산장치를 구성하는 주요 기능(요소)에 해당하지 않는 것은?**

ⓐ heater ⓑ doping gas flow

ⓒ quartz tube ⓓ thermocouple

52 **Au, Pt, Pd, Fe와 같은 불순물이 실리콘에 주입된 경우 에너지밴드갭의 내부에 깊은 위치를 차지하여 깊은트랩(deep trap)으로 작용하는데, 이로 인해 유발되는 문제점이 아닌 것은?**

ⓐ 누설전류 증가 ⓑ 항복전압 감소

ⓒ 발광효율 증가 ⓓ 소수운반자 수명감소

53 **실리콘 반도체에서 확산을 통한 불순물 도핑용으로 액체형 소스로만 구성된 것은?**

ⓐ BBr_3, BCl_3 , PCl_3, $POCl_3$

ⓑ BCl_3, P_2O_5, B_2H_6, AsH_3

ⓒ PCl_3, B_2H_6, B_3O_3, $POCl_3$

ⓓ $POCl_3$, P_2O_5, B_3O_3, BCl_3

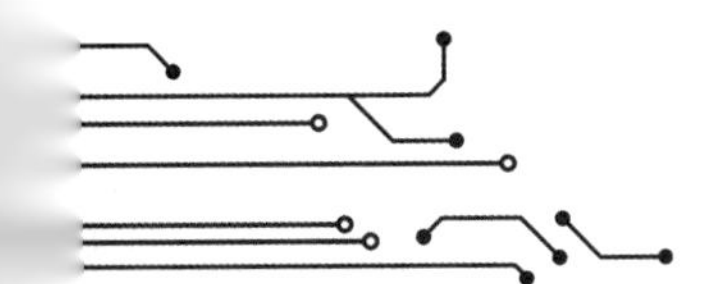

54 **TED(Transient Enhanced Diffusion)에 대한 설명 중 올바른 것은?**

ⓐ 이온주입시 형성된 침입형 실리콘(Si interstitial)의 농도가 높을 수록 확산 속도가 증가함

ⓑ 열처리 과정 중 이온 주입시 형성된 점결함(point defect)의 농도가 감소하며, 열처리 시간이 증가할수록 확산속도가 증가함

ⓒ 접합의 깊이(junction depth)를 줄이는데 도움이 됨

ⓓ TED 현상을 완화하는데 고속열처리(RTA: Rapid Thermal Annealing) 보다 로(furnace)가 유리함

55 **확산에 의한 불순물 도핑의 특징으로 틀린 것은?**

ⓐ 국부적 도핑을 위해 산화막과 같은 하드 마스크패턴을 웨이퍼에 형성함

ⓑ 등방성으로 불순물의 도핑농도가 형성됨

ⓒ 접합의 깊이와 도핑농도를 독립적으로 제어하기 어려움

ⓓ 저온에서 비등방성 농도분포로 농불순물이 주입됨

56 **비소(As)의 확산에 관한 설명으로 틀린 것은?**

ⓐ 국부적 확산용 마스크로 산화막을 사용할 수 있음

ⓑ 고농도 As이 확산되는 조건에서 As cluster가 형성됨

ⓒ 인(P), 안티몬(Sb)보다 상대적으로 빠르게 확산함

ⓓ 고농도에서 As의 농도에 따라 확산계수가 변함

57 **Ploy-Si에서의 불순물의 확산에 대한 설명으로 부적합한 것은?**

ⓐ 결정립의 크기에 따라 확산속도가 다름

ⓑ 단결정 Si에서 보다 확산속도가 빠름

ⓒ 잉여불순물은 그레인(grain) 경계에 축적되어 농도가 높음

ⓓ 1000℃의 고온확산에서 단결정 실리콘과 동일한 확산이 이루어짐

58 **아래 불순물중에 실리콘 반도체에서 치환형(substitute) 확산을 하는 것은?**

ⓐ Cu ⓑ Au ⓒ Sb ⓓ Li

59 **고속의 RTA(Rapid Thermal Anneal)를 이용한 확산의 특징이 아닌 것은?**

ⓐ 안정한 열평형 조건의 공정이므로 시뮬레이션과 모델링이 쉬움

ⓑ 낱장 공정으로 대면적 기판의 균일한 열처리에 유용함

ⓒ 천이형(transient) 확산이 발생하지만 빠른 열처리로 불순물의 재분포를 억제함

ⓓ 챔버가 cold wall 조건으로 상호오염이 적고, 고농도로 도핑층 형성에 유용

60 실리콘 기판에 붕소(B)를 에러함수 분포를 갖는 $C = C_S erfc(\frac{x}{2\sqrt{Dt}})$, predeposition(일정 소스: constanct source) 방식으로 확산한 경우 확산층의 면저항으로 가장 근사한 값은? 단, 간단한 계산을 위해 불순물 주입량 $Q = 2C_S\sqrt{\frac{Dt}{\pi}}$, 표면농도 $C_S=10^{19}$ cm^{-3}, 확산 $Dt=10^{-8}$ cm^2, 홀이동도(μ)=300 cm^2/Vs 조건을 적용

ⓐ 8 Ω/□　　ⓑ 18 Ω/□　　ⓒ 28 Ω/□　　ⓓ 38 Ω/□

61 Si 반도체 내부에서 자기확산(self-diffusion) 에 대한 올바른 설명은?

ⓐ 자기확산은 침입형확산(interstitial diffusion) 현상이 중요한 기구(mechanism)임

ⓑ 실리콘 반도체 물질에서 self-diffusion은 도핑용 불순물과 속도가 유사한 수준임

ⓒ Si 반도체 물질에서 Si 원자가 확산하며 도핑용 불순물에 비해 속도가 매우 느림

ⓓ Si 반도체에서 자기확산은 전혀 발생하지 않음

62 실리콘 반도체 기판에 1차로 인(P)을 확산하고, 2차로 비소(As)를 확산하는데 있어서 1000℃에서 1 hr 시간 동안 동일하게 이행한 경우 수직방향으로 불순물의 농도분포로 추정되는 적합한 형태는? 단, 각 불순물의 표면농도는 고용도(soild solubility)를 유지하는 조건으로 간주함

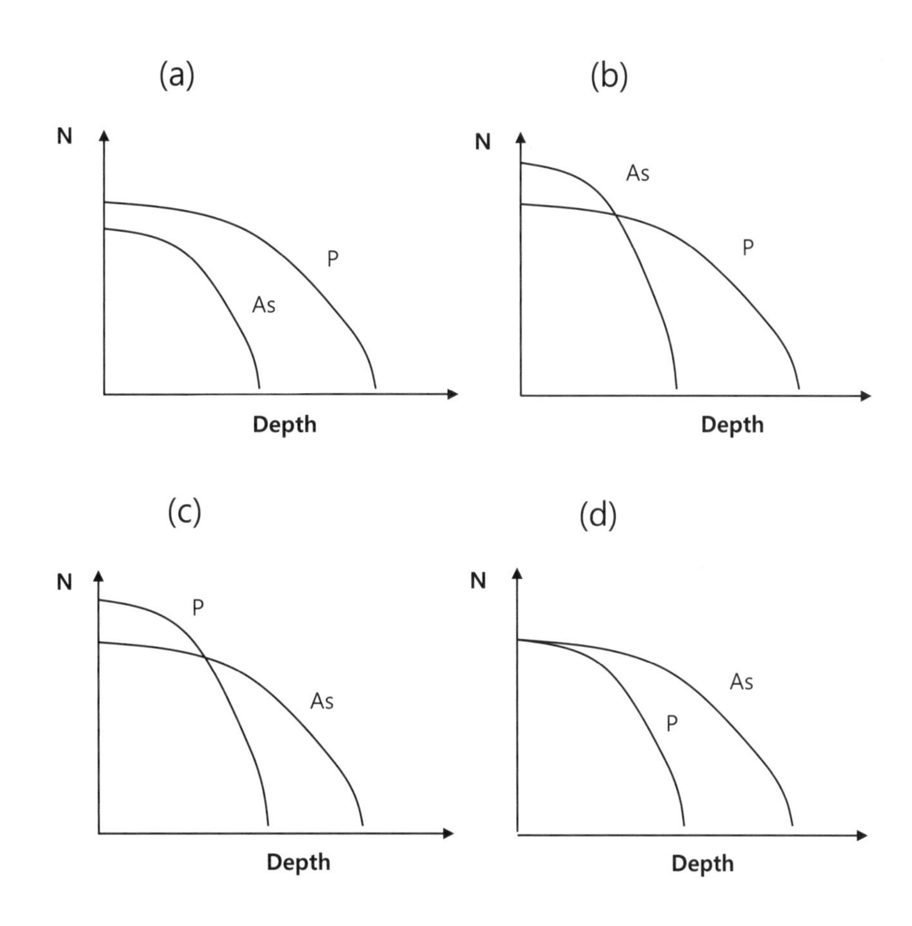

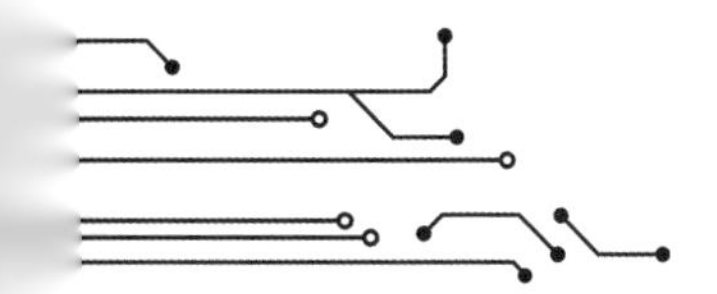

[63-64] 다음 그림을 보고 물음에 답하시오.

(A) predeposition

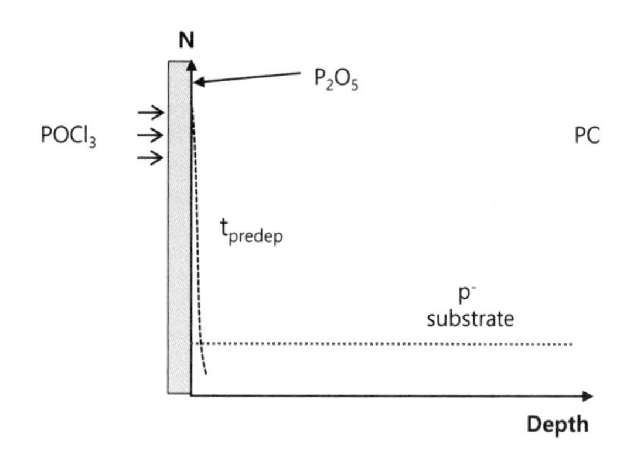

(B) predep. (constant source)

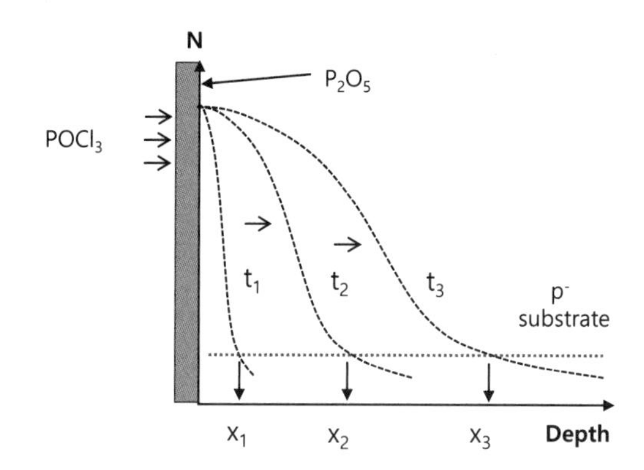

(C) predep. + drive-in

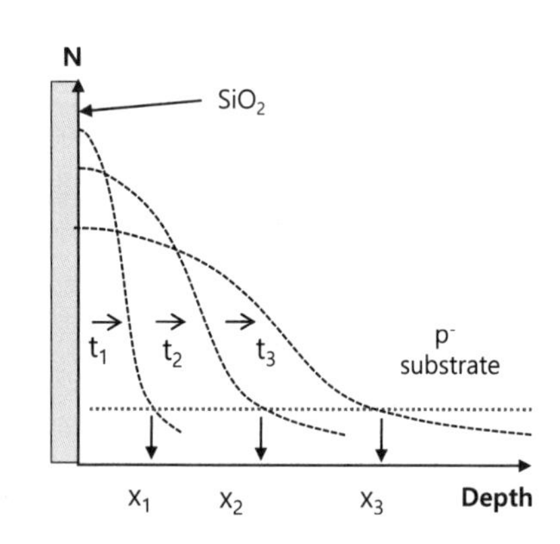

63 위 그림에서 Si 반도체에서 인(P)의 확산기구(diffusion mechanism) 에 대해 틀린 설명은?

ⓐ 그림(A)는 predeposition 초기단계로 표면에서 P_2O_5가 형성되면서 P의 주입발생

ⓑ 그림(B)는 predeposition에 의한 확산이 계속되는 상태

ⓒ 그림(C)는 초기 predeposition후 소스의 공급이 중단되고 drive-in 확산이 되는 상태

ⓓ 그림(B)와 그림(C)는 각각 Gaussian과 Erf 함수를 따르는 확산프로화일을 보임

64 Si 반도체에서 인(P)을 확산하여 n^+-p접합을 형성하는 기술에 있어서 확산기구(diffusion mechanism)와 관련하여 틀린 설명은?

ⓐ 그림(A)에서 $POCl_3$는 기체소스로서 400℃ 이하의 저온에서 웨이퍼로 공급됨

ⓑ 그림(B)에서 표면의 P농도는 확산온도에서 고용도(solid solubility)에 의해 고정됨

ⓒ 그림(C)에서 t_1, t_2, t_3 확산후 확산으로 주입된 불순물의 총량은 일정한 조건임

ⓓ 그림(B)와 그림(C)는 각각 Erf와 Gaussian 함수를 따르는 확산프로화일을 보임

65 **Si 반도체에서 초기(original)의 비소(As) 도핑상태에서 시작하는 확산에 대하여 확산시간에 따라 변화하는 순서의 프로화일로서 가장 근사하게 예상되는 것은?**

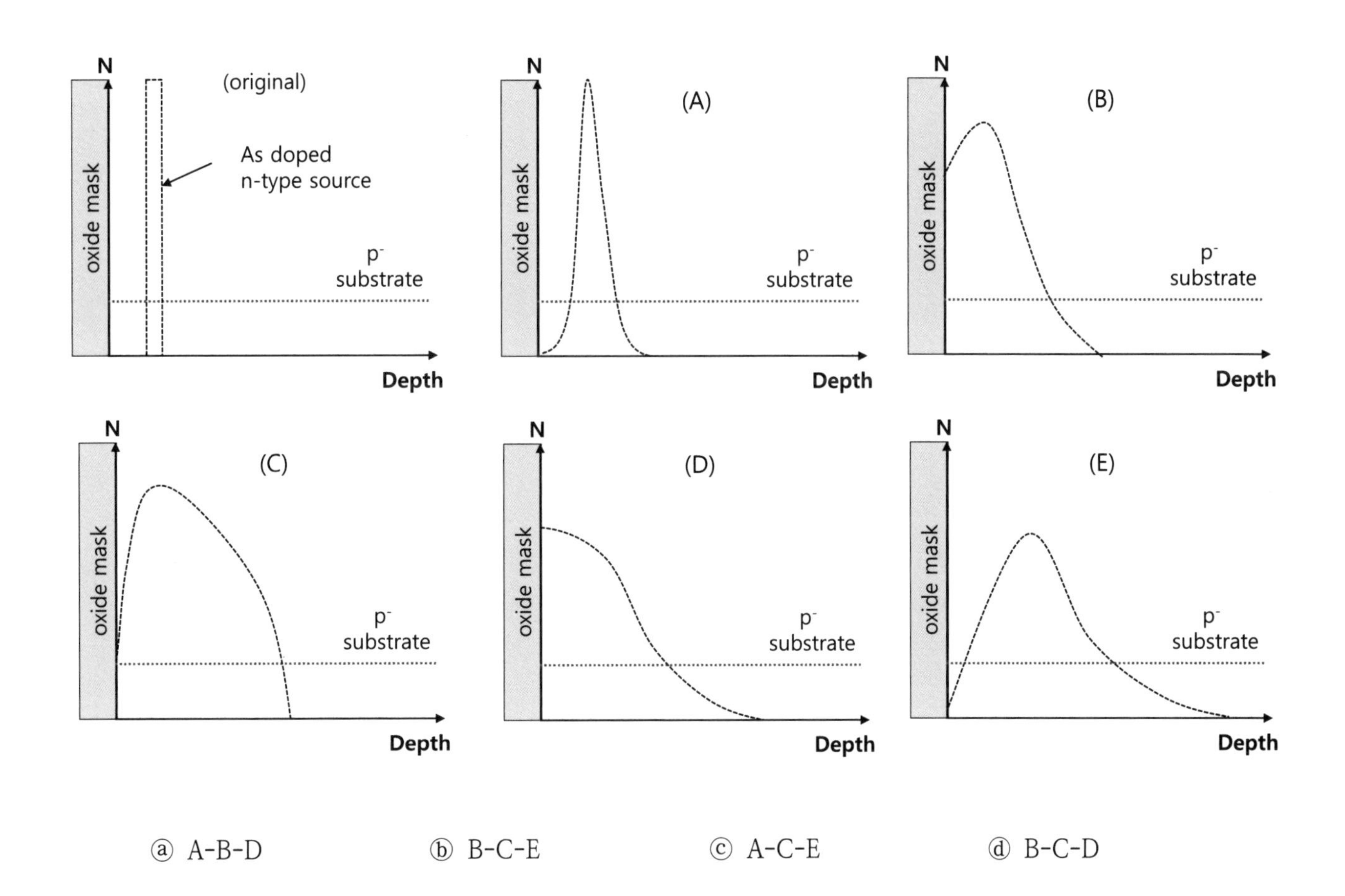

ⓐ A-B-D　　ⓑ B-C-E　　ⓒ A-C-E　　ⓓ B-C-D

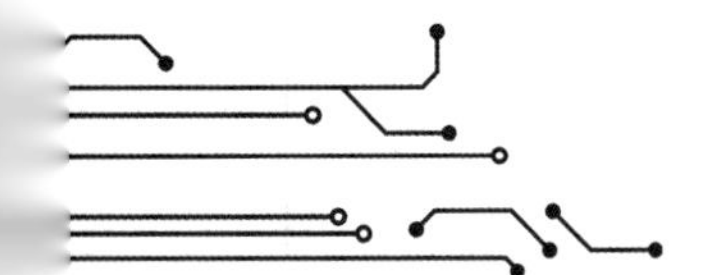

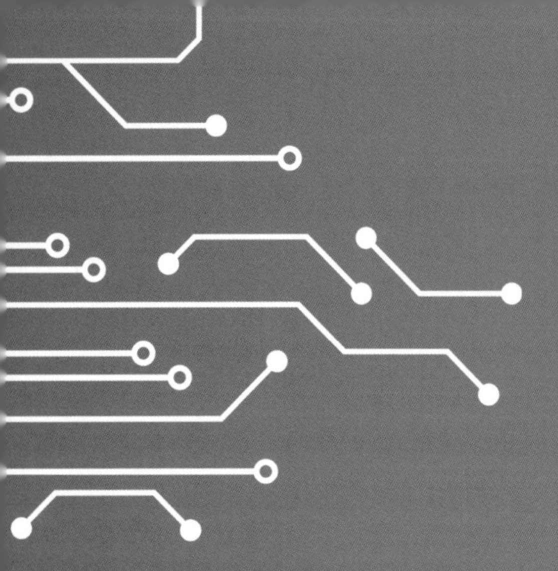

제 4 장

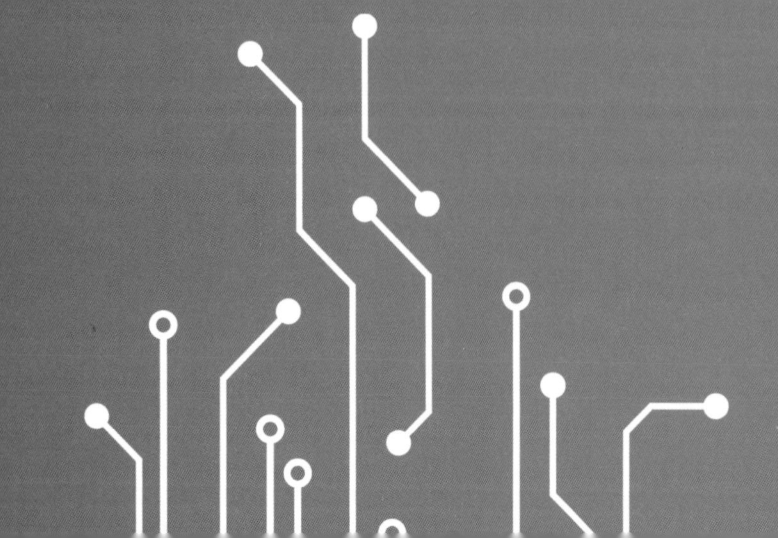

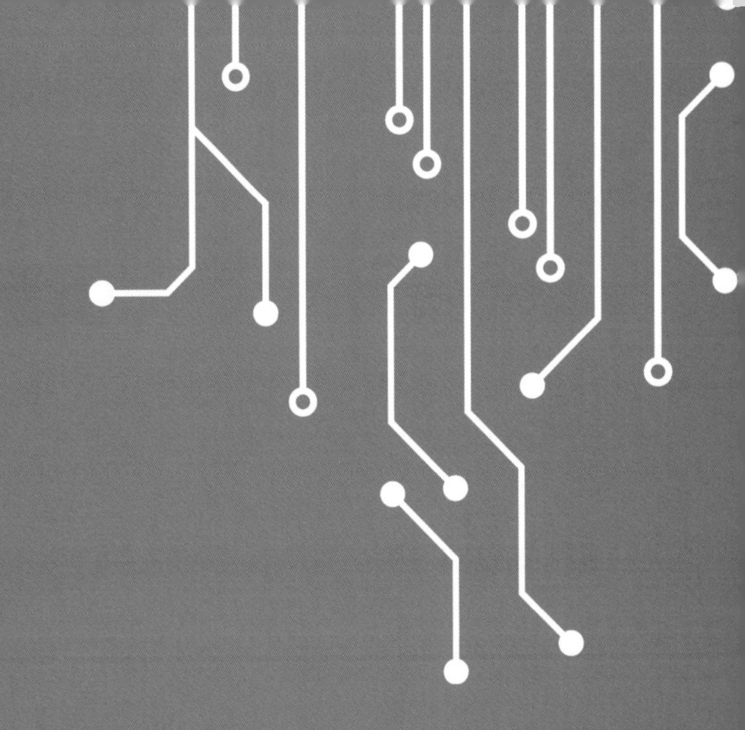

이온주입

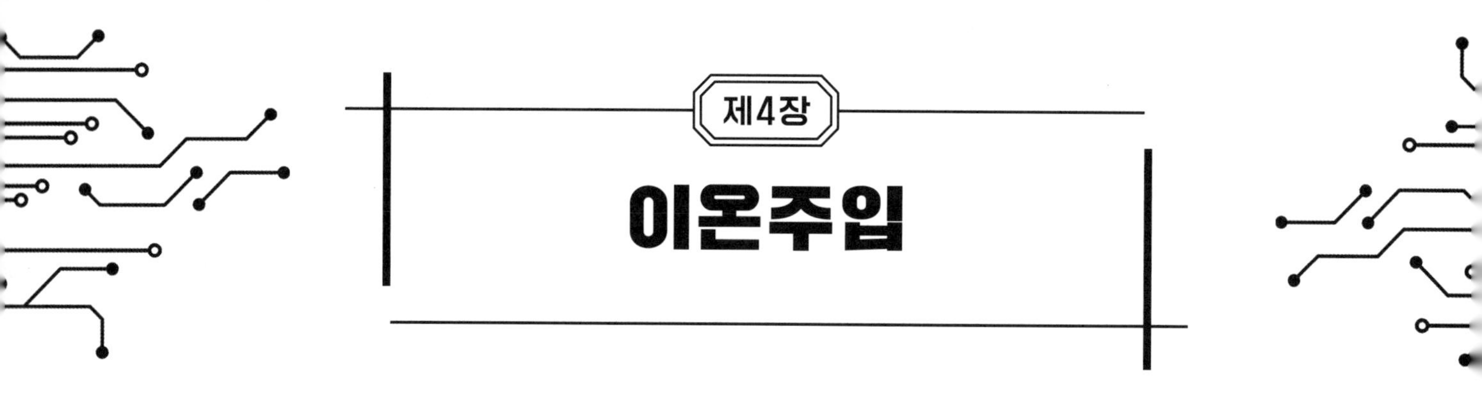

01 **이온주입은 확산과 더불어 불순물을 주입하는 핵심 기술인데, 이온주입에 관한 설명으로 부적합한 것은?**

ⓐ 이온주입을 이용해 SOI (Silicon on Insulator)기판을 제작할 수 있음

ⓑ 이온주입 에너지로 불순물의 깊이분포를 제어할 수 없음

ⓒ 이온주입을 이용해 초박막 기판을 제조할 수 있음

ⓓ 이온주입은 확산방식에 비해 불순물 농도가 더욱 균일한 도핑기술임

02 **이온주입에 의한 아래의 설명중 올바른 것은?**

ⓐ 이온주입에 의한 불순물의 주입이 확산에 의한 방식보다 균일성이 부족함

ⓑ 이온주입은 확산방식에 비해 불순물 농도의 제어가 부정확함

ⓒ 동일 이온주입 조건(주입에너지, 도즈)에서 B^+ 이온은 BF_2^+ 이온 보다 더 깊게 주입됨

ⓓ 이온주입의 dose(이온량)가 적은 경우 열처리(anneal)하지 않아도 됨

03 **반도체 기판에 불순물을 이온주입할 때, 주입된 이온의 에너지가 손실되면서 정지(stopping)하는 메커니즘에 대한 설명으로 부적합한 것은?**

ⓐ 반도체 이온주입에서 채널링(channeling) 원인은 단결정 기판의 결정구조에 기인함

ⓑ 전자정지(electronic stopping)과 핵전지(nuclear stopping)의 에너지 손실은 항상 동일함

ⓒ 핵정지(nuclear stopping)의 경우 결정결함을 많이 발생시킴

ⓓ 전자정지(electronic stopping)은 결정결함을 발생시키지 아니함

04 **이온주입은 확산과 더불어 불순물을 주입하는 핵심 기술이다. 이온주입과 관한 설명으로 부적합한 것은?**

ⓐ 이온주입이 가능한 최대 에너지는 200 keV임

ⓑ 이온주입은 확산방식에 비해 불순물 농도가 더욱 균일한 도핑기술임

ⓒ 이온주입은 이온을 가속하는 에너지로 제어하므로 불순물의 깊이를 정밀하게 제어함

ⓓ 이온주입시 이온의 충돌(collision)현상에 의해 반도체 내부에 결함이 발생함

05 **이온주입에 의한 아래의 설명중 맞지 않는 것은?**

ⓐ 이온주입에 의한 불순물의 주입이 확산에 의한 방식보다 균일성이 우수함

ⓑ As^+ 이온은 P^+이온에 비해 동일 이온주입 조건에서 더 적은 결정결함을 발생시킴

ⓒ 이온주입은 확산방식에 비해 불순물의 농도를 더욱 정확하게 제어함

ⓓ 이온주입 과정에서 발생한 결정결함은 열처리를 통해 어닐링(anneal)되어야 함

06 **이온주입된 불순물(energy=E, dose=Q)의 분포는 주로 응용되는 농도영역에서 대체적으로 $N(x) = N_p exp\left[-\frac{(x-R_p)^2}{2\Delta R_p^2}\right]$인 가우시안 함수를 보인다. 단, 여기에서 N_p는 피크농도, R_p는 투영거리, ΔR_p는 표준편차, 그리고 $Q = \sqrt{2\pi}N_p\Delta R_p$가 된다. 실리콘 기판에 P^+이온을 E=100 keV ($R_p = 0.13\ \mu m, \Delta R_p = 0.056\ \mu m$), Q=$1x10^{14}$ cm^{-2}으로 이온주입하는 경우 P의 피크농도($x=R_p$)는?**

ⓐ $7.1x10^{16}$ cm^{-3}　ⓑ $7.1x10^{17}$ cm^{-3}　ⓒ $7.1x10^{18}$ cm^{-3}　ⓓ $7.1x10^{19}$ cm^{-3}

07 **이온주입은 확산과 더불어 불순물을 주입하는 핵심 기술이다. 이온주입과 관한 설명으로 가장 정확한 것은?**

ⓐ 이온주입은 이온을 가속하는 에너지로 제어하므로 불순물의 깊이를 정밀하게 제어하기 어려움

ⓑ 이온주입시 이온의 핵충돌(nuclear collision)현상에 의해 반도체 내부에 결함이 발생하지 아니함

ⓒ 이온주입은 predeposition(constant source) 확산방식에 비해 불순물 농도가 더욱 균일한 도핑기술임

ⓓ 이온주입이 가능한 최대 에너지는 200 keV임

08 **이온주입에 관련한 설명으로 맞는 것은?**

ⓐ 동일 이온주입 조건에서 P^+이온은 As^+ 이온에 비해 더 많은 결정결함을 발생시킴

ⓑ 보론(boron)의 이온주입에 있어서 B_{10} 동위원소를 B_{11} 동위원소보다 선호하여 사용함

ⓒ 동일 이온주입 조건(주입에너지, 도즈)에서 BF_2^+ 이온은 B^+이온에 비해 shallow로 주입됨

ⓓ 동일 이온주입 조건(주입에너지, 도즈)에서 B^+ 이온은 B^{++} 이온에 비해 더 깊게 주입됨

09 **이온주입된 불순물(energy=E, dose=Q)의 분포는 주로 응용되는 농도영역에서 대체적으로 $N(x) = N_p exp\left[-\frac{(x-R_p)^2}{2\Delta R_p^2}\right]$인 가우시안 함수를 보인다. 단, 여기에서 N_p는 피크농도, R_p는 투영거리, ΔR_p는 표준편차, 그리고 $Q = \sqrt{2\pi}N_p\Delta R_p$가 된다. 실리콘 기판에 P^+이온을 E=100 keV ($R_p = 0.13\ \mu m, \Delta R_p = 0.056\ \mu m$), Q=$1x10^{14}$ cm^{-2}으로 이온주입하는 경우 P의 표면농도(x=0)는?**

ⓐ $2.4x10^{16}$ cm^{-3}　ⓑ $2.4x10^{17}$ cm^{-3}　ⓒ $2.4x10^{18}$ cm^{-3}　ⓓ $2.4x10^{19}$ cm^{-3}

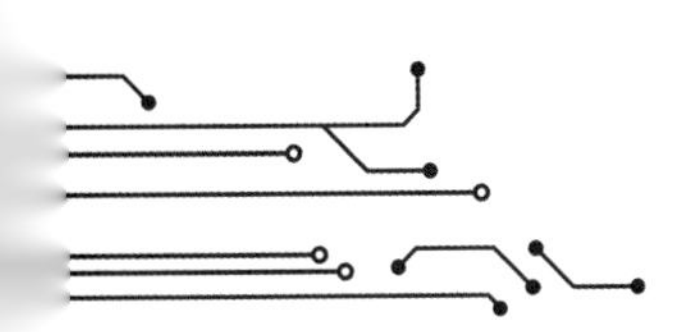

10 **이온주입은 확산과 더불어 불순물을 주입하는 핵심 기술이다. 이온주입과 관한 설명으로 부적합한 것은?**

ⓐ 이온주입시 불순물의 활성화와 결함의 어닐링(annealing)을 위해 열처리가 반드시 필요함

ⓑ 이온주입된 불순물은 후속하는 드라이브인(drive-in) 확산으로 접합깊이를 더욱 깊이 제어할 수 있음

ⓒ 이온주입은 확산방식에 비해 불순물 농도가 불균일한 도핑기술임

ⓓ 이온주입시 이온의 충돌(collision)현상에 의해 반도체 내부에 결함이 발생함

11 **BF_3 가스를 소스로 이용해 보론(B)을 이온주입하는 경우 매우 다양한 종류의 입자중에서 선택하여 이온주입할 수 있다. 높은 생산성(throughput)의 이온주입을 위해 가장 유리한 이온빔인 것은?**

ⓐ $10B^+$ ⓑ $11B^+$ ⓒ BF^+ ⓓ BF_2^+

12 **이온주입된 불순물(energy=E, dose=Q)의 분포는 주로 응용되는 농도영역에서 대체적으로 $N(x) = N_p\,exp\left[-\frac{(x-R_p)^2}{2\Delta R_p^2}\right]$인 가우시안 함수로 하여, N_p는 피크농도, R_p는 투사거리, ΔR_p는 표준편차이며, 그리고 이온주입량의 99.99%를 함유하는 깊이는 (R_p + 3.96ΔR_p)로 근사할 수 있다. 실리콘 기판에 P^+이온을 E=100keV ($R_p = 0.13\ \mu m, \Delta R_p = 0.056\ \mu m$), Q=$1x10^{14}$ cm^{-2}으로 이온주입하는데 있어서, 감광제를 마스크로 이용하여 99.99% 이상을 차폐하려는 경우 필요한 감광제의 두께는? 단, 마스크에서의 R_p, ΔR_p는 실리콘에서와 동일하다고 가정함**

ⓐ 3.52 nm ⓑ 35.2 nm ⓒ 352 nm ⓓ 3,520 nm

13 **반도체 기판에 불순물을 이온주입할 때, 주입된 이온의 에너지가 손실되면서 정지(stopping)하는 메커니즘에 대한 설명으로 부적합한 것은?**

ⓐ As와 같이 원자질량이 무거운 이온은 전자충돌(electronic collison)이 주요 정지기구(stopping mechanism)로 작용함

ⓑ 정지기구(stoping mechanism로 핵충돌(nuclear collision)과 전자충돌(electronic collision)이 작동함

ⓒ B와 같이 원자질량이 작은 이온은 electronic collison이 주요 stopping mechanism으로 작용함

ⓓ 전자정지(electronic stopping)는 결정결함을 발생시키지 아니함

14 **이온주입에 관한 아래의 설명중 올바른 것은?**

ⓐ 이온주입의 dose(이온량)이 적은 경우는 어닐링(anneal)하지 않아도 됨

ⓑ 동일 이온주입 조건에서 P^+이온은 As^+ 이온에 비해 더 많은 결정결함을 발생시킴

ⓒ 동일 이온주입 조건(주입에너지, 도즈)에서 BF_2^+ 이온은 B^+이온에 비해 얕은깊이(shallow)로 주입됨

ⓓ 이온주입에 의한 불순물의 주입이 확산에 의한 방식보다 균일성이 우수함

15 붕소(boron) 불순물이 1x10^{16} cm^{-3} 의 농도로 도핑된 실리콘 기판에 As^{+}를 E=200 keV, $R_p = 0.12\ \mu m, \Delta R_p = 0.049\ \mu m$, Q=1x10^{14} cm^{-2} 조건으로 이온주입한 경우 p-형 불순물과 n-형 불순물의 농도가 동일한 접합(metallic junction)의 깊이는? 단, 간단한 계산을 위해 이온주입된 불순물 농도는 Gaussian 함수 $N(x) = N_p\,exp\left[-\frac{(x-R_p)^2}{2\Delta R_p^2}\right]$를 사용하며, 여기에서 N_p 는 피코농도, R_p는 사영거리, ΔR_p는 사영거리 분산(straggle)이고, 이온주입 dose(Q)는 $Q = \sqrt{2\pi}N_p\Delta R_p$ 를 적용함

ⓐ 0.04 μm ⓑ 0.4 μm ⓒ 4 μm ⓓ 40 μm

16 이온주입된 불순물(energy=E, dose=Q)의 분포는 주로 응용되는 농도영역에서 대체적으로 $N(x) = N_p\,exp\left[-\frac{(x-R_p)^2}{2\Delta R_p^2}\right]$인 가우시안 함수를 보인다. 단, 여기에서 N_p는 피크농도, R_p는 투영거리, ΔR_p는 표준편차, 그리고 $Q = \sqrt{2\pi}N_p\Delta R_p$ 가 된다. 실리콘 기판에 P^{+}이온을 E=100 keV (R_p=0.13 μm, ΔR_p=0.056 μm), Q=1x10^{14} cm^{-2}으로 이온주입한다. 이온주입한 기판을 1,000℃에서 2시간 확산한 후 피크농도는? 단, 단순한 계산을 위해 양측으로의 확산으로 $\Delta R_p^2 \Leftarrow \Delta R_p^2 + 2Dt$, $D_0 = 10.5\ cm^2/s$, $E_a = 3.69\ eV$, k=8.62x10^{-5} eV/K를 적용

ⓐ 2x10^{17} cm^{-3} ⓑ 2x10^{18} cm^{-3} ⓒ 2x10^{19} cm^{-3} ⓓ 2x10^{20} cm^{-3}

17 반도체 기판에 불순물을 이온주입할 때, 주입된 이온의 에너지가 손실되면서 정지(stopping)하는 충돌 메커니즘에 대한 설명으로 부적합한 것은?

ⓐ 핵정지(nuclear stopping)의 경우 결정결함을 많이 발생시킴
ⓑ 전자정지(electronic stopping)의 경우 결정결함을 발생시키지 아니함
ⓒ B와 같이 원자질량이 작은 이온은 핵충돌(nuclear collison)이 주요 stopping mechanism으로 작용함
ⓓ 정지기구(stoping mechanism)는 핵충돌(nuclear collision)과 전자충돌(electronic collision)이 작동함

18 이온주입된 불순물(energy=E, dose=Q)의 분포는 주로 응용되는 농도영역에서 대체적으로 $N(x) = N_p\,exp\left[-\frac{(x-R_p)^2}{2\Delta R_p^2}\right]$인 가우시안 함수를 보인다. 단, 여기에서 N_p는 피크농도, R_p는 투영거리, ΔR_p는 표준편차, 그리고 $Q = \sqrt{2\pi}N_p\Delta R_p$ 가 된다. 실리콘 기판에 이온을 E=100 keV ($R_p = 0.13\ \mu m, \Delta R_p = 0.056\ \mu m$), Q=1x10^{14} cm^{-2}으로 이온주입한다. 비정질화는 몇 % 되는가? 단, 비정질화에 필요한 에너지밀도는 $E_{am} = 10^{21}\ keV/cm^3$, 완전한 비정질화 이온주입량으로 $S = E_{am}\cdot\frac{R_p}{E_0}(ions/cm^2)$을 적용함

ⓐ 0.77% ⓑ 7.7% ⓒ 77% ⓓ 100%

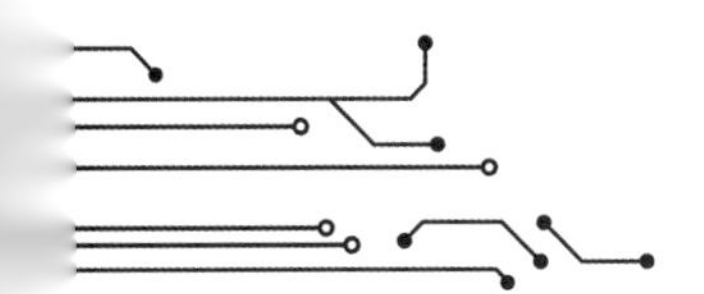

19 **반도체 기판에 불순물을 이온주입할 때, 주입된 이온의 에너지가 손실되면서 정지(stopping)하는 기구(메커니즘: mechanism)에 대한 설명으로 부적합한 것은?**

ⓐ stoping mechanism은 핵충돌(nuclear collision)과 전자충돌(electronic collision)이 작동함

ⓑ nuclear stopping의 경우 결정결함을 많이 발생시킴

ⓒ electronic stopping은 결정결함을 발생시키지 아니함

ⓓ 반도체 이온주입에서 채널링(channeling)은 결정보다 비정질에서 더욱 심하게 발생함

20 **간단한 계산을 위해 가우시안(Gaussian) 함수를 이용해 이온주입된 불순물 농도를 $N(x) = N_p\, exp\left[-\frac{(x-R_p)^2}{2\Delta R_p^2}\right]$와 같이 표현하며, 여기에서 N_p 는 피코농도, R_p는 사영거리, ΔR_p는 사영거리 분산(straggle)이고, 이온주입 dose(Q)는 $Q = \sqrt{2\pi} N_p \Delta R_p$ 이다. As^+를 E=200 keV, $R_p = 0.12\ \mu m$, $\Delta R_p = 0.049\ \mu m$, Q=$1x10^{14}$ cm^{-2}조건으로 이온주입한 경우 표면농도는?**

ⓐ $6.3x10^{16}$ cm^{-3} ⓑ $6.3x10^{17}$ cm^{-3} ⓒ $6.3x10^{18}$ cm^{-3} ⓓ $6.3x10^{19}$ cm^{-3}

21 **BF_3 가스를 소스로 이용해 보론(B)을 이온주입하는 경우에 있어서 $10B^+$, $11B^+$, BF^+, BF_2^+, $10B^{++}$, $11B^{++}$와 같이 매우 다양한 종류의 입자중에서 선택하여 이온주입할 수 있는데, 동일한 이온주입에너지(E)의 조건에서 가장 얕은접합(shallow junction)으로 이온주입하기 위해 선택해야 할 입자는?**

ⓐ $10B^{++}$ ⓑ $11B^+$ ⓒ BF^+ ⓓ BF_2^+

22 **실리콘 기판의 이온주입에 있어서 채널링 현상과 관련한 설명중 맞지 않는 것은?**

ⓐ 채널링은 반도체의 결정성에 기인하므로 결정방향에 따라 의존함

ⓑ 채널링을 줄이기 위해 기판방향을 이온빔으로부터 7° 도 정도 기울임

ⓒ 비정질(amorphous) 기판에서도 채널링이 단결정 기판과 동일하게 발생함

ⓓ 이온주입에서 그림자(shadow) 효과를 없애기 위해서는 채널링을 감수해야 함

23 **BF_3 가스를 소스로 이용해 보론(B)을 이온주입하는 경우에 있어서 $10B^+$, $11B^+$, BF^+, BF_2^+, $10B^{++}$, $11B^{++}$와 같이 매우 다양한 종류의 입자중에서 선택하여 이온주입할 수 있다. 동일한 이온주입에너지 조건에서 가장 shallow junction으로 이온주입하기 위해 선택할 수 있는 것은 위의 입자중에서 어느 것?**

ⓐ $11B^+$ ⓑ BF_2^+ ⓒ $10B^{++}$ ⓓ $11B^{++}$

24 **불순물의 이온주입을 하는데 있어서 보통 반도체 표면에 희생산화막(sacrificial oxide)을 10~100 nm 정도의 두께로 성장하여 이용한다. 희생산화막과 무관한 것은?**

ⓐ 희생산화막은 반도체 기판의 표면을 청정하게 보호함

ⓑ 산화막이 비정질이므로 주입되는 이온의 채널링 효과를 다소 감소시킴

ⓒ 기판측으로 주입되는 이온의 깊이가 감소함

ⓓ 이온주입하는 과정에 희생산화막은 스퍼터 식각되어 제거됨

25 **이온주입의 채널링 현상과 관련한 설명중 맞지 않는 것은?**

ⓐ 채널링은 원자충돌에 의하므로 이온주입 방향방향에 무관함

ⓑ 반도체의 표면에 희생산화막이 있으면 채널링이 감소함

ⓒ 채널링은 Si (100) 기판 보다 Si (111) 기판에서 더 심함

ⓓ 이온주입에서 그림자(shadow) 효과를 없애기 위해서는 기울기(tilt)법을 사용할 수 없음

26 **불순물로 보론(boron)을 이온주입을 하는데 있어서 보통 반도체 표면에 희생산화막(sacrificial oxide)을 10~100 nm 정도의 두께로 성장하여 이용한다. 이온주입을 한 후에 즉각 고온(>900℃)에서 장시간(>2hr) drive-in 확산하는 경우에 대한 설명으로 부적합한 것은?**

ⓐ 확산에 의해 불순물 분포는 erfc 분포보다는 Gaussian 분포를 따름

ⓑ 확산에 의해 불순물 분포는 Gaussian 분포보다는 erfc 분포를 따름

ⓒ 산화막에 주입된 이온은 산화막과 실리콘의 분리계수 차이에 의해 표면으로 방출됨

ⓓ drive-in 확산으로 인하여 이온주입된 boron의 피크농도는 감소함

27 **이온주입에 의한 아래의 설명중 맞지 않는 것은?**

ⓐ P^+이온에 비해 As^+ 이온은 동일 이온주입 조건에서 더 많은 결정결함을 발생시킴

ⓑ 동일한 이온주입 조건(주입에너지, 도즈)에서 B^+이온은 BF_2^+ 이온에 더 깊게 주입됨

ⓒ 동일한 이온주입 조건(주입에너지, 도즈)에서 B^+ 이온은 B^{++} 이온에 비해 더 깊게 주입됨

ⓓ boron의 이온주입에 있어서 B_{11} 동위원소를 B_{10} 동위원소보다 선호하여 사용함

28 **BF_3 가스를 소스로 이용해 보론(B)을 이온주입하는 경우에 있어서 $10B^+$, $11B^+$, BF^+, BF_2^+, $10B^{++}$, $11B^{++}$와 같이 매우 다양한 종류의 입자중에서 선택하여 이온주입할 수 있다. 동일한 이온주입에너지 조건에서 가장 깊은접합(deep junction)으로 이온주입하기 위해 선택할 수 있는 것은 아래의 입자중에서 어느 것?**

ⓐ $10B^+$　　ⓑ BF_2^+　　ⓒ $10B^{++}$　　ⓓ $11B^{++}$

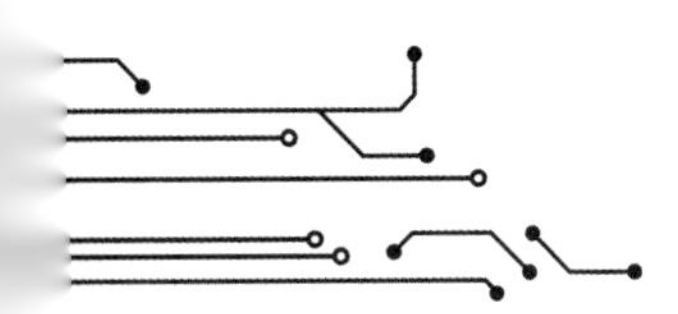

29 인(phosphorous)이 1x10^{16} cm^{-3} 농도로 도핑된 실리콘 (100) 기판에 boron과 As 이온주입을 2차에 걸쳐 차례로 이온주입하여, 최종 n-p-n 접합을 형성하는데 있어서 가우시안 $N(x) = N_p\, exp\left[-\frac{(x-R_p)^2}{2\Delta R_p^2}\right]$ 분포와 $Q = \sqrt{2\pi}N_p\Delta R_p$ 관계를 이용하기로 한다. boron 이온을 200 keV의 에너지로 1x10^{14} cm^{-2}의 도즈(주입량)를 주입한 경우, boron의 최고 피크농도는? 단, boron 200 keV 에너지의 경우 $R_p = 0.54\,\mu m$, $\Delta R_p = 0.089\,\mu m$를 적용함.

ⓐ 4.5x10^{17} cm^{-3} ⓑ 4.5x10^{18} cm^{-3} ⓒ 4.5x10^{19} cm^{-3} ⓓ 4.5x10^{20} cm^{-3}

30 반도체 기판에 주입되는 이온의 단위면적당 도즈량은 dose = It/qA (ion/cm^2), 여기에서 I=이온빔 전류(A), t=이온주입 시간(s), A=이온주입 면적(cm^2), q=charge (1.6x10^{-19} C)이다. 6인치 웨이퍼에 $^{10}B^+$ 이온빔 전류를 1 μA로 해서 주입하는 경우 1x10^{13} cm^{-2}을 주입하기 위해 소요되는 이온주입 시간은?

ⓐ 2.92 sec ⓑ 29.2 sec ⓒ 292 sec ⓓ 2,920 sec

31 As 이온을 100 keV로 실리콘 기판에 주입하는데 있어서 도즈가 1x10^{14} cm^{-2}으로 낮게 주입한 경우와 5x10^{15} cm^{-2}으로 높게 주입한 경우, 고속열처리(RTP)나 레이저 어닐링과 같은 공정을 이용해 1100℃ 이상의 고온에서 고속으로 열처리하는 이유로 부적합한 설명은?

ⓐ 이온주입시 발생한 비정질을 다시 충분히 어닐링하여 결재결정화 하기 위해

ⓑ As 불순물의 고용도(solid solubility)가 고온에서 높으므로

ⓒ 고온에서 확산에 의해 불순물의 재분포를 극대화하기 위해

ⓓ 쌍정(twin), 전위와 같은 결정결함을 충분히 제거하기 위해

32 인(phosphorous)이 1x10^{16} cm^{-3} 농도로 도핑된 실리콘 (100) 기판에 boron과 As 이온주입을 2차에 걸쳐 차례로 이온주입하여, 최종 n-p-n 접합을 형성하는데 있어서 간단한 계산을 위해 아래 표의 수치와 가우시안 $N(x) = N_p\, exp\left[-\frac{(x-R_p)^2}{2\Delta R_p^2}\right]$ 분포와 $Q = \sqrt{2\pi}N_p\Delta R_p$ 관계를 이용하기로 한다. boron 이온을 200 keV의 에너지로 1x10^{14} cm^{-2}의 도즈(주입량)를 주입한 경우, n-형 기판과 농도가 동일한 p-n 접합 깊이는? 단, boron 200 keV 에너지의 경우 $R_p = 0.54\,\mu m$, $\Delta R_p = 0.089\,\mu m$를 적용

ⓐ 0.085 μm ⓑ 0.85 μm ⓒ 8.5 μm ⓓ 85 μm

33 n-type의 As 불순물이 1x10^{17} cm^{-3}의 농도로 도핑된 n-형 실리콘 기판에 B^+이온을 에너지 E=200 keV ($R_p = 0.54\,\mu m$, $\Delta R_p = 0.089\,\mu m$), dose Q=1x10^{15} cm^{-2}로 이온주입하는 경우 B의 $D = D_0 \exp(-E_a/kT)$와 확산 후 $\Delta R_p^2 \Leftarrow \Delta R_p^2 + 2Dt$, D=2.6x10^{-14} cm^2/s를 이용해 1,000℃에서 2시간 확산한 후에 p-n 접합의 깊이는? 단, 이온주입된 불순물의 분포는 대체적으로 $N(x) = N_p\, exp\left[-\frac{(x-R_p)^2}{2\Delta R_p^2}\right]$인 가우시안 함수를 따르고, 여기에서 N_p는 피크농도, R_p는 투영거리, ΔR_p는 분산(straggle), 그리고 $Q = \sqrt{2\pi} N_p \Delta R_p$, k=8.62x10^{-5} eV/K를 적용함

ⓐ 0.012 μm　　ⓑ 0.12 μm　　ⓒ 1.2 μm　　ⓓ 12 μm

34 As 이온을 100 keV로 실리콘 기판에 주입하는데 있어서 도즈(dose)가 1x10^{14} cm^{-2}으로 낮게 주입한 경우와 5x10^{15} cm^{-2}으로 높게 주입한 경우, RTP나 레이저와 같은 고속공정을 이용해 1100℃ 이상의 고온에서 고속으로 열처리하는 이유로 부적합한 설명은?

ⓐ 불순물의 피크농도를 높게 유지하는데 유리하므로
ⓑ 쌍정(twin), 전위(dislocation)와 같은 결정결함을 제거하기 위해
ⓒ 불순물의 확산을 증가시켜서 접합깊이를 깊게 하기 위해
ⓓ 고온에서 활성화도를 높이면서 불순물의 재분포를 최소화하기 위해

35 반도체 기판에 주입되는 이온의 단위면적당 도즈량은 Dose = It/qA (ion/cm^2), 여기에서 I=이온빔 전류(A), t=이온주입 시간(s), A=이온주입 면적(cm^2), q=charge (1.6x10^{-19} C)이다. 웨이퍼에 보론(B) 이온을 주입하는 경우 이온주입 시간을 줄여서 생산성을 높이는 방안으로 적절한 것은?

ⓐ 11B^+ 이온을 이용하고 빔에너지를 가능한 높여서 사용함
ⓑ 이온을 10B^+을 이용하고 빔전류를 가능한 높여서 사용함
ⓒ 이온을 10B^+을 이용하고 빔에너지를 가능한 높여서 사용함
ⓓ 11B^+ 이온을 이용하고 빔전류를 가능한 높여서 사용함

36 이온주입된 불순물(energy=E, dose=Q)은 가우시안 분포 $N(x) = N_p\, exp\left[-\frac{(x-R_p)^2}{2\Delta R_p^2}\right]$를 이용하며, 여기에서 N_p는 피크농도, R_p는 투영거리, ΔR_p는 분산(Straggle), $Q = \sqrt{2\pi} N_p \Delta R_p$이다. As이 1x10^{17} cm^{-3}의 농도로 도핑된 N-형 실리콘 기판에 B^+이온을 에너지 E=200 keV (R_p=0.54 μm, ΔR_p=0.089 μm), Q=1x10^{15} cm^{-2}으로 이온주입하고 1,000℃에서 2시간 확산한 후에 B 피크농도는? 단, 간단한 계산을 위해 확산에 의해 $\Delta R_p^2 \Leftarrow \Delta R_p^2 + 2Dt$로 하며, B의 확산계수 D=2.6x10^{-14} cm^2/s를 적용함

ⓐ 2x10^{17} cm^{-3}　　ⓑ 2x10^{18} cm^{-3}　　ⓒ 2x10^{19} cm^{-3}　　ⓓ 2x10^{20} cm^{-3}

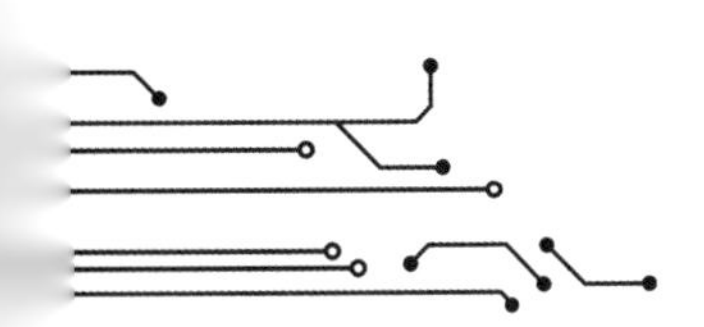

37 이온주입 기술과 관련이 없는 용어는?

ⓐ LSS theory ⓑ double charge ⓒ descum ⓓ tailing

38 반도체에서 불순물의 이온주입 주요 공정조건에 해당하지 않는 용어는?

ⓐ 에너지 ⓑ dose ⓒ 기판 두께 ⓓ tilt

39 실리콘 기판에 $Boron^+$이온을 E=200 keV (R_p=0.54 ㎛, ΔR_p=0.089 ㎛), $Q=1\times10^{15}$ cm^{-2}으로 이온주입하는 경우 B의 확산 후 $\Delta R_p^2 \Leftarrow \Delta R_p^2 + 2Dt$를 이용해 1,000℃에서 확산계수 $D=10^{-14}$ cm^2/s로 1시간 확산한 후에 재분포에 의한 boron 피크농도(N_p)는? 단, 이온주입된 불순물(energy=E, dose=Q)의 분포는 $N(x) = N_p\, exp\left[-\frac{(x-R_p)^2}{2\Delta R_p^2}\right]$인 가우시안 함수를 이용하며, 여기에서 N_p는 피크농도, R_p는 투영거리, ΔR_p는 분산(Straggle), $N_p = \frac{Q}{\sqrt{2\pi}\Delta R_p}$을 적용함

ⓐ 3.3×10^{17} cm^{-3} ⓑ 3.3×10^{18} cm^{-3} ⓒ 3.3×10^{19} cm^{-3} ⓓ 3.3×10^{20} cm^{-3}

40 비소(As)의 이온주입에 의해 생성될 수 있는 결함의 종류가 아닌 것은?

ⓐ interstitial ⓑ dislocation
ⓒ vacancy ⓓ acceptor

41 이온주입으로 형성된 도핑층의 전기적 특성을 측정하는 방법에 해당하지 않는 것은?

ⓐ FPP(four Point Probe) ⓑ cathodoluminescence
ⓒ C-V ⓓ SRP

42 이온주입 기술과 관련이 없는 용어는?

ⓐ LSS theory ⓑ tailing ⓒ annealing ⓓ alloy

43 이온주입된 불순물(energy=E, dose=Q)은 가우시안 분포 $N(x) = N_p\, exp\left[-\frac{(x-R_p)^2}{2\Delta R_p^2}\right]$를 이용하며, 여기에서 N_p는 피크농도, R_p는 투영거리, ΔR_p는 분산(Straggle), $Q = \sqrt{2\pi}N_p\Delta R_p$ 이다. 불순물 As가 1×10^{17} cm^{-3} 의 농도로 도핑된 n-형 실리콘 기판에 보론(boron) 이온을 E=200 keV (R_p=0.54 ㎛, ΔR_p=0.089 ㎛), $Q=1\times10^{15}$ cm^{-2}으로 이온주입하고 1,000℃에서 2시간 확산한 후에 기판표면에서 B 피크농도는? 단, 간단한 계산을 위해 확산에 의해 $\Delta R_p^2 \Leftarrow \Delta R_p^2 + 2Dt$로 하며, 보론(B)의 확산계수 $D=2.6\times10^{-14}$ cm^2/s를 적용함($k=8.62\times10^{-5}$ eV/K)

ⓐ 7.4×10^{17} cm^{-3} ⓑ 7.4×10^{18} cm^{-3} ⓒ 7.4×10^{19} cm^{-3} ⓓ 7.4×10^{20} cm^{-3}

44 비소(As)의 이온주입에 의해 생성될 수 있는 결함의 종류가 아닌 것은?

ⓐ interstitial　ⓑ Frenkel defect　ⓒ dislocation　ⓓ hillock

45 반도체에서 불순물의 이온주입 주요 공정조건에 해당하지 않는 용어는?

ⓐ 압력　ⓑ 도즈(dose)　ⓒ 이온 종류　ⓓ 에너지

46 그림과 같이 기판에 phospjorous(P)를 100 keV(R_p=0.13 ㎛ , ΔR_p=0.04 ㎛) 에너지로 이온주입한 경우 형성되는 접합깊이의 형태가 가장 정확하게 표현된 것은? 단, 간단한 계산을 위해 PR, oxide, Si에서 R_p, ΔR_p는 모두 동일하며, 이온주입 깊이($d=R_p + 3.96\Delta R_p$)를 이온주입을 99.99% 차폐하는 깊이로 적용함

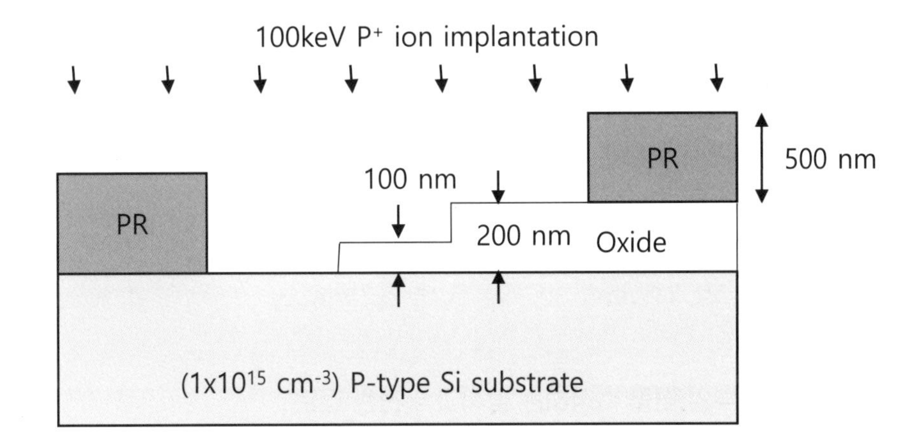

ⓐ
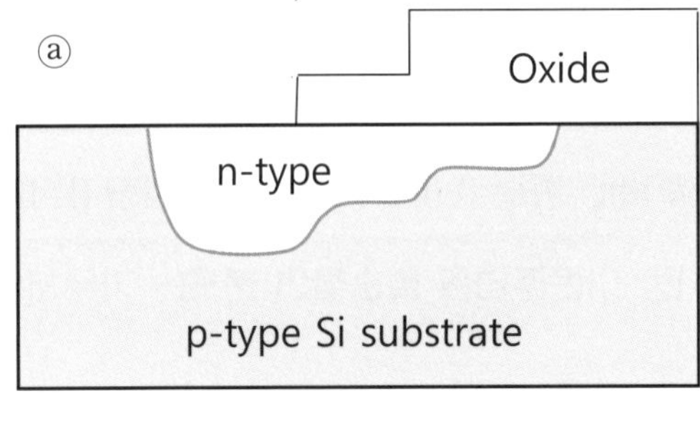

ⓑ
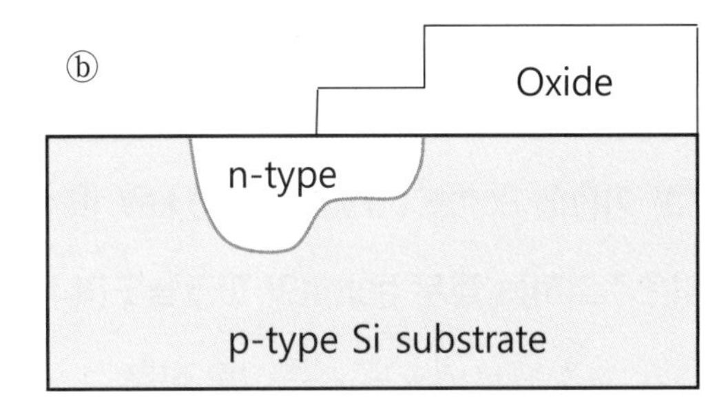

ⓒ
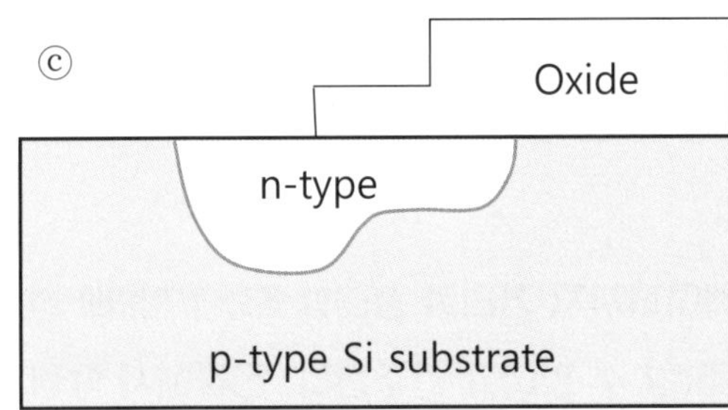

ⓓ
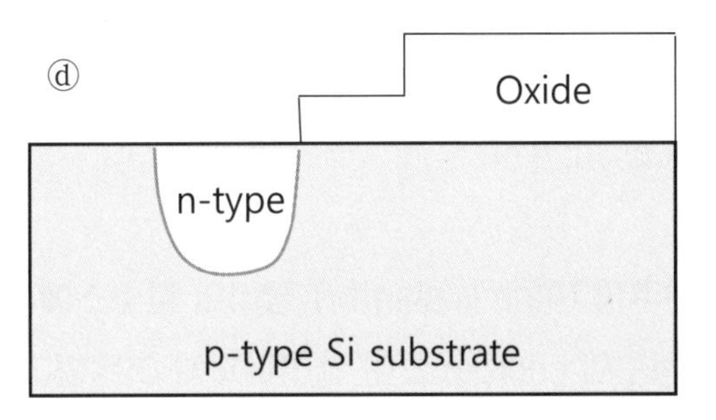

47 두께가 10 mm, 면적이 10 cm x 10 cm인 실리콘 반도체에 이온빔 전류 1.6 mA로 10초 동안 이온주입한 경우 실리콘 기판에 주입된 도즈(Q: 주입량)는?

ⓐ 10^{12} cm^{-2}　ⓑ 10^{13} cm^{-2}　ⓒ 10^{14} cm^{-2}　ⓓ 10^{15} cm^{-2}

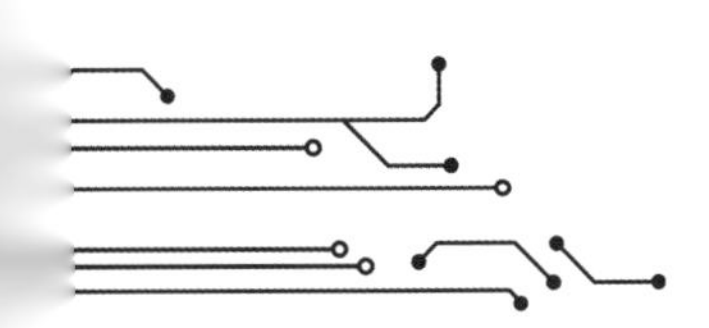

48 도핑농도가 10^{16} cm^{-3}인 n-형 실리콘반도체 기판에 1 MeV(R_p=4 μm, ΔR_p=0.3 μm)의 에너지로 이온주입한 p-형 불순물의 피크농도(N_p)가 10^{18} cm^{-3}이인 경우 $N(x) = \frac{Q}{\sqrt{2\pi}\Delta R_p} exp\left[-\frac{(x-R_p)^2}{2\Delta R_p^2}\right]$인 가우시안 분포를 적용하면 이온주입된 도즈(Q)는?

ⓐ $7.5x10^{12}$ cm^{-2}
ⓑ $7.5x10^{13}$ cm^{-2}
ⓒ $7.5x10^{14}$ cm^{-2}
ⓓ $7.5x10^{15}$ cm^{-2}

49 이온주입으로 형성된 도핑층의 전기적 특성을 측정하는 방법에 해당하지 않는 것은?

ⓐ FPP ⓑ van der Pauw ⓒ C-V ⓓ AFM

50 도핑농도가 10^{16} cm^{-3}인 n-형 실리콘반도체 기판에 1 MeV(R_p=4 μm, ΔR_p=0.3 μm)의 에너지로 이온주입한 p-형 불순물의 피크농도(N_p)가 10^{18} cm^{-3}이인 경우 $N(x) = \frac{Q}{\sqrt{2\pi}\Delta R_p} exp\left[-\frac{(x-R_p)^2}{2\Delta R_p^2}\right]$인 가우시안 분포를 적용하면 다음중에서 p-형과 n-형 불순물 농도가 동일한 접합이 형성되는 깊이로 가장 정확한 것은?

ⓐ 1.7 μm ⓑ 2.7 μm ⓒ 3.7 μm ⓓ 4.7 μm

51 이온주입한 도즈(dose: 주입량)를 측정하는 방식과 무관한 것은?

ⓐ 이온주입기의 magnet power
ⓑ Faraday cage 측정
ⓒ SIMS 분석
ⓓ 면저항 측정

52 실리콘 기판에 $Boron^{+}$이온을 E=200 keV (R_p=0.54 μm, ΔR_p=0.089 μm), 이온주입량 Q=$1x10^{15}$ cm^{-2}로 이온주입하는 경우 boron의 피크농도(N_p)는? 단, 이온주입된 불순물의 분포는 가우시안 분포로 $N(x) = \frac{Q}{\sqrt{2\pi}\Delta R_p} exp\left[-\frac{(x-R_p)^2}{2\Delta R_p^2}\right]$를 적용

ⓐ $4.5x10^{17}$ cm^{-3} ⓑ $4.5x10^{18}$ cm^{-3} ⓒ $4.5x10^{19}$ cm^{-3} ⓓ $4.5x10^{20}$ cm^{-3}

53 이온주입기(ion implantor) 장비의 빔소스에서 웨이퍼까지 거리가 평균행로의 1/100배 정도면 무시할 정도의 collision으로 웨이퍼까지 이온빔이 도달할 수 있다고 간주한다. 진공에서 Ar원자의 평균자유행로는 0.66/P (cm)로 보고 웨이퍼까지 거리가 10 meter 라고 할 때, 요구되는 ion implanter 빔라인의 진공도는 얼마 이상?

ⓐ $6.6x10^{-2}$ pascal ⓑ $6.6x10^{-3}$ pascal ⓒ $6.6x10^{-4}$ pascal ⓓ $6.6x10^{-5}$ pascal

54 **실리콘 반도체에 p-type을 불순물을 이온주입하는데 채널링을 감소시켜 얕은접합(shallow junction)을 형성하는 방법에 해당하지 않는 것은?**

ⓐ B 이온 보다는 BF_2를 이온주입함

ⓑ 기판의 온도를 높여 고온에서 이온주입함

ⓒ 기판에 대해 이온선의 기울기가 기울어진 angled implantation을 함

ⓓ Si 이온을 이용한 비정질화 이온주입후에 B 이온을 이온주입함

55 **이온주입한 불순물의 활성화(activation)을 위한 어닐(anneal) 열처리에서 이온주입량과 열처리 온도에 따른 활성화에 대한 그래프에 대한 바르지 않은 설명은?**

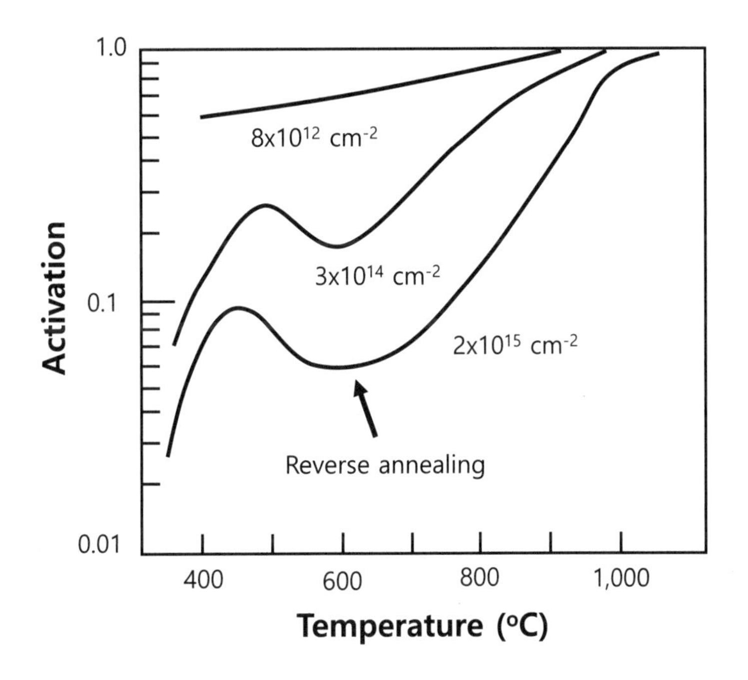

ⓐ 이온주입량이 적으면 400℃ 이하의 저온에서 장시간 보관하면 충분한 활성화가 이루어짐

ⓑ 이온주입량이 적으면 대부분 점결함이고 결함농도가 낮아 저온부터 활성화가 쉽게 증가함

ⓒ 이온주입량이 많으면 결합들이 결합하면서 역어닐링(reverse annealing)이라는 활성화 감소현상 발생함

ⓓ 이온주입량이 많으면 반도체에 결정결함이 심하게 발생하여 높은 활성화 온도가 필요함

56 **BF_3 가스를 소스로 이용해 보론(B)을 이온주입하는 경우 매우 다양한 종류의 입자중에서 선택하여 이온주입할 수 있다. 동일한 이온주입에너지 조건에서 가장 shallow junction으로 이온주입하기 위해 선택할 수 있는 것은 아래의 입자중에서 어느 것?**

ⓐ $11B^+$　　ⓑ BF^+　　ⓒ $10B^+$　　ⓓ BF_2^+

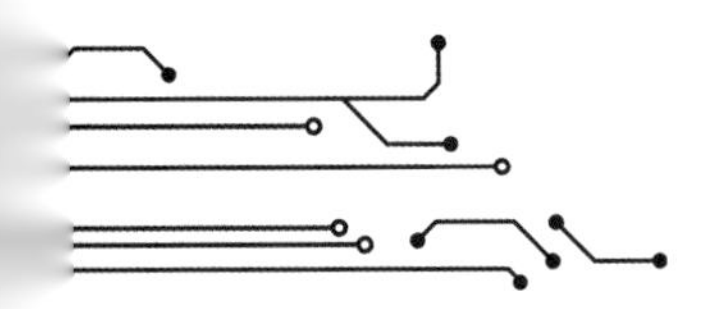

57 **반도체 기판에 불순물을 이온주입할 때, 주입된 이온의 에너지가 손실되면서 정지(stopping) 메커니즘과 관련한 설명으로 부적합한 것은?**

ⓐ 전자정지(electronic stopping)은 결정결함을 심각하게 발생시킴

ⓑ 반도체 이온주입에서 채널링(channeling) 원인은 단결정 기판의 결정구조에 기인함

ⓒ 채널링 현상을 줄이려면 기판을 7° 정도 기울인(tilt) 상태에서 이온주입함

ⓓ 핵정지(nuclear stopping)는 결정결함을 많이 발생시킴

58 **반도체 기판에 불순물을 이온주입할 때, 주입된 이온의 에너지가 손실되면서 정지(stopping)하는 메커니즘에 대한 설명으로 부적합한 것은?**

ⓐ stoping mechanism은 핵충돌(nuclear collision)과 전자충돌(electronic collision)이 작동함

ⓑ B와 같이 원자질량이 작은 이온은 nuclear collison이 주요 정지기구(stopping mechanism)로 작용함

ⓒ As와 같이 원자질량이 무거운 이온은 nuclear collison이 주용 stopping mechanism으로 작용함

ⓓ nuclear collision의 경우 결정결함을 많이 발생시킴

59 **Si 기판에 As와 B의 이온주입에 대한 비교설명으로 적합한 것은?**

ⓐ B은 p-형 도판트로서 As 보다 표면측으로 이온주입되며 결함을 적게 발생시킴

ⓑ B은 p-형 도판트로서 As 보다 깊게 이온주입되며 결함을 적게 발생시킴

ⓒ B은 p-형 도판트로서 As 보다 깊게 이온주입되며 결함을 많이 발생시킴

ⓓ B은 n-형 도판트로서 As 보다 표면측으로 이온주입되며 결함을 많이 발생시킴

60 **이온주입 장치를 구성하는 주요 요소가 아닌 것은?**

ⓐ ion source
ⓑ accelerator
ⓒ IR lamp
ⓓ Faraday cup

61 **이온주입 장치를 구성하는 주요 요소와 무관한 것은?**

ⓐ 분류기(magnet)
ⓑ 가속기(accelerator)
ⓒ 주사기(electrostatic scanner)
ⓓ 증발기(evaporator)

62 **이온주입 장치가 고진공으로 유지되어야 하는 가장 중요한 이유는?**

ⓐ 이온의 자유행로가 충분히 길어서 최소한의 충돌로 소스에서 기판까지 도달하도록 함

ⓑ 이온화된 불순물의 양을 감소시킴

ⓒ 웨이퍼의 표면의 산화를 방지하기 위함

ⓓ 이온주입의 균일도를 높이기 위함

63 **이온주입으로 인해 실리콘에 발생하는 결정결함과 무관한 것은?**

ⓐ spike
ⓑ dislocation loop
ⓒ amorphous silicon
ⓓ vacancy-interstitial pair

64 **다음중 이온주입시 채널링이 가장 덜 발생하는 표면방향의 실리콘 기판은?**

ⓐ (100) ⓑ (110) ⓒ (111) ⓓ (123)

65 **선택적 이온주입에 사용하는 마스크(mask) 물질로 사용하지 않는 것은?**

ⓐ photoresist ⓑ oxide ⓒ poly-Si ⓓ Au

66 **SOI(Silicon on Insulator) 기판의 제조에 사용하는 SIMOX(Separation by Implantation of Oxygen) 기술의 공정방식으로 맞는 것은?**

ⓐ 10^{18} cm^{-2}대로 oxygen 이온주입하고, 1320℃ 고온열처리로 BOX(buried oxide) 형성후 Epi 성장
ⓑ 10^{18} cm^{-2}대로 oxygen 이온주입하고, 300℃ 저온열처리로 BOX(buried oxide) 형성후 Epi 성장
ⓒ 10^{12} cm^{-2}대로 oxygen 이온주입하고, 300℃ 저온열처리로 BOX(buried oxide) 형성후 Epi 성장
ⓓ 10^{12} cm^{-2}대로 oxygen 이온주입하고, 1320℃ 고온열처리로 BOX(buried oxide) 형성후 Epi 성장

67 **이온정지(ion stopping) 메커니즘에 대한 설명 중 틀린 것은?**

ⓐ 핵정지(nuclear stopping)은 이온주입된 이온과 기판의 원자 질량에 의존함
ⓑ 전자정지(electronic stopping)은 입사이온의 속도에 반비례함
ⓒ 가벼운 이온(light ion)은 전자정지(electronic stopping)이 지배적임
ⓓ 무거운 이온(heavy ion)은 핵정지(nuclear stopping)이 지배적임

68 **이온주입된 이온의 분포를 예측할 수 있는 LSS (Lindhad, Scharff, and Schiott) 이론에 대해 올바른 설명은?**

ⓐ 단결정 실리콘 기판에 이온주입된 이온을 가정함
ⓑ 이온주입된 이온은 Lorentzian 분포를 갖음
ⓒ 모든 이온은 동일한 궤적으로 이온 주입됨
ⓓ 채널링 효과는 무시됨

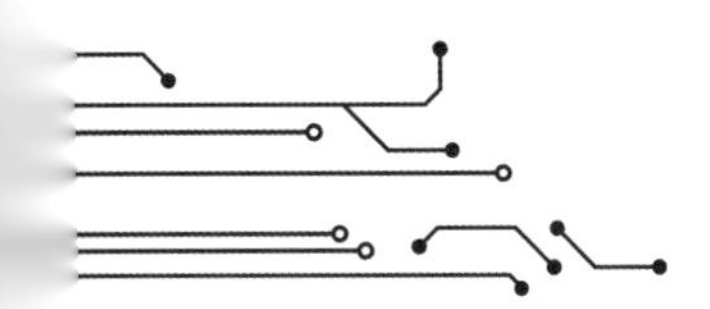

69 이온주입 공정후 활성화(activation) 열처리에 대한 설명 중 틀린 것은?

ⓐ 도즈(dose)가 증가할수록 일반적으로 높은 온도에서 열처리해야 함

ⓑ 이온주입에 의해 형성된 표면 손상층이 열처리 과정에 의해 결정성을 회복함

ⓒ 이온주입된 도판트는 열처리에 의하여 침입형 불순물 형태로 기판에 위치함

ⓓ 도즈(dose)가 표면 비정질화가 일어나는 임계값 이상에서는 고상에피택시(solid phase epitaxy) 과정을 거쳐 비교적 저온에서 activation 열처리가 가능함

70 반도체 기판에 이온주입을 이행한 후 활성화(activation) 열처리를 위한 FLA(Flash Lamp Annealing)에 관한 설명으로 올바른 것은?

ⓐ 일반적인 RTA (Rapid Thermal Annealing)과 비교하여 매우 짧은 시간으로 열처리가 가능함

ⓑ 도판트의 종류에 따라 기판에 전달되는 열에너지가 달라짐

ⓒ 근적외선(near infrared) 파장 대의 광을 사용함

ⓓ 여러 장의 기판을 동시(in-situ)에 배치(batch) 열처리할 수 있음

71 실리콘반도체에 보론(B)의 이온주입에 있어서 비대칭도(skewness)에 대한 설명 중 올바른 것은?

ⓐ 10 keV 이상의 에너지로 이온주입되는 경우 양(positive)의 비대칭도를 보임

ⓑ 10 keV 이상의 에너지로 이온주입되는 경우 음(negative)의 비대칭도를 보임

ⓒ 모든 에너지에 대해 비대칭도에 대한 현상이 없음

ⓓ 10 keV 이상의 에너지로 이온주입되는 경우 비대칭도 없음

72 반도체에 불순물 이온주입과 관련한 설명으로 올바른 것은?

ⓐ 불순물 분포가 확산에 의한 분포와 동일함

ⓑ 고온의 어닐링 열처리가 필요하지 아니함

ⓒ 불순물이 주입되는 깊이를 제어할 수 있음

ⓓ 불순물이 주입되는 양(dose)을 제어할 수 없음

73 MOSFET에서 이온주입을 이용하는 공정에 해당하지 않는 것은?

ⓐ 자기정렬에 의한 소스-드레인 오믹용 도핑층 형성

ⓑ 임계전압(V_{th})의 제어

ⓒ 소자격리를 위한 필드산화막(field oxide) 하단부의 채널정지(channel stop) 이온주입

ⓓ 집적회로의 평탄화(planarization)

74 **실리콘 (111) 기판의 이온주입에서 채널링을 감소시키는 방법이 아닌 것은?**

ⓐ 비정실 실리콘산화막(screen oxide)을 성장하여 이를 통과하는 이온주입함

ⓑ 기판의 온도를 300℃ 이상으로 높인 상태에서 이온주입함

ⓒ 기판의 표면에 결함층을 발생시킨 후에 이온주입 함

ⓓ 이온빔으로부터 기판을 5°~10° 기울여 이온주입함

75 **이온주입을 이용하는 공정과 무관한 것은?**

ⓐ ultra-shallow junction 형성

ⓑ buried layer (retrograde well) 형성

ⓒ predeposition layer 형성

ⓓ Ti/TiN 금속박막의 증착과 식각

76 **이온주입장치에서는 열전자를 소스 원재료에 충돌시켜 불순물 입자를 형성하며 이 입자를 가속하여 반도체 웨이퍼에 주입하는데, 이 입자의 명칭은 무엇?**

ⓐ 양성자 ⓑ 중성자 ⓒ 양이온 ⓓ 음이온

[77-80] **다음 그림을 보고 물음에 답하시오.**

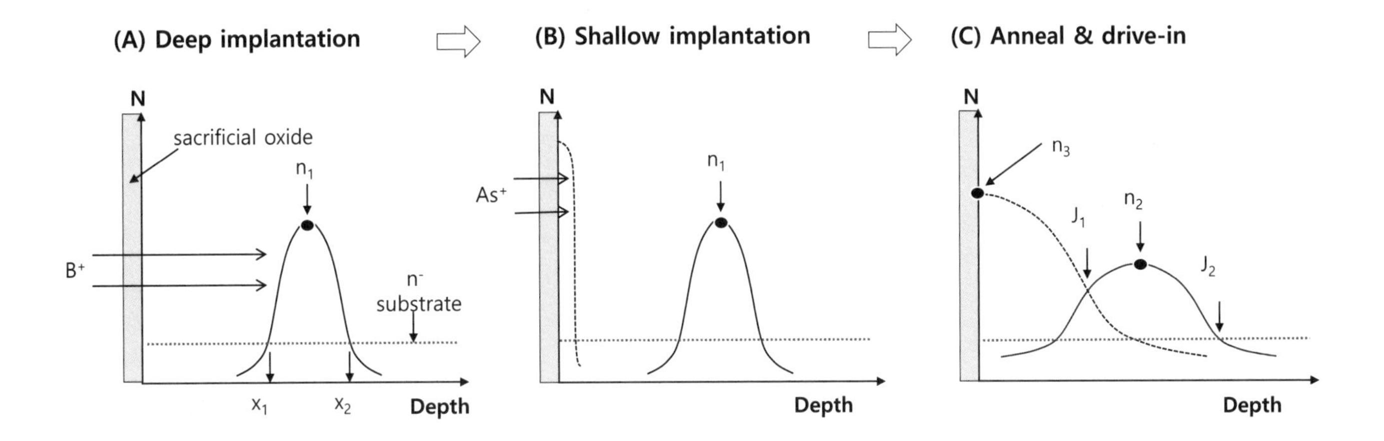

77 **그림(A)에서 도핑농도가 10^{13} cm^{-3}인 n-형 실리콘반도체 기판에 1 MeV(R_p=4 ㎛, ΔR_p=0.3 ㎛)의 에너지로 깊은이온주입(deep implantation)한 불순물(B^+)의 피크농도(n_1)가 2x10^{18} cm^{-3}이인 경우 $N(x) = \frac{Q}{\sqrt{2\pi}\Delta R_p} exp\left[-\frac{(x-R_p)^2}{2\Delta R_p^2}\right]$인 가우시안 분포를 적용하면 이온주입된 도즈(Q)는? 여기에서 희생산화막은 40 nm로 얇아서 이온주입에 영향은 없지만 불순물의 외부확산은 완전히 방지한다고 간주함**

ⓐ 1.5x10^{13} cm^{-2} ⓑ 1.5x10^{14} cm^{-2} ⓒ 1.5x10^{15} cm^{-2} ⓓ 1.5x10^{16} cm^{-2}

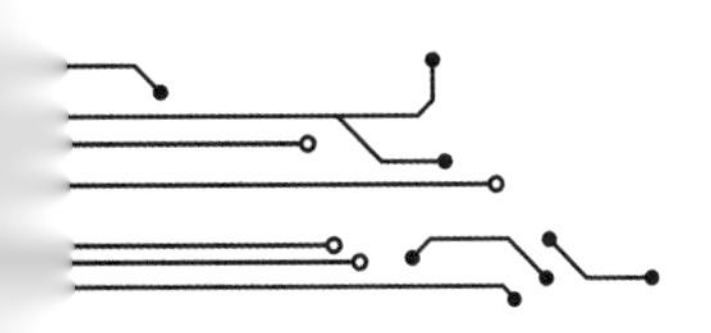

78 그림(A)에서 도핑농도가 10^{13} cm^{-3}인 n-형 실리콘반도체 기판에 1 MeV(R_p=4 ㎛ , ΔR_p=0.3 ㎛)의 에너지로 깊은이온주입(deep implantation)한 불순물(B^+)의 피크농도(n_1)가 $2x10^{18}$ cm^{-3}이인 경우 $N(x)=\frac{Q}{\sqrt{2\pi}\Delta R_p}exp\left[-\frac{(x-R_p)^2}{2\Delta R_p^2}\right]$ 인 가우시안 분포를 적용하면 기판과 동일한 농도의 x_1/x_2는? 여기에서 희생산화막은 40 nm로 얇으므로 이온주입 깊이에 대한 영향은 무시하고 불순물의 외부확산은 완전히 방지한다고 간주함

ⓐ 2.5 ㎛ / 5.5 ㎛ ⓑ 3.5 ㎛ / 6.5 ㎛ ⓒ 4.5 ㎛ / 7.5 ㎛ ⓓ 5.5 ㎛ / 8.5 ㎛

79 그림(A)에서 도핑농도가 10^{13} cm^{-3}인 n-형 실리콘반도체 기판에 1 MeV(R_p=4 ㎛ , ΔR_p=0.3 ㎛)의 에너지로 깊은이온주입(deep implantation)한 불순물 붕소이온(B^{+})의 이온주입량(dose)을 $1.5x10^{14}$ cm^{-2} 주입하고, 그림(B)와 같이 표면에 비소(As)를 고농도로 이온주입한 후, 그림(C)와 같이 열처리(anneal & drive-in)로 1000℃에서 2 hr 확산한 후 형성된 분포도에서 피크농도 n_2는? 단, 여기에서 $N(x)=\frac{Q}{\sqrt{2\pi}\Delta R_p}exp\left[-\frac{(x-R_p)^2}{2\Delta R_p^2}\right]$ 인 가우시안 분포를 적용하며, 희생산화막은 40 nm로 얇아서 이온주입 깊이에 영향이 없고 불순물의 외부확산은 완전히 방지한다고 간주함. 또한, 간단한 계산을 위해 확산에 의해 확산후 분포에는 $\Delta R_p^2 \Leftarrow \Delta R_p^2 + 2Dt$를 적용하며, 보론(B)의 확산계수는 D=$2.6x10^{-14}$ cm^2/s를 적용함

ⓐ $1.9x10^{16}$ cm^{-3} ⓑ $1.9x10^{17}$ cm^{-3} ⓒ $1.9x10^{18}$ cm^{-3} ⓓ $1.9x10^{19}$ cm^{-3}

80 그림(A)에서 도핑농도가 10^{13} cm^{-3}인 n-형 실리콘반도체 기판에 보론(B)을 1 MeV의 높은 에너지로 이온주입(implantation)하고, 그림(B)와 같이 비소(As) 이온을 낮은 에너지로 표면부위에 높은 도즈(dose)로 이온주입한 후, 그림(C)와 같이 열처리(anneal & drive-in)하여 깊이 방향으로 형성되는 접합을 이용하여 제작할 수 있는 수직형의 소자는?

ⓐ MOSFET ⓑ LED ⓒ NPN BJT ⓓ PNP BJT

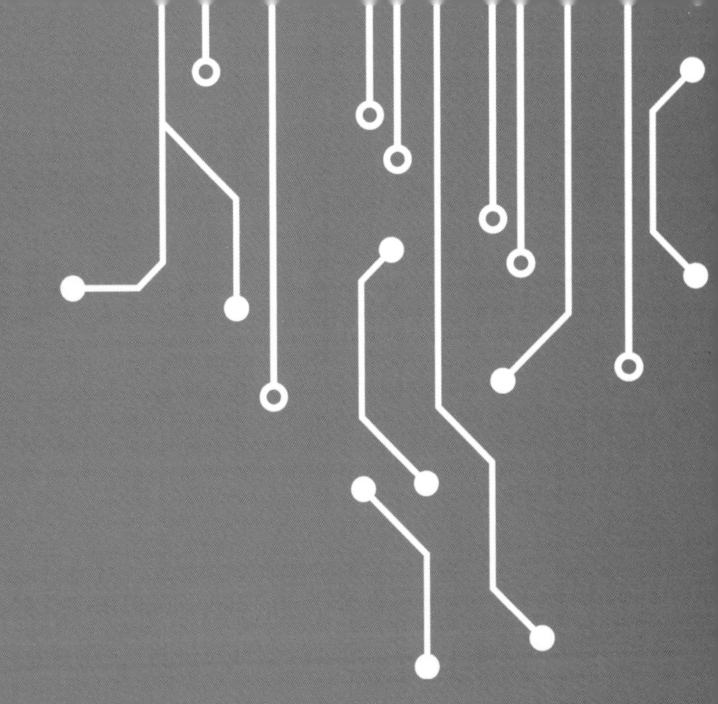

제 5 장

박막 증착

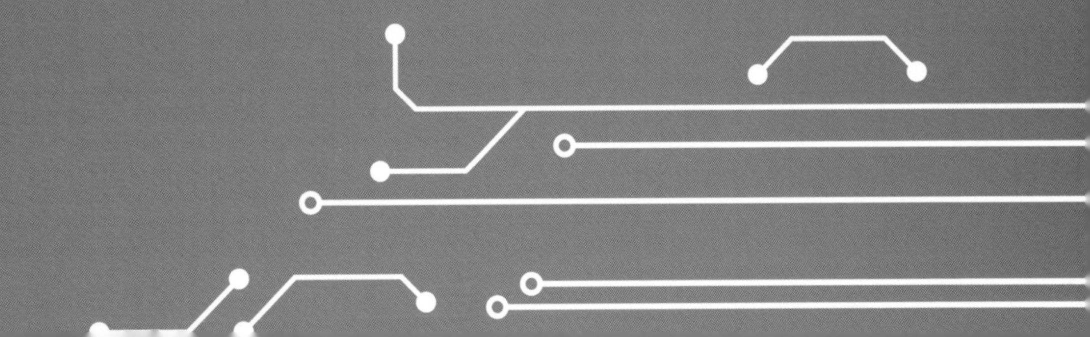

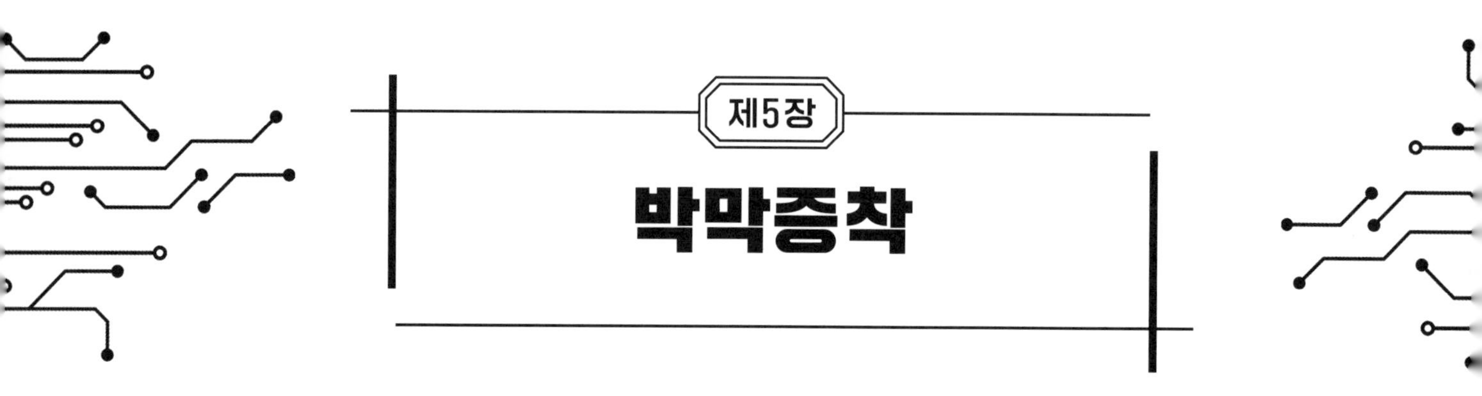

01 CVD(Chemical Vapor Deposition)로 실리콘산화막을 증착하여 차폐(passivation)하고 금속배선을 제작하는데 있어서 PSG(Phosphor Silicate Glass) passivation 공정기술과 관련 없는 것은?

ⓐ phosphorous가 산화막을 안정화함

ⓑ 산화막의 유연성(flexibility)을 증가시켜 금속배선 평탄화에 유용함

ⓒ 공정에는 원자층증착(ALCVD) 기술을 이용함

ⓓ 실리콘산화막에 P를 6~8% 첨가하여 증착함

02 반응가스가 층류흐름(laminar flow) 상태로 전달되어 증착이 일어나는 APCVD(Atmospheric Pressure CVD)에 있어서, 증착온도의 조건에 의해 질량이동제어(mass transport control) 또는 반응제어(reaction control)의 메커니즘으로 제어되는데 이와 관련한 설명으로 부적합한 것은?

ⓐ 저온증착의 경우 균일한 증착을 위해서는 챔버구조로 층류흐름(laminar flow)의 균일성을 높여야 함

ⓑ 반응제어(reaction control)에서 활성화에너지는 증착되는 표면에서 일어나는 화학적 반응에 이용됨

ⓒ 고온증착에서 기판을 공전시키는 것은 증착균일도를 개선하는데 효과를 제공하지 아니함

ⓓ 가스유량(gas flow)의 제어가 중요한 고온증착은 기판을 공전 및 자전시켜 박막의 균일성을 개선함

03 MBE(Molecular Beam Epitaxy) 시스템에 실리콘 기판을 넣어서 Si 박막을 성장하고자 한다. 단위면적당 분자의 충돌 Flux는 압력(P; pascal), 분자질량(M: atomic mass), 온도(T; 300K)에 대하여, 대략적으로 $\Phi = 2.64 \cdot 10^{20}\left(\frac{P}{\sqrt{MT}}\right)\ molecules/cm^2 \cdot sec$로 주어지며, 자유행로는 λ=0.66/P(cm)로 알려있다. 산소가스의 sticking coefficient는 0.1, Si(100) 표면원자 밀도는 $1.6 \times 10^{15}\ cm^{-2}$으로 보고, MBE 시스템의 기본진공이 10^{-4} pascal이며, 산소의 분압이 10^{-5} pascal인 경우, 순수 실리콘(100) 기판 표면에 산화막이 1 ML(one monolayer) 형성되는 시간은?

ⓐ 3 sec　　ⓑ 30.3 sec　　ⓒ 303 sec　　ⓓ 3,030 sec

04 **반응가스가 층류흐름(laminar flow) 상태로 전달되어 증착이 일어나는 APCVD(Atmospheric Pressure CVD)에 있어서, 증착온도에 의해 질량이동제어(mass transport control) 또는 반응제어(reaction control)의 메커니즘으로 증착하는데 대한 설명으로 부적합한 것은?**

ⓐ 반응제어(reaction control)에서 활성화에너지는 표면에서의 확산에너지로부터 기인함

ⓑ 고온증착의 경우 온도변화에 증착율이 무감한 질량이동제어(mass transport control)를 따름

ⓒ 저온증착의 경우 온도감소에 따라 지수함수로 증착율이 변하는 reaction control을 따름

ⓓ 웨이퍼의 온도 균일성이 부족한 경우 증착두께를 균일하게 제어하려면 고온증착이 유리함

05 **전자선(electron beam) 증착을 이용하여 소스에서 수직(증착빔과 웨이퍼 중앙 표면의 수직선과 사이의 각도=$\Theta=0^0$)으로 상부에 위치한 실리콘 표면에 Al 금속박막을 증착하는 경우, 박막의 증착률은 $G=\frac{m}{\pi\rho r^2}\cos\Phi$과 같이, 밀도 ($\rho$; g/cm^3), 질량증발속도(m; g/sec), 거리(r; cm), 수직서과 소스빔 사이의 각도(θ; degree)의 함수에 따른다. sticking coefficient는 1.0으로 가정하여 300 mm 실리콘 웨이퍼에 Al를 증착 할 때, 웨이퍼 중앙과 가장자리 사이의 두께차이가 1% 이내가 되도록 유지하기 위해 필요한 소스와 웨이퍼 사이의 최소거리는?**

ⓐ 0.1 m ⓑ 1 m ⓒ 10 m ⓓ 100 m

06 **챔버압력이 10^{-3} pascal인 고진공 PVD(Physical Vapor Deposition) 시스템에서 분자의 자유행로는 λ=0.66/P(cm)로 간주하는 경우 적정한 에피성장을 위한 소스원과 기판과의 최대 거리를 평균자유행로(mean free path)의 x1/10배로 본다면, 소스와 기판 사이의 최대 허용거리는?**

ⓐ 0.66 cm ⓑ 6.6 cm ⓒ 66 cm ⓓ 660 cm

07 **전자선(electron beam) 증착을 이용하여 소스에서 수직(증착빔과 웨이퍼 중앙 표면의 수직선과 사이의 각도=$\Theta=0^0$)으로 상부에 위치한 실리콘 표면에 Al 금속박막을 증착하는 경우, 박막의 증착률은 $G=\frac{m}{\pi\rho r^2}\cos\Phi$과 같이, 밀도 ($\rho$; g/cm^3), 질량증발속도(m; g/sec), 거리(r; cm), 수직선과 소스빔 사이의 각도(θ; degree)의 함수에 따른다. 300 mm 실리콘 웨이퍼에 Al를 증착 할 때, 웨이퍼 중앙과 가장자리 사이의 두께차이가 1% 이내가 되도록 소스와 웨이퍼 사이의 거리를 조정하고, 평균자유행로 λ=0.66/P(cm)는 그 거리의 10배 이상 되도록 하려면 허용되는 압력의 범위는?**

ⓐ 〈6.6x10^{-2} pascal ⓑ 〈6.6x10^{-3} pascal ⓒ 〈6.6x10^{-4} pascal ⓓ 〈6.6x10^{-5} pascal

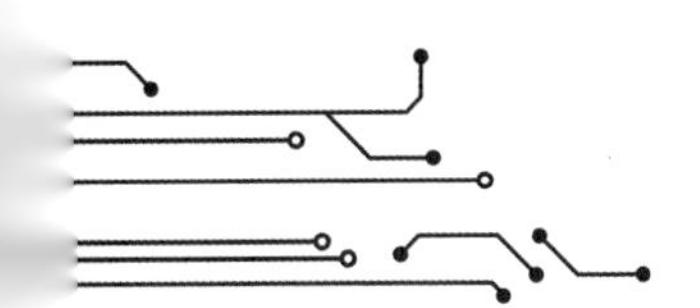

08 **반도체 소자를 제작하는 장치에 있어서 대부분의 경우 진공(vacuum)이 자주 이용되는데, 반도체 공정 시스템에서 진공을 이용하는 장점에 해당하지 않는 것은?**

ⓐ 일정한 진공도에서 안정한 플라즈마를 발생시켜 사용하기 편리함

ⓑ 공정장비의 기계적 진동을 줄여서 공정의 재현성을 높임

ⓒ 진공으로 불순물을 제거하여 고순도의 공정조건을 만들기 쉬움

ⓓ 진공에서 가스 분포가 개량되어 공정의 균일도를 높임

09 **MBE(Molecular Beam Epitaxy) 시스템에 실리콘 기판을 넣어서 Si 박막을 성장하고자 한다. Si(100) 원자밀도는 $5x10^{22}$ cm^{-3}이고, 산소(O_2)의 분압은 10^{-6} pascal, 부착계수(sticking coefficient)는 0.01, Si 소스의 부분압력은 10^{-2} pascal, 부착계수(sticking coefficient)=1인 조건에서 에피층을 성장할 때, Si 에피층 내부의 산소농도(#/cm^3)를 구하시오.**

ⓐ $5x10^{14}$ cm^{-3} ⓑ $5x10^{15}$ cm^{-3} ⓒ $5x10^{16}$ cm^{-3} ⓓ $5x10^{17}$ cm^{-3}

10 **반도체에 널리 사용하는 플라즈마에 대한 설명으로 부적합한 것은?**

ⓐ 일반적으로 초고진공에서 안정한 플라즈마를 형성하기 어려움

ⓑ 중성(neutral)의 원자는 원자는 플라즈마에 존재하지 않음

ⓒ 일반적으로 초고압에서 안정한 플라즈마를 형성하기 어려움

ⓓ 플라즈마 내부는 보통 양전하(positive charge)가 음전하보다 농도가 높음

11 **SiH_4 가스와 N_2 가스를 1:4로 혼합하여 600 sccm 흘리면서 챔버에 넣으면서 500℃와 600℃의 온도에서 CVD를 하여 Si 박막의 성장률이 60 nm/min에서 120 nm/min로 증가하는 반응제어(reaction control)조건의 성장특성과 박막의 밀도 $2x10^{22}$ cm^{-3}를 보였다. 이 반응의 활성화에너지는?**

ⓐ 0.1 eV ⓑ 0.2 eV ⓒ 0.3 eV ⓓ 0.4 eV

12 **MBE(Molecular Beam Epitaxy) 시스템에 실리콘 기판을 넣어서 Si 박막을 성장하고자 한다. 단위면적당 분자의 충돌 Flux는 압력(P; pascal), 분자질량(M: atomic mass), 온도(T)에 대하여, 대략적으로 $\Phi = 2.64 \cdot 10^{20}\left(\frac{P}{\sqrt{MT}}\right)\ molecules/cm^2 \cdot sec$로 주어지며, MBE 시스템의 기본진공이 10^{-4} pascal이며, 자유행로는 λ=0.66/P(cm)로 알려있다. 에피층을 성장할 때, Si 에피에 들어가는 산소농도(#/cm^3)를 감소시키기 위한 방안이 아닌 것은?**

ⓐ 실리콘 소스의 공급을 10배 증가시킴

ⓑ 기본진공(base pressure)도를 10^{-5} pascal로 높임

ⓒ 에피를 성장하는 기판의 온도를 높임

ⓓ 소스와 기판 거리를 감소시켜 기판에 도달하는 소스의 flux를 증가시킴

ⓔ 에피를 성장하는 기판의 온도를 높임

[13-14] 다음 그림을 보고 물음에 답하시오.

(A) 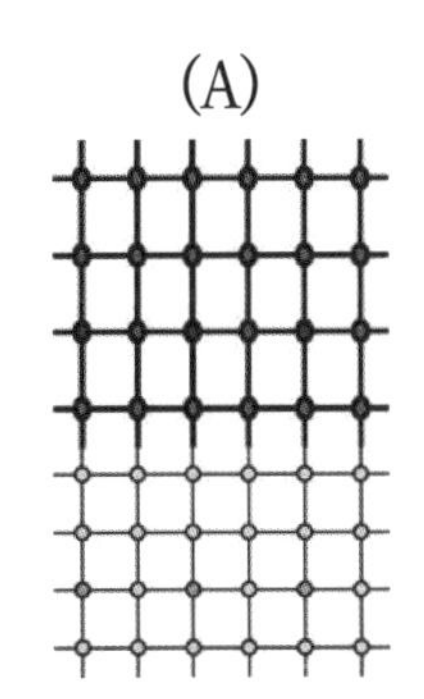 (B) 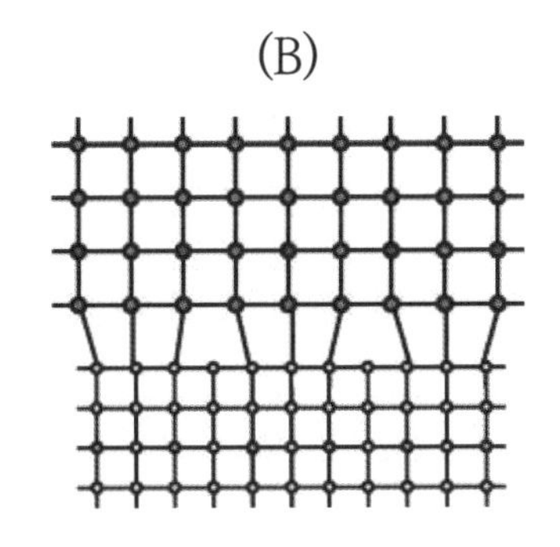 (C) 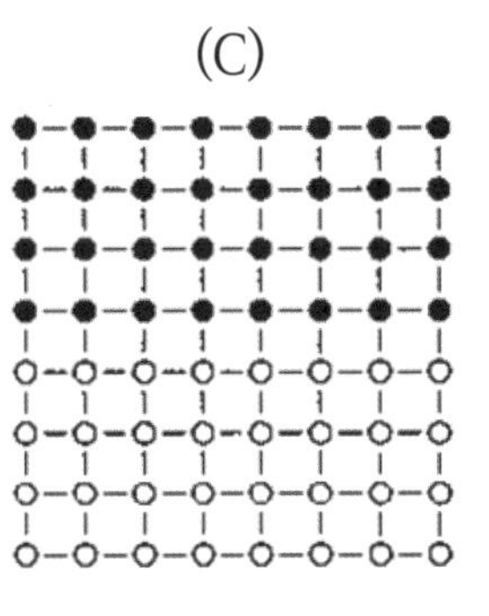

13 **헤테로 에피층이 성장된 단면의 결정구조에 대해 적합하지 않은 설명은?**

ⓐ (A)와 (B)는 상부 에피층의 격자상수가 하부 기판보다 큰 경우임

ⓑ (B)의 구조는 에피층과 기판의 격자불일치에 의한 응력이 이완(relax)된 상태임

ⓒ (C)는 기판과 에피층의 격자상수가 일치한 결정구조에 해당함

ⓓ 기판과 에피층의 격자불일치가 큰 경우 고온조건에서 (B)보다 (A)로 성장됨

14 **헤테로(hetero) 에피성장된 단면의 결정구조에 대해 적합하지 않은 설명은?**

ⓐ (A)(B)(C) 순서로 metamorphic – pseudomorphic – commensurate 구조에 해당함

ⓑ 격자불일치가 큰 경우 저온의 에피성장 조건이 (B) 보다는 (A) 상태의 에피성장에 유리함

ⓒ (A)는 상부 에피층의 격자상수가 하부 기판보다 큰 경우에 발생함

ⓓ (B)의 구조는 에피층과 기판의 격자불일치에 의한 응력이 이완(relax)되어 계면결함이 존재함

15 **고진공 챔버에서 Al을 증착하는데 있어서, 진공챔버에 존재하는 산소(O_2)의 flux=10^{12} molecules/cm^2 sec이고 부착계수(sticking coefficient)=1이다. Al 박막에 인입되는 산소원자의 농도를 10^{18} cm^{-3}이하로 제어하기 위해 필요한 Al 소스의 최소 유량(flux)은? (Al 원자밀도=$6x10^{23}$ cm^{-3})**

ⓐ $1.4x10^{13}$ /cm^2 sec ⓑ $1.4x10^{14}$ /cm^2 sec

ⓒ $1.4x10^{15}$ /cm^2 sec ⓓ $1.4x10^{16}$ /cm^2 sec

16 **이온주입기(ion implantor) 장비의 빔소스에서 웨이퍼까지 거리가 10 meter 라고 할 때, 알곤(Ar) 이온의 충돌(collision)을 최소로 하여 웨이퍼까지 도달할 수 있도록 평균자유행로(mean free path: λ =0.66/P)가 이온주입기에서 주행하는 거리의 100배가 되도록 설계하는 경우(압력:pacal, λ: cm) 이온주입장치의 빔라인에 허용되는 최대 압력은?**

ⓐ $6.6x10^{-4}$ pascal ⓑ $6.6x10^{-5}$ pascal ⓒ $6.6x10^{-6}$ pascal ⓓ $6.6x10^{-7}$ pascal

17 **박막증착을 위해 이용하는 통상적인 가열방식에 해당하지 않는 것은?**

ⓐ 저항가열 ⓑ 고주파유도가열 ⓒ 적외선램프가열 ⓓ EUV램프가열

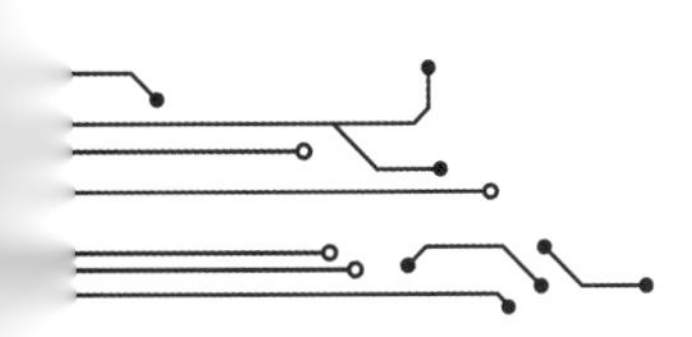

18 **플라즈마에 대한 설명으로 부적합한 것은?**

ⓐ 플라즈마 에너지에 의해 상대적으로 저온에서도 증착이 쉽게 이루어 짐

ⓑ 챔버에서 물리적 충돌과 화학적 반응을 동시에 발생함

ⓒ 플라즈마를 형성하는 입자의 에너지가 높아 균일한 증착과 식각에 불리함

ⓓ 전자의 빠른 이탈로 기판의 표면에 sheath(dark space)가 형성됨

19 **순수 반응제어(reaction control) 조건에서 증착하는 경우, 500℃에서 성장률이 60 nm/min이고, 550℃에서 120 nm/min이면, 성장률이 240 nm/min 되는 증착온도는?**

ⓐ 607℃ ⓑ 617℃ ⓒ 627℃ ⓓ 637℃

20 **실리콘 다결정 박막으로 형성하기 위하여 저압의 LPCVD(Low Pressure CVD)에서 혼합(SiH_4 + H_2)가스를 대부분 700~800℃의 온도에서 질량이송제어(mass transport control) 조건으로 증착하는데 대해 부적합한 설명은?**

ⓐ 웨이퍼를 배치(batch)로 50~100매씩 한 번에 증착할 수 있어 생산성(throughput)이 매우 높음

ⓑ 저압공정 조건에서 균일한 가스분포를 유지하기 때문에 배치공정이 가능함

ⓒ 가스의 공급이 분자흐름(molecular flow) 조건이므로 증착막의 단차피복(step coverage) 특성이 우수함

ⓓ 질량이송제어(mass pransport control) 조건이므로 기판온도가 가장 심하게 증착률을 조절함

[21-22] **다음 그래프를 보고 물음에 답하시오.**

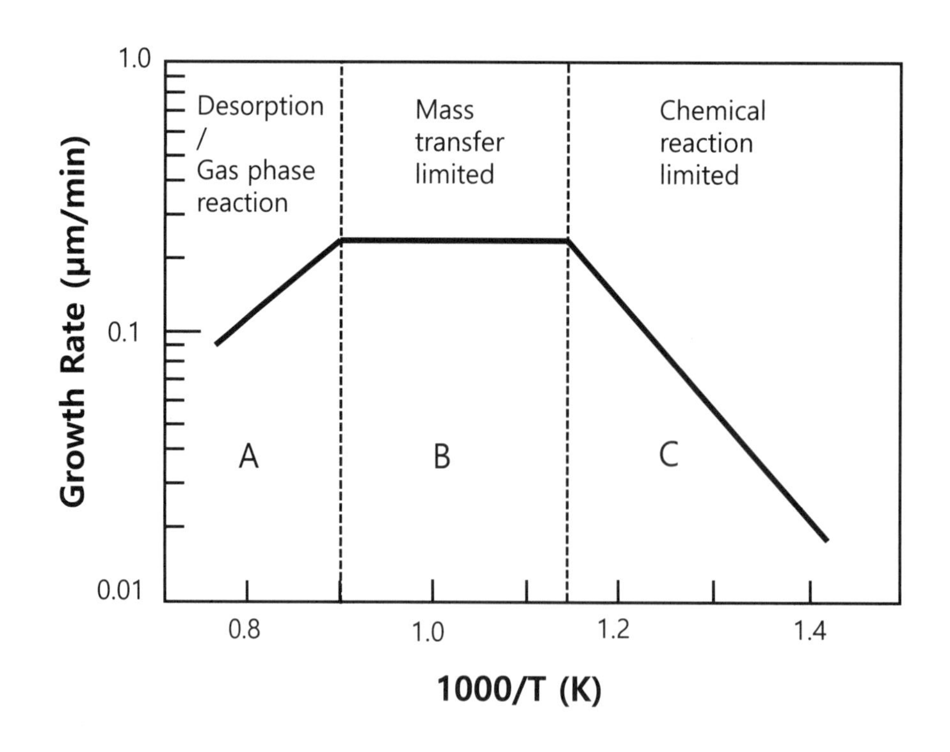

21 **SiH_4 가스와 N_2 가스를 1:4로 혼합하여 총 600 sccm를 챔버에 주입하면서 상압에서 CVD를 하여 박막을 증착하는데 있어서 설명중 부적합한 것은?**

ⓐ 기상반응과 탈착(desorption)이 심각한 고온영역(A)에서 파티클(particle)이 발생하고 품질과 성장률이 저하됨

ⓑ 기판의 온도만 균일하면 박막의 두께도 균일한 성장이 가능함

ⓒ N_2는 희석가스 내지는 캐리어 가스로 사용되는 것임

ⓓ 반응제어(reaction control) 영역(C)에서 주요 증착반응은 기판의 표면에서 발생함

22 **실란(SiH_4)가스와 질소(N_2) 가스를 1:4로 혼합하여 600 sccm흘리면서 챔버에 넣으면서 상압에서 CVD를 하여 박막을 증착하는데 있어서 설명중 부적합한 것은?**

ⓐ 질량이송제어(mass transport control) 조건(B)이란 기판표면에서 반응에 의해 성장률이 제어되는 영역임

ⓑ 반응제어(reaction control) 조건(C)인 저온증착의 증착조건에서 Si가 증착되고 Si_3N_4는 형성되지 아니함

ⓒ 고온인 1200℃ (A)조건에서 가스의 기상반응이 심하며 박막의 증착률은 감소함

ⓓ 영역(B)의 질량이송제어(mass transport control)에서 SiH_4 공급량이 증착률을 주로 제어함

23 **실리콘 다결정 박막으로 형성하기 위하여 저압화학증착(LPCVD)에서 혼합(SiH_4 + H_2)가스로 증착하는데 대해 부적합한 설명은?**

ⓐ 기판온도 600℃ 이하는 반응제어(reaction control) 조건이므로 주로 온도에 의해 증착률 제어됨

ⓑ 기상(gas phase) 반응이 발생하는 1,000℃ 이상의 고온에서 입자(particel)가 발생하고 성장률 감소함

ⓒ 웨이퍼를 배치(batch)로 하기에 불리하여 생산성(throughput)이 낮음

ⓓ 반응가스는 분자흐름(molecular flow) 조건이므로 증착막의 단차피복(step coverage) 특성이 우수함

24 **SiO_2 마스크층을 이용한 실리콘 기판에 LPCVD(Low Pressure Chemical Vapor Deposition) 방식으로 WF_6 가스를 주입하여 W 박막을 증착하는 공정에 대해 부적합한 설명은?**

ⓐ 적정한 공정조건에서 Si 노출된 부분에만 선택적 증착(selective deposition)을 할 수 있음

ⓑ 증착온도가 400℃ 이하로 낮아지면 표면반응이 약화되어 선택적 증착이 어려움

ⓒ 증착온도가 800℃ 이상 높으면 기판의 Si과 W이 반응하여 실리사이드가 형성됨

ⓓ 실리콘 기판 상부에 증착되는 W 박막은 단결정의 구조를 유지함

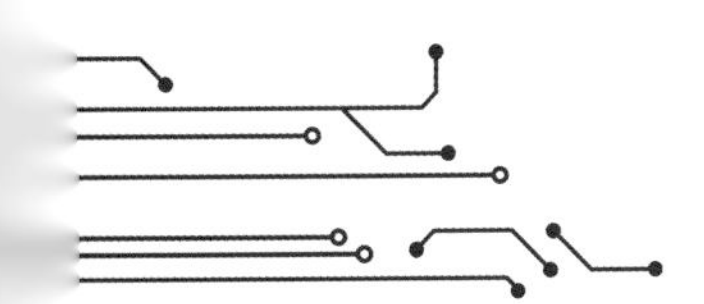

[25-27] 다음 그래프를 보고 물음에 답하시오.

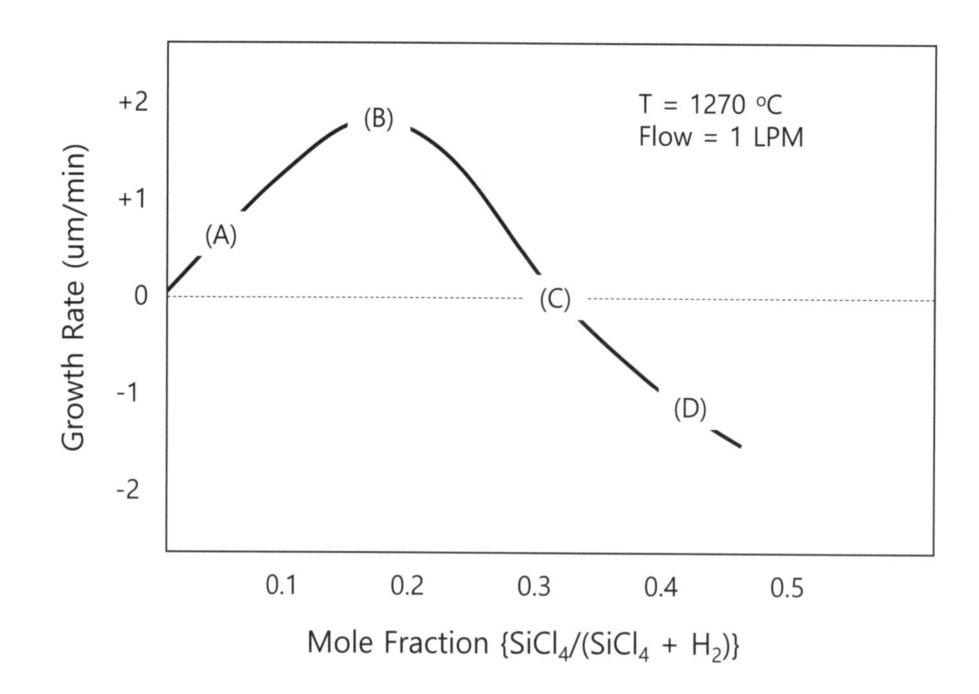

25 **$SiCl_4$ 반응가스를 이용하는 기상증착에피(VPE) 방식으로 Si 기판의 상부에 Si 에피층을 성장하는데 있어서 부적합한 설명은?**

ⓐ A 조건에서 균일한 성장을 위한 핵심 조건은 균일한 gas flow를 위한 챔버구조임

ⓑ A 조건에서 기판을 공전 내지 자전을 시켜서 박막 두께의 균일성을 높임

ⓒ B 조건에서는 반응제어(reaction control)이 주요 에피성장 기구(mechanism)임

ⓓ D 조건에서 Cl에 의한 식각이 표면에서 발생해 에피층이 불균일해짐

26 **실란(SiH_4) 가스를 이용해 VPE(Vapor Phase Epitaxy)로 Si 기판 위에 Si 에피층을 성장하는데 있어서 부적합한 설명은?**

ⓐ A 조건에서 $SiCl_4(g) + 2H_2(g) \rightarrow Si + 4HCl$ 반응으로 증착이 이루어짐

ⓑ B 조건에서는 반응제어(reaction control)가 주요 에피성장 기구(mechanism)임

ⓒ D 조건에서 $SiCl_4(g) + Si(s) \rightarrow 2SiCl_2$ 반응으로 식각이 발생함

ⓓ 적정한 성장속도로 고품질의 에피를 얻기 위해 B 보다 A 조건이 유리함

27 **실란(SiH_4) 가스를 이용해 VPE(vapor phase epitaxy)로 Si 기판 위에 Si 에피층을 성장하는데 있어서 부적합한 설명은?**

ⓐ 적정한 에피의 성장속도로 고품질을 얻기 위해 B 보다 A 조건이 유리함

ⓑ A 조건에서는 질량이송제어(mass transport control)로 에피성장이 진행됨

ⓒ A 조건에서 균일한 성장을 위한 핵심 조건은 균일한 가스흐름(gas flow)을 위한 챔버구조임

ⓓ B 조건에서는 반응제어(reaction control)이 주요 에피성장 기구(mechanism)임

28 **스퍼터링을 이용한 Al, W, Ti 금속박막의 증착에 있어서 부적합한 설명은?**

ⓐ 고순도 박막을 증착하기 위해서 스퍼터 장비는 고진공 기본압력(base pressure) 유지가 필요함

ⓑ 고에너지로 스퍼터된 금속원자는 증착되는 기판에 결함을 발생시킬 수 있음

ⓒ 스퍼터링 수율을 높이기 위해 스퍼터 타겟은 용융점 부근의 고온으로 유지해야 함

ⓓ 증착되는 박막은 기판의 온도에 의해 비정질, 주상(columnar), 다결정과 같이 다양하게 제어됨

29 **저압화학증착(LPCVD)을 이용해 다결정실리콘(poly-silicon) 박막을 반응제어(reaction control) 조건으로 증착하는 경우, 활성화 에너지가 1.65 eV이고, 650℃에서 증착속도가 10 nm/min인 경우 700℃에서 증착속도는?**

ⓐ 0.29 nm/min ⓑ 2.9 nm/min ⓒ 29 nm/min ⓓ 290 nm/min

30 **인(phosphorous)이 고농도($1x10^{19}$ cm^{-3})로 도핑된 n+ 실리콘 기판에 실리콘 에피층을 1,000℃에서 10분 동안 성장하려고 한다. 문제는 에피를 성장하는 동안 온도가 높아 기판내 phosphorous가 외부확산(out-diffusion)을 $D(cm^2/s)=3.84exp(-3.66/kT)$로 한다는 점을 고려해야 한다. phosphorous의 외부확산으로 인하여 성장되는 에피층이 전부 n-type이 되는 문제를 피하기 위해 외부확산보다 빠르게 에피를 성장할 경우 최소 성장속도는? ($k=8.62x10^{-5}$ eV/K, 증착속도>외부확산속도, $L = 2\sqrt{Dt}$)**

ⓐ 0.56 nm/min ⓑ 5.6 nm/min ⓒ 0.56 μm /min ⓓ 56 μm /min

31 **금속의 종류인 Al, W, Ti 등 박막은 주로 스퍼터링을 이용하여 증착하는데, 아래 설명중 부적합한 것은?**

ⓐ 플라즈마와 타겟의 사이에 피복층(sheath)이 발생되어 있어야 증착이 가능함

ⓑ 스퍼터된 금속원자의 높은 에너지는 증착되는 박막에 응력을 발생시킬 수 있음

ⓒ 스퍼터링 수율을 높이기 위해 스퍼터 타겟은 용융점에 근접한 고온으로 유지해야 함

ⓓ 증착되는 박막은 기판의 온도에 의해 비정질, columnar, 다결정과 같이 다양하게 제어됨

32 **스퍼터링을 이용한 Al, W, Ti 등의 금속박막 증착에 있어서 아래 설명중 부적합한 것은?**

ⓐ 스퍼터링 수율을 높이기 위해 스퍼터 타겟은 용융점 부근의 고온으로 유지해야 함

ⓑ 금속박막의 증착에는 DC 스퍼터링와 RF 스퍼터링 모두 사용 가능함

ⓒ magnetron 스퍼터에서 자계는 플라즈마 분포와 밀도를 조절하여 동작을 안정화함

ⓓ 스퍼터링에 원자질량과 반응성을 고려해서 대부분 알곤(Ar) 가스를 사용함

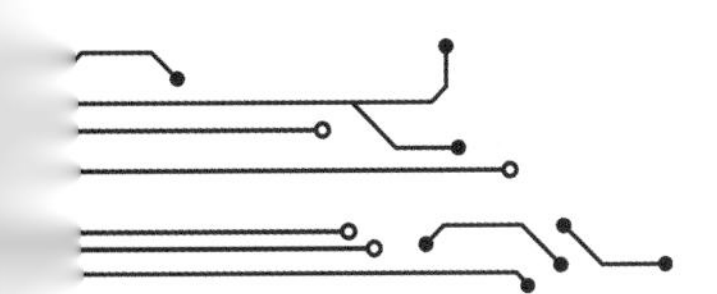

33

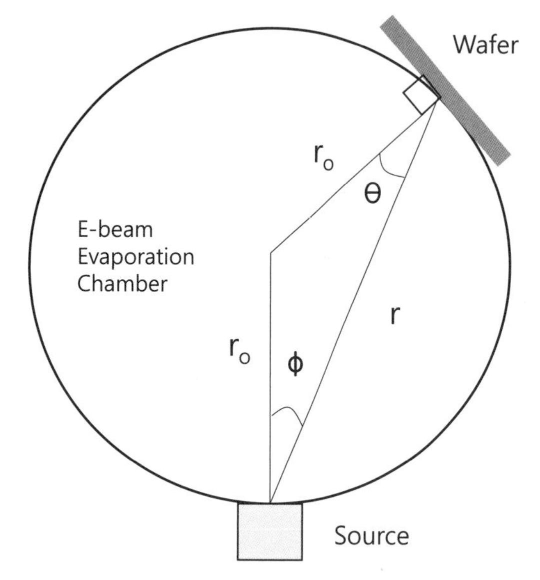

전자선(electron beam) 증착으로 소스에서 원형 shroud(반경=r_0)의 테두리에 위치한 실리콘에 Pt 금속박막을 증착하는 경우, 박막의 증착율은 $G = \frac{m}{\pi\rho r^2}\cos\theta\cos\Phi$과 같이, 밀도 (ρ=21.45 g/cm^3), 질량증발속도(m=1 g/sec), 거리(r; cm), 소스와의 각도(θ, Φ; degree)의 함수에 따름. 여기에서 Φ=Θ=30°, r_0= 100 cm 경우 300 mm 실리콘 웨이퍼에 Pt를 증착할 때, 웨이퍼 중앙에서 성장속도?

ⓐ 0.37 nm/sec ⓑ 3.7 nm/sec
ⓒ 37 nm/sec ⓓ 370 nm/sec

34 금속류인 Al, W, Ti 등은 주로 스퍼터링을 이용하여 증착하는데, 아래 설명중 가장 정확한 것은?

ⓐ 스퍼터링용 가스로 원자질량과 반응성을 고려해서 대부분 수소 가스를 사용함
ⓑ 스퍼터링은 고진공에서 진행되어 증착되는 박막에 응력을 발생시키지 아니함
ⓒ 스퍼터링 수율을 높이기 위해 스퍼터 타겟은 용융점 부근의 고온으로 유지해야 함
ⓓ 스퍼터된 금속원자의 높은 에너지는 증착되는 박막에 응력을 발생시킬 수 있음

35 붕소(boron)가 고농도(1x10^{19} cm^{-3})로 도핑된 p-type Si 기판의 상부에 1200℃에서 30 min 동안 Si 에피층을 성장하는 경우에 있어서, boron의 out-diffusion(L: 확산길이)을 상쇄하기 위한 최소한의 에피성장속도는? 단, boron의 확산계수는 D=0.76 exp(-3.46/kT)이고, k=8.62x10^{-5} eV/K, 증착속도>외부확산속도, $L = 2\sqrt{Dt}$를 적용함

ⓐ 0.297 nm/min ⓑ 2.97 nm/min ⓒ 29.7 nm/min ⓓ 297 nm/min

36 금속박막의 종류인 Al, W, Ti 등은 주로 스퍼터링을 이용하여 증착하는데, 아래 설명중 부적합한 것은?

ⓐ 스퍼터링 수율을 높이기 위해 스퍼터 타겟은 용융점 부근의 고온으로 유지해야 함
ⓑ 마그네트론(magnetron) 자계는 스퍼터에서 자계는 플라즈마 분포와 밀도를 조절하여 동작을 안정화함
ⓒ 스퍼터링은 전자선(e-beam) 증착과 비교해 대면적의 균일한 증착에 유리함
ⓓ 고순도 박막을 증착하기 위해서 스퍼터 장비는 고진공의 기저압력(base pressure) 유지가 필요함

37 인(phosphorous)을 고농도로 도핑한 n^+ 타입의 실리콘 기판을 이용하여 APCVD(Atmosphere Pressure Chemical Vapor Deposition) 방식으로 1,000℃에서 10분 동안 성장속도 0.1 ㎛ /min로 비저항이 높은 undoped 실리콘 에피층을 성장하려고 한다. 이때 관계하는 현상들에 대한 설명으로 부적합한 것은?

ⓐ APCVD에서 무도핑(undoped) 에피층의 도핑농도는 10^{17} cm^{-3}이상만 제어할 수 있음

ⓑ phosphorous 보다 확산계수가 작은 Sb이 도핑된 기판을 사용하면 불순물의 외부확산을 감소시킴

ⓒ 고농도 웨이퍼에서 성장챔버로 증발된 불순물이 다시 에피층 내부로 자발도핑(auto-doping)됨

ⓓ auto-doping을 최소화하려면 가능한 절연막으로 기판표면을 차폐(passivation)시켜야 함

[38-39] 다음 그림을 보고 물음에 답하시오.

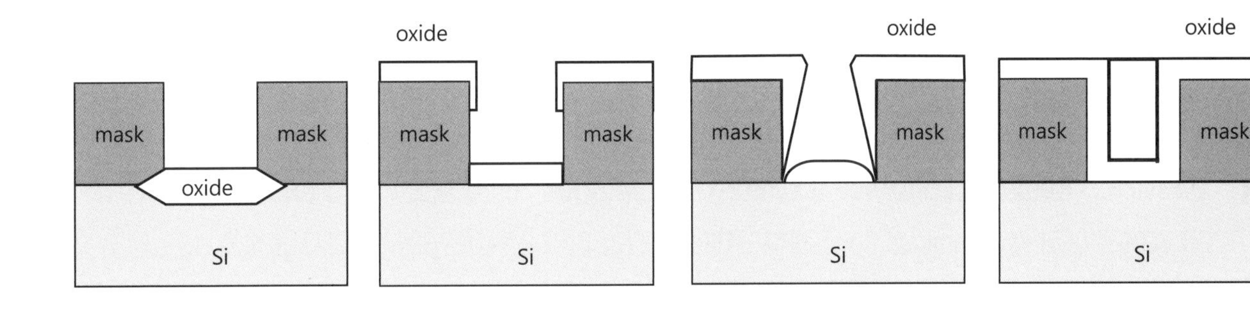

38 산화막이 형성된 단면 형태에 대해 순서대로 가장 부합하는 공정방식은?

ⓐ thermal oxidation – PVD – PECVD – ALD

ⓑ thermal oxidation – PVD – ALD – PECVD

ⓒ ALD – thermal oxidation – LPCVD – PVD

ⓓ ALD – thermal oxidation – PVD – LPCVD

39 산화막이 형성된 단면 형태에 대해 순서대로 가장 부합하는 공정방식은?

ⓐ thermal oxidation – LPCVD – PVD – PECVD

ⓑ PECVD – thermal oxidation – LPCVD – PVD

ⓒ LPCVD – thermal oxidation – PVD – PECVD

ⓓ thermal oxidation – evaporation – PECVD – LPCVD

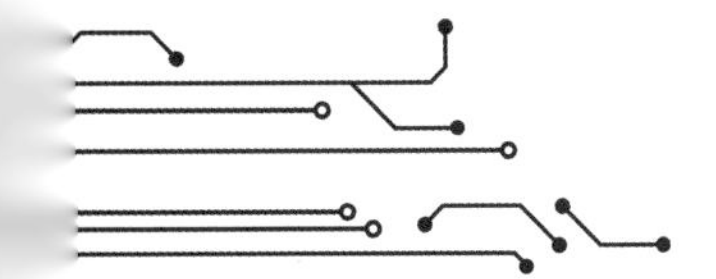

[40-42] 다음 그림을 보고 물음에 답하시오.

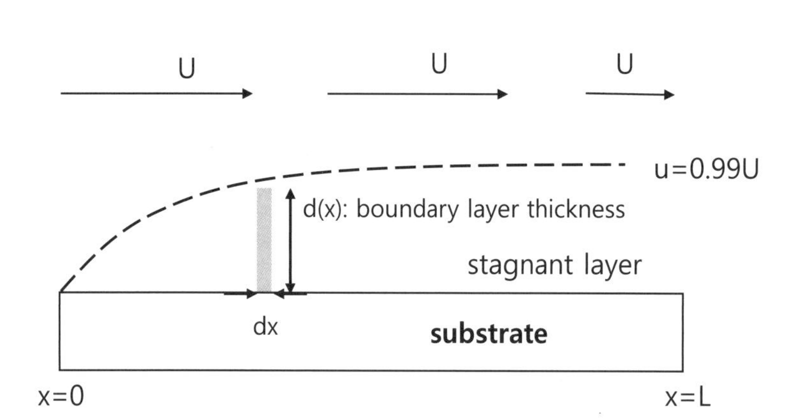

$$d(x) = \sqrt{\frac{\mu x}{\rho v}}$$

$$h_g = \frac{D_g}{d(x)} = \frac{3}{2} D_g \sqrt{\frac{\rho v}{\mu L}}$$

μ : viscosity (kg/m sec)
ρ: gas density (kg/m^3)
v: velocity (m/sec)
D_g : diffusivity (m^2/sec)
h_g : mass transfer coefficient (m/sec)

40 **반응챔버의 평판형 서셉터(planar geometry susceptor)에 기판을 놓고 CVD를 하는데 있어서 위 그림과 같이 주어진 층류(laminar flow) 증착모델에 그림과 같이 압력이 760 Torr에서 증착을 하는 경우 증착률이 가장 느린 위치는?**

ⓐ x=L　　ⓑ x=L/2　　ⓒ x=0　　ⓓ 모두 동일함

41 **반응챔버의 평판형 서셉터(planar geometry susceptor)에 기판을 놓고 CVD를 하는데 있어서 위 그림과 같이 주어진 층류(laminar flow) 증착모델에 그림과 같이 압력이 760 Torr에서 증착을 하는 경우 웨이퍼에서 증착률을 균일하게 하는 방안으로 부적합한 것은?**

ⓐ 기판을 가스 주입방향으로 기울여 위치별 가스농도를 조절함
ⓑ 반응가스의 농도와 유속(flow rate)를 높임
ⓒ 증착 압력을 낮추어 가스전달 상수를 높임
ⓓ 웨이퍼를 공전 및 자전시켜 균일도를 높임

42 **반응챔버의 평판형 서셉터(planar geometry susceptor)에 기판을 놓고 CVD를 하는데 있어서 위 그래프와 같이 주어진 층류(laminar flow) 증착모델에 그림과 같이 상압력(760 Torr)에서 증착을 하는 경우 웨이퍼에서 증착률을 균일하게 하는 방안으로 부적합한 것은?**

ⓐ 가스가 나가는 x=L 측의 온도를 좀 더 높게 조절함
ⓑ 서셉터(susceptor)를 사용하고 웨이퍼를 정체층(stagnant layer)이 균일한 후방 부위에 위치시킴
ⓒ 반응가스의 농도와 유속(flow rate)을 높임
ⓓ 웨이퍼를 공전 및 자전시켜 균일도를 높임

43 **유기화학증착(MOCVD)용으로 적합한 전구체(precursor)가 지녀야 할 특성에 해당하지 않는 것은**

ⓐ 증발과 분해 온도 사이의 충분히 큰 온도 간격

ⓑ 전구체의 유기구성 요소로부터의 오염방지

ⓒ 고농도의 불순물을 포함해야 함

ⓓ 무독성

44 **전자선(electron beam) 증착으로 소스에서 원형 shroud(거리=30 cm)의 테두리에 위치한 실리콘에 박막을 증착하는 경우, 대략 평균자유행로 λ=0.66/P(cm)로 보고, 소스-웨이퍼 거리의 100배로 설계한다면 최대 허용되는 압력은?**

ⓐ $2.2x10^{-3}$ pascal

ⓑ $2.2x10^{-4}$ pascal

ⓒ $2.2x10^{-5}$ pascal

ⓓ $2.2x10^{-6}$ pascal

45 **스퍼터링 시스템을 이용한 증착공정의 장점에 해당하지 않는 것은?**

ⓐ 단차 피복성과 종횡비(aspect ratio)가 원자층 증착(ALD) 보다 우수함

ⓑ 넓은 면적에 박막증착 가능

ⓒ 박막의 두께 조절이 비교적 용이함

ⓓ 전처리 청결공정 가능

46 **원자층 증착(ALD)의 장점이 아닌 것은?**

ⓐ 불순물과 핀홀이 거의 없음

ⓑ 높은 종횡비(aspect ratio)에 우수한 단차 피복성(conformality)을 제공

ⓒ 높은 증착 속도

ⓓ 자기제한 표면반응(self-limited surface reaction)의 원리를 이용함

47 **유기화학증착(MOCVD)의 박막증착을 위한 전구체(precursor)가 지녀야 할 특성에 해당하지 않는 것은?**

ⓐ 낮은 증발 온도에서 높은 증발 압력

ⓑ 높은 분해 온도

ⓒ 무독성

ⓓ Si 및 SiO_2와 높은 반응성

48 **원자층증착(ALD: Atomic Layer Deposition)를 이용하여 증착해 사용하는 고유전율 박막에 해당하지 않는 것은?**

ⓐ HfO_2

ⓑ SiON

ⓒ ZrO_2

ⓓ PZT

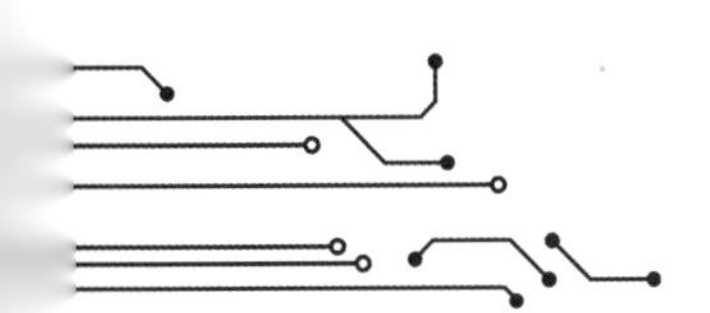

49 **유기화학증착(MOCVD)용 전구체(precursor)가 지녀야 할 특성에 해당하지 않는 것은**

ⓐ 분해온도가 증발온도에 비교해 저온이어야 함

ⓑ 낮은 증발 온도에서 높은 증발 압력

ⓒ 증발과 분해 온도 사이의 충분히 큰 온도 간격

ⓓ 안정하면서도 반응성이 높아야 함

50 **마그네트론(magnetron) 스퍼터링에 대한 설명으로 부적합한 것은?**

ⓐ 일반 스퍼퍼에서 0.00001% 정도로 낮은 이온밀도를 마그네트론은 0.03% 정도로 증가시킴

ⓑ 셀프 바이어가 없어짐

ⓒ 타깃의 이온 충돌을 증가시킴

ⓓ 전자들이 타깃 부근에 많이 존재하게 함

51 **원자층 증착(ALD)의 장점이 아닌 것은?**

ⓐ 매우 높은 증착 속도

ⓑ 400℃ 이하의 저온에서 증착 가능

ⓒ 원자층 단위로 매우 얇게 증착 가능

ⓓ 자기제한 표면반응(self-limited surface reaction)의 원리를 이용함

52 **마그네트론(magnetron) 스퍼터링에 대한 설명으로 부적합한 것은?**

ⓐ 플라즈마에서 생성된 2차 전자의 이온충돌을 높임

ⓑ 크루크(crooke)라 하는 어두운 영역을 감소시킴

ⓒ 플라즈마 포텐셜에 의한 셀프 바이어가 없어짐

ⓓ 10^{-5}~10^{-3} torr 정도로 낮은 압력에서도 플라즈마가 형성되게 함

53 **로(furnace)를 이용하는 저압화학증착(LPCVD)의 특징에 해당하지 않는 것은?**

ⓐ 산화막, 질화막, 다결정 실리콘의 증착에 널리 이용됨

ⓑ 한 번에 50매 이상의 배치공정으로 증착할 수 있어서 throughput이 높음

ⓒ 보통 단위 웨이퍼에서 상압화학증착(APCVD)에 비해 증착률이 높음

ⓓ 물질전달(mass transfer) 보다는 표면반응 제어(reaction control)에 의해 제어되는 박막성장임

54 **스퍼터링 시스템의 장점에 해당하지 않는 것은?**

ⓐ 합금의 성분 조절이 가능함

ⓑ 입자(grain) 구조나 응력의 조절이 가능

ⓒ 전처리 청결공정 가능

ⓓ 단차 피복성과 종횡비(aspect ratio)가 원자층 증착(ALD) 보다 우수함

55 **원자층증착법(ALD)을 이용해 증착하는 박막 중에서 금속배선의 확산방지용으로 부적합한 것은?**

ⓐ TiN　　ⓑ TaN　　ⓒ SiO_2　　ⓓ AlN

56 **초고진공(ultra high vacuum)을 이용하는 분자선 에피택시(MBE)의 특징이 아닌 것은?**

ⓐ 초고진공은 소스에서 기판 사이보다 충분히 큰 평균자유행로를 확보하는데 유용함

ⓑ 초고진공은 성장하는 에피층에 원치 않는 불순물의 오염성 유입을 방지함

ⓒ 초고진공이므로 다양한 분석 및 측정장치를 in-situ로 이용할 수 있음

ⓓ 여러 종류의 불순물을 도핑용으로 이용할 수 없음

57 **원자층증착(ALD)을 이용한 고유전율 박막으로 해당하지 않는 것은?**

ⓐ SiON　　ⓑ Al_2O_3　　ⓒ Ta_2O_5　　ⓓ Hf_2O

58 **초고진공(ultra high vacuum)을 이용하는 분자선 에피택시(MBE)의 특징이 아닌 것은?**

ⓐ 기상 에피택시에 비해 저온 공정이 가능함

ⓑ 하나 이상의 불순물을 도핑에 이용할 수 없으며 활성화를 위한 열처리가 필요함

ⓒ 도핑 프로화일과 성분비 제어를 정밀하게 하는데 유리함

ⓓ 초격자(superlattice)나 이종접합(heterostructure) 구조 성장에 유용함

59 **실리콘산화막(SiO_2)의 종류로 열산화막, PECVD 산화막, TEOS(Tetra Ethyl Ortho Silicate) 산화막, DCS(dichrolosilane) 산화막을 있는데 이들에 대한 설명으로 맞지 않는 것은?**

ⓐ DCS(dichrolosilane) 산화막은 400℃ 이하에서 증착이 가능함

ⓑ LPCVD를 사용한 TEOS 산화막의 증착온도가 높아서 표면에서 원자이동이 활발함

ⓒ PECVD 산화막은 피복성 측면에서 불리함

ⓓ PECVD 산화막은 다른 산화막에 비해 HF 화학용액의 식각에 있어 속도가 2배 정도 빠름

60 **초고진공(ultra high vacuum)을 이용하는 분자선 에피택시(MBE)의 특징이 아닌 것은?**

ⓐ 도너와 억셉터의 불순물을 in-situ로 도핑을 할 수 없음

ⓑ 물리적 증착(physical deposition)에 해당함

ⓒ 분출셀(effusion cell)에서 소스 물질을 증발(evaporation)시켜서 웨이퍼에 공급함

ⓓ 증착속도를 0.001~0.1 μm/min 정도로 느리게 제어하는데 유용함

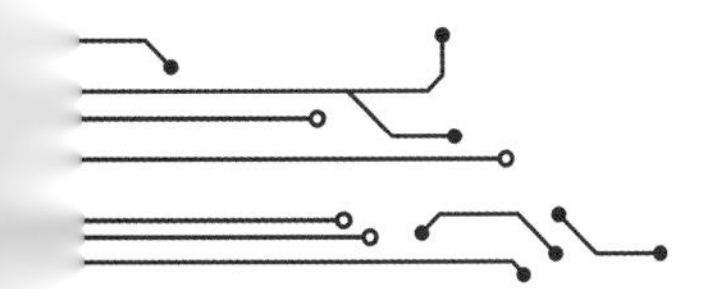

61 **로(furnace)를 이용하는 저압화학기상증착(LPCVD)의 특징에 해당하지 않는 것은?**

ⓐ 가스가 주입되는 입구에서 반응가스의 밀도가 높고 출구에는 가스밀도가 낮아짐

ⓑ 배치 공정의 모든 웨이퍼에 증착두께를 동일하게 증착하기 위해 가스 출구측의 온도를 높임

ⓒ 단위 웨이퍼에서 보통 상압화학증차(APCVD)에 비해 증착속도가 빠름

ⓓ 상압화학증착(APCVD)에 비해 순도가 높은 박막의 증착에 유리함

62 **유전체 박막의 증착에 있어서 스퍼터링 현상을 응용한 평탄화에 유용한 증착법은?**

ⓐ PECVD (Plasma Enhanced Chemical Vapor Deposition)

ⓑ LPCVD (Low Pressure CVD)

ⓒ APCVD (Atmospheric Pressure CVD)

ⓓ MOCVD (Metal Organic CVD)

63 **각종 박막에 대한 두께를 측정하는 방식의 조합이 부적합한 것은?**

ⓐ Al 라인(알파스텝) ⓑ PR(레이저 현미경) ⓒ SiO_2 (nanospec) ⓓ W 라인(ellipsometer)

64 **로(furnace)를 이용하는 저압화학증착(LPCVD)의 특징에 해당하지 않는 것은?**

ⓐ 물질전달(mass transfer) 보다는 표면반응 제어(reaction control)에 의해 제어되는 박막성장임

ⓑ 저압공정이라 가스분포가 균일하고 반응제어 조건이므로 웨이퍼내 박막두께의 균일도가 우수함

ⓒ 보통 단위 웨이퍼에서 APCVD(Atmospheric Pressure CVD)에 비해 증착률이 높음

ⓓ 압력이 0.25~2 torr 정도의 저압에서 증착함

65 **실리콘 산화막(SiO_2)의 종류로 열산화막, PECVD 산화막, TEOS(Tetra Ethyl Ortho Silicate) 산화막, DCS(dichrolosilane) 산화막이 있는데 이들에 대한 설명으로 맞지 않는 것은?**

ⓐ DCS(dichrolosilane) 산화막은 300℃ 이하에서 증착이 가능함

ⓑ 열산화막이 물리 화학적으로 가장 완벽함

ⓒ PECVD(Plasma Enhanced Chemical Vapor Deposition)는 450℃ 이하의 저온공정이 가능

ⓓ LPCVD를 사용한 TEOS(Tetra Ethyl Ortho Silicate) 산화막과 산화막은 고온공정이라 피복성이 우수함

66 **저압화학증착(LPCVD)을 이용한 다결정 실리콘 박막의 증착에 대한 설명으로 부적합한 것은?**

ⓐ 600~650℃의 낮은 증착온도에서 주상(columnar) 결정구조로 증착됨

ⓑ 대체로 600℃ 이하의 저온에서 비정질 실리콘 박막이 증착됨

ⓒ 비정질 실리콘으로 증착된 경우 고온의 열처리에 의해 다결정 상태로 결정화 할 수 있음

ⓓ 동일한 불순물 농도로 도핑되면 다결정 실리콘 박막이 단결정 실리콘 보다 비저항이 작음

67 **실리콘 산화막(SiO_2)의 종류로 열산화막, PECVD 산화막, TEOS(Tetra Ethyl Ortho Silicate) 산화막, DCS(Dichrolosilane) 산화막이 있는데, 이들에 대한 설명으로 맞지 않는 것은?**

ⓐ PECVD는 450℃ 이하의 저온공정이 가능

ⓑ DCS(Dichrolosilane) 산화막은 300℃ 이하에서 증착이 가능함

ⓒ PECVD(Plasma Enhanced Chemical Vapor Deposition) 산화막은 피복성 측면에서 불리함

ⓓ 다른 산화막에 비해 PECVD 산화막은 HF와 같은 화학용액의 식각에 있어 속도가 2배 정도 빠름

68 **반도체에 널리 사용하는 플라즈마에 대한 설명으로 부적합한 것은?**

ⓐ 플라즈마를 발생시키는데 적절한 압력범위가 존재함

ⓑ 중성의 원자는 플라즈마에 존재할 수 없음

ⓒ 일반적으로 초고진공에서 안정한 플라즈마를 형성하기 어려움

ⓓ 플라즈마 내부는 대부분 + charge가 − charge 보다 농도가 높음

69 **초고진공(ultra high vacuum)을 이용하는 분자선 에피택시(MBE)의 특징이 아닌 것은?**

ⓐ 분출셀(effusion cell)에서 소스 물질을 증발(evaporation)시켜서 웨이퍼에 공급함

ⓑ 에피성장 속도가 보통 CVD에 비해 100배는 빠름

ⓒ 기상 에피택시에 비해 저온 공정이 가능함

ⓓ 초고진공은 소스에서 기판 사이보다 충분히 큰 평균자유행로를 확보하는데 유용함

70 **저압화학기상증착(LPCVD)을 이용한 다결정 실리콘 박막의 증착에 대한 설명으로 부적합한 것은?**

ⓐ 압력이 낮을수록 다결정 실리콘 박막의 성장률을 크게 증가시킬 수 있음

ⓑ 저압의 질량이송제어(mass pransport control)의 조건인 적정 온도에서 균일한 박막성장에 유용함

ⓒ 증착온도가 1000℃ 이상으로 너무 높으면 기상반응으로 표면이 거칠고 품질이 저하됨

ⓓ 증착온도가 600℃ 이하로 너무 낮으면 증착속도가 너무 느려 실용적이지 아니함

71 **박막증착을 위한 가열방식에 해당하지 않는 것은?**

ⓐ 저항 가열　　ⓑ EUV 램프가열　　ⓒ 적외선 램프가열　　ⓓ 레이저빔 가열

72 **PECVD(Plasma Enhanced Chemical Vapor Deposition)에서 SiH_4, O_2 가스를 이용한 SiO_2 증착에 대한 설명중 부적합한 것은?**

ⓐ RF power를 높이면 압축응력 상태로 증착될 가능성이 높음

ⓑ 100℃의 낮은 온도에서 증착하면 박막의 물리적 품질이 저하됨

ⓒ 플라즈마를 사용하므로 열산화막에 비해 물리적 품질이 우수함

ⓓ 박막의 품질은 HF계 용액을 이용한 식각률이나 굴절률(refractive index)로 판정할 수 있음

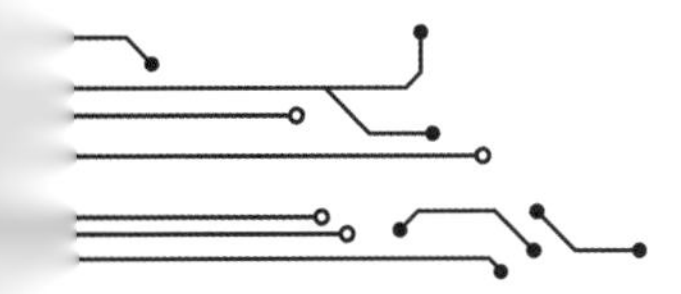

73 **저압증착(LPCVD)을 이용한 다결정 실리콘 박막의 증착에 대한 설명으로 부적합한 것은?**

ⓐ 증착온도가 1000℃ 이상으로 너무 높으면 기상반응으로 표면이 거칠고 밀착성이 감소함

ⓑ 동일한 성장조건에서 압력을 높이면 성장률이 감소함

ⓒ 증착온도가 600℃ 이하로 낮으면 증착속도가 너무 감소하여 실용적이지 아니함

ⓓ 배치공정(batch process)으로 동시에 기판을 다량 주입하여 생산성(throughput)을 높이는데 유용함

74 **실리콘산화막의 증착에 있어서 단파피복성(step coverage)을 높이기에 가장 유용한 증착법은?**

ⓐ LPCVD ⓑ PECVD ⓒ APCVD ⓓ RPCVD

75 **PECVD(Plasma Enhanced Chemical Vapor Deposition)에서 SiH_4, O_2 가스를 이용한 SiO_2 증착에 대한 설명중 부적합한 것은?**

ⓐ 증착된 SiO_2 박막은 비정질 상태임

ⓑ 증착된 SiO_2 박막에 수소(H) 원자가 내포되어 있음

ⓒ 플라즈마를 사용하므로 열산화막에 비해 물리적 품질이 우수함

ⓓ SiO_2 박막이 인장(tensile) 또는 압축(compressive) 응력이 인가된 상태로 증착할 수 있음

[76-77] 다음 그림을 보고 물음에 답하시오.

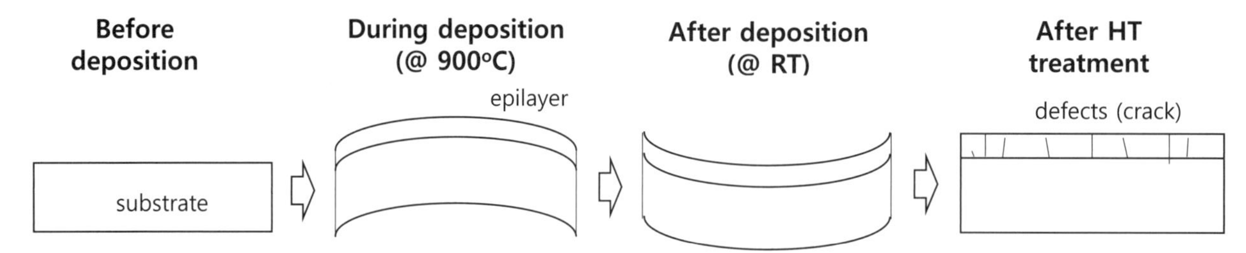

76 **헤테로(heterostructure) 에피층을 성장하는 증착의 단계에서 위과 같이 휘어짐(bow) 현상이 있을 경우에 대한 설명으로 부적합한 것은?**

ⓐ 에피층에는 응력이 잔류해서는 안되므로 무조건 완전히 제거되어야 함

ⓑ 증착후 상온에서 상태는 에피층의 열팽창계수가 기판보다 크기 때문임

ⓒ 고온 열처리에 의해 응력이완(stress relaxation)이 발생함

ⓓ 기판의 두께를 증가시키면 휘어짐(bow)를 감소시킬 수 있음

77 **헤테로(heterostructure) 에피층을 성장하는 증착의 단계에서 위 같이 휘어짐(bow) 현상이 있을 경우에 대한 설명으로 부적합한 것은?**

ⓐ 증착중의 에피층은 압축응력을 받고 있음

ⓑ 증착중의 응력 상태는 에피층의 격자상수가 기판의 격자상수보다 큰 경우에 발생함

ⓒ 증착후 상온에서 에피층은 인장응력을 받고 있음

ⓓ 에피층에는 응력이 잔류해서는 안되므로 고온 열처리로 제거해야 함

78 강유전체 박막을 원자층 수준으로 가장 정밀하게 증착할 수 있는 증착법은?

ⓐ PECVD　　ⓑ LPCVD　　ⓒ APCVD　　ⓓ MO-ALD

79 반도체 공정에 많이 사용하는 플라즈마에 대한 설명으로 부적합한 것은?

ⓐ 고에너지 입자들 때문에 웨이퍼 기판의 세척공정(cleaning)에 사용하지 아니함

ⓑ 챔버에서 물리적 충돌과 화학적 반응을 동시에 발생함

ⓒ 전자의 빠른 이탈로 기판의 표면에 sheath(dark space)가 형성됨

ⓓ 플라즈마의 균일한 분포에 의해 증착과 식각의 균일도를 높임

80 고진공 박막증착 시스템에서 단위면적당 분자의 충돌 flux(Φ)는 압력(P: pascal), 분자질량(M: atomic mass), 온도(T)에 대하여 $\Phi = 2.64 \cdot 10^{20}\left(\frac{P}{\sqrt{MT}}\right)\ molecules/cm^2 \cdot sec$ 주어진다. 산소분압은 10^{-5} Pascal이고, 표면원자 밀도는 $1.6 \times 10^{15}\ cm^{-2}$인 실리콘(100) 표면에 도달한 산소(M=32 amu) 원자의 10%가 부착한다면 SiO_2 단일층(monolayer)이 형성되는 최소의 시간은?

ⓐ 595 sec　　ⓑ 59.5 sec　　ⓒ 5.95 sec　　ⓓ 0.95 sec

81 고진공 박막증착 시스템에서 에피성장을 위한 가스소스원과 기판과 최대거리는 평균자유행로인 $\lambda=0.66/P$(cm)와 동일하다 한다면 소스의 부분압력이 10^{-2} pascal인 경우 가스소스와 기판과 사이의 거리로 최대 허용되는 값은?

ⓐ 0.66 cm　　ⓑ 6.6 cm　　ⓒ 66 cm　　ⓓ 666 cm

82 전자선(electron beam) 증착을 이용하여 소스에서 수직으로 상부에 위치한 300 mm 직경의 실리콘 표면에 박막을 증착하는 경우, 박막의 증착속도(G)은 밀도 (ρ: g/cm^3), 질량증발속도(m: g/sec), 소스와 기판 사이의 거리(l : cm), 소스의 빔퍼짐 각도(θ: degree)에 따라 $G = \frac{m}{\pi\rho l^2}\cos\theta$로 주어진다. 다음의 주어진 소스와 기판의 거리중 웨이퍼 중앙과 가장자리에서 증착두께의 차이(%)가 가장 작은 것은?

ⓐ 10 cm　　ⓑ 20 cm　　ⓒ 30 cm　　ⓓ 40 cm

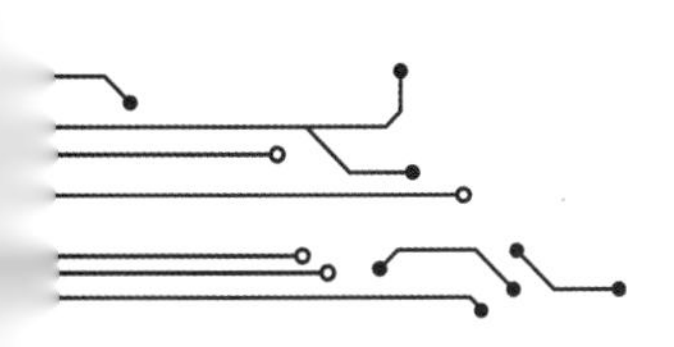

[83-84] 다음 그림을 보고 물음에 답하시오.

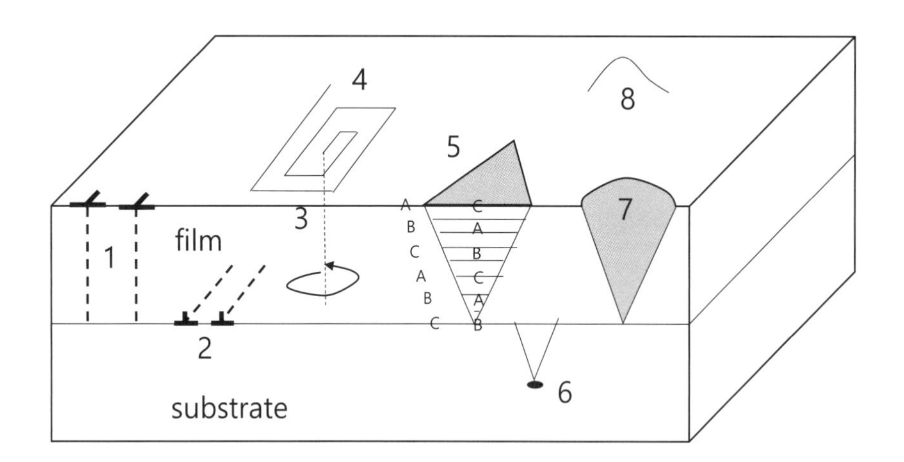

83 에피성장된 구조에서 1-2-3-5번의 순서로 해당하는 결함의 올바른 명칭은?

ⓐ threading edge dislocation – threading screw dislocation – misfit dislocation – stacking fault

ⓑ threading edge dislocation – stacking fault – misfit dislocation – threading screw dislocation

ⓒ threading screw dislocation – misfit dislocation – threading edge dislocation – stacking fault

ⓓ threading edge dislocation – misfit dislocation – threading screw dislocation – stacking fault

84 에피층이 성장된 단면구조에서 1-2-5-7번에 해당하는 결함의 올바른 명칭은 어느 것?

ⓐ threading edge dislocation – misfit dislocation – oval defect – stacking fault

ⓑ threading edge dislocation – threading screw dislocation – stacking fault – oval defect

ⓒ misfit dislocation – threading edge dislocation – stacking fault – oval defect

ⓓ misfit dislocation – threading edge dislocation – oval defect – stacking fault

85 증착한 절연체(SiO_2) 박막의 PCM(Process Control Monitoring)법에 해당하지 않는 것은?

ⓐ ellipsometer (refraxtive index)

ⓑ Hall measurement (conductivity)

ⓒ nanospec (thickness)

ⓓ metal-insulator-metal 패턴(C-V, I-V)

86 **그림의 화학증착(CVD) 시스템은 여러 웨이퍼에 동시에 박막을 증착하는데 있어서 전체적으로 생산성(throughput)과 균일도(uniformity)가 높은데 공정조건과 무관한 것은?**

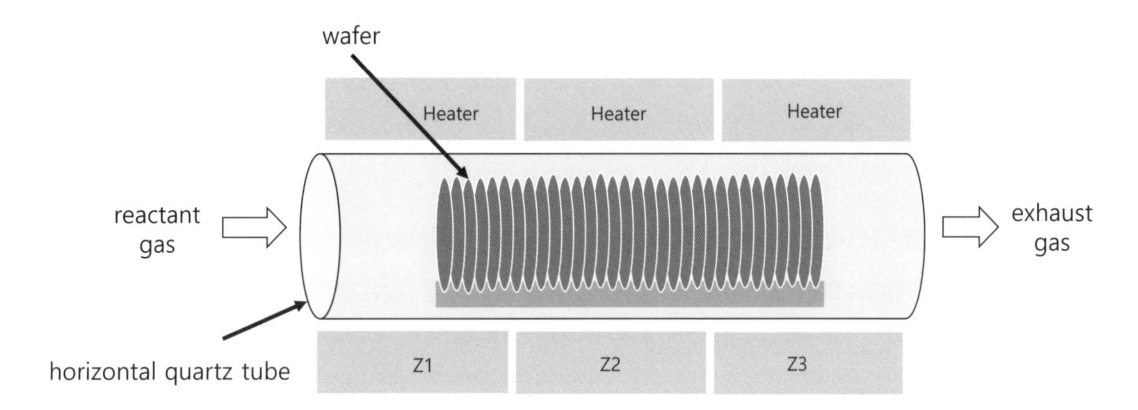

ⓐ 저압의 조건에서 가스상태 반응을 최소화하며, 반응률(reaction rate) 기구로 성장제어를 함

ⓑ 저압에서 반응가스의 분포를 가능한 균일하게 유지함

ⓒ zone 3측 방향으로 온도를 점차 높여 반응가스 농도가 희석되는 차이를 상쇄함

ⓓ 반응가스의 유량(flow rate)를 최대로 하여 챔버내부의 반응가스 농도를 가능한 높임

87 **통상의 화학증착(CVD)에 비교하여 원자층 증착(ALD)의 장점으로 해당없는 것은?**

ⓐ 박막에 불순물과 핀홀의 농도가 매우 높음

ⓑ 원자단위로 증착되므로 매우 얇은 박막의 두께 제어에 유리

ⓒ 높은 종횡비에 우수한 단차 피복성을 제공

ⓓ 400℃ 이하의 상대적으로 낮은 온도에서 증착이 가능

88 **유기화학증착(MOCVD)용 전구체(precursor)가 지녀야 할 특성에 해당하지 않는 것은**

ⓐ 낮은 증발 온도에서 높은 증발 압력

ⓑ 증착온도에 비해 높은 분해온도

ⓒ 고농도의 불순물을 포함해야 함

ⓓ 안정하면서도 반응성이 높아야 함

89 **상온의 온도에서 체적이 1000 cm^3인 PECVD 챔버에 100 sccm의 알곤(Ar) 가스를 흘리면서, 진공펌프 및 압력제어 기술을 이용하여 챔버의 압력을 1 Torr로 유지하는 경우 알곤 원자가 챔버의 내부에 머무르는 평균시간?**

ⓐ 0.78 sec　　ⓑ 7.8 sec　　ⓒ 78 sec　　ⓓ 780 sec

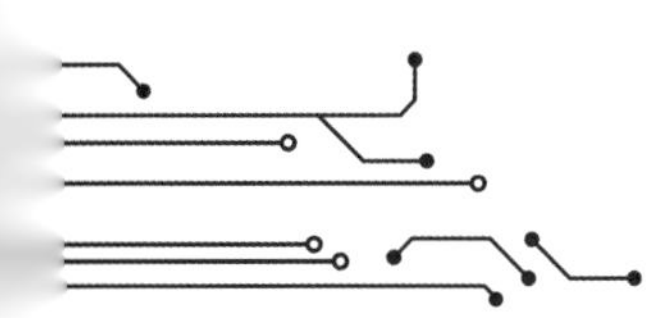

90 **실리콘 반도체의 에피성장에 있어서 자발도핑(auto-doping)에 대한 설명으로 부적합한 것은?**

ⓐ 자발도핑(auto-doping) 불순물은 기판, 챔버, susceptor로부터 주입됨

ⓑ 도핑된 기판에서 solid-state outdiffusion과 gas phase auto-doping tail이 존재함

ⓒ 기판의 뒷면에 산화막이나 질화막을 증착하면 auto-doping 현상 감소함

ⓓ 고온에서 가능한 느린 속도로 성장하면 auto-doping을 최소화하게 됨

91 **직경이 300 mm인 실리콘 기판에 SiH_4 가스를 120 sccm 챔버에 흘리면서 CVD를 하여 증착한다. Si 박막의 성장률이 60 nm/min이고, 박막의 밀도가 $2x10^{22}$ cm^{-3}인 경우, 박막성장에 이용된 SiH_4 가스의 효율은 몇 %에 해당하는가? (PV=nRT, P: atm, V: liter, R=0.0821 L atm/K mole, T: K, $N_A=6.02x10^{23}$ #/mole)**

ⓐ 0.029 % ⓑ 0.29 % ⓒ 2.9 % ⓓ 29 %

92 **실리콘 반도체의 에피성장에 있어서 오토도핑(auto-doping)을 저지하는 방법이 아닌 것은?**

ⓐ 저온 에피 공정

ⓑ 후면에 절연막 증착

ⓒ 기판의 공전 및 자전

ⓓ 감압(reduced pressure) 성장 조건

93 **실리콘(Si) 에피성장을 위한 공정조건에서 통상적으로 웨이퍼를 회전시키면서 제어하는 목적은?**

ⓐ 응력의 균일한 분포

ⓑ 웨이퍼의 휨 방지

ⓒ 결정결함의 주입 방지

ⓓ 균일한 에피의 성장

94 **물리증착(physical deposition)에 해당하지 않는 증착법은?**

ⓐ atomic layer deposition ⓑ evaporator

ⓒ ion milling ⓓ sputter

95 **PECVD 장치를 구성하는 주요 요소(기능)이 아닌 것은?**

ⓐ RF generator ⓑ cathode electrode

ⓒ end point detector ⓓ pressure controller

96 **스퍼터(sputter) 장치를 구성하는 주요 요소(기능)이 아닌 것은?**

ⓐ DC/RF power supply ⓑ electron beam

ⓒ target ⓓ magnet

97 트렌치 패턴에 증착을 할 때 박막의 형태에 대한 설명으로 부적합한 것은?

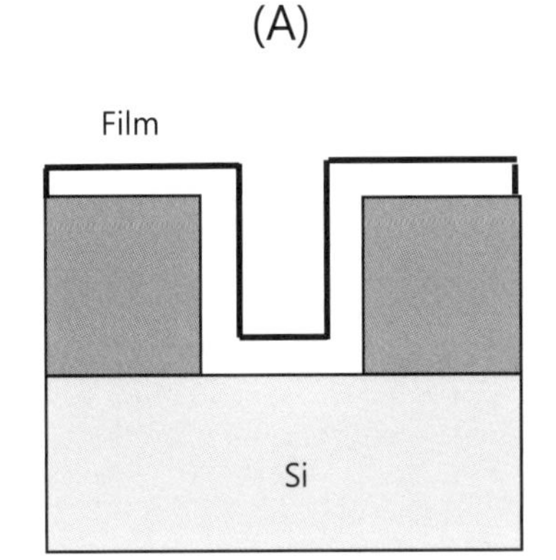

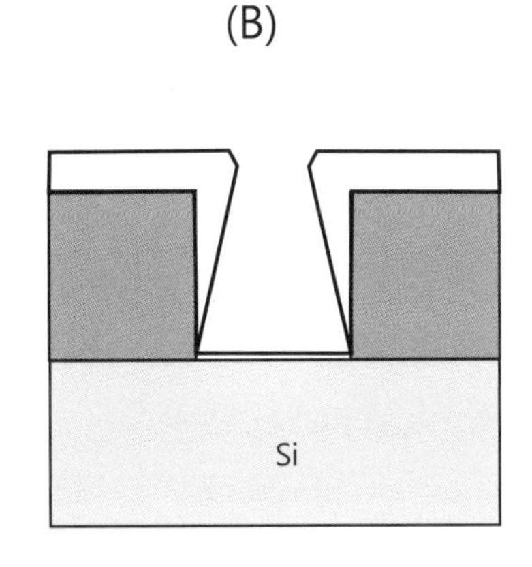

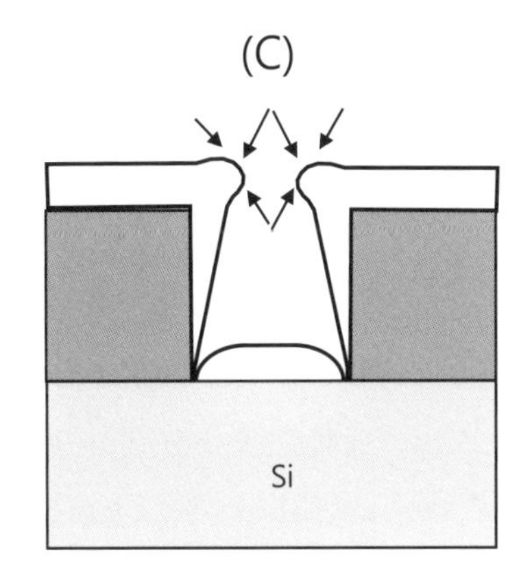

ⓐ (A)는 증착원자의 빠른 이동에 의한 conformal coverage에 해당함

ⓑ (B)는 평균자유행로(mean free path)는 길고 증착원자의 표면이동이 낮아 non-conformal coverage

ⓒ (C)는 평균자유행로가 작고 증착원자의 표면이동이 낮아 non-conformal coverage

ⓓ 고온의 고진공 증착조건에서 (C)와 같은 형상의 증착이 가장 잘 발생함

98 RF sputter와 DC sputter에 대한 설명으로 부적합한 것은?

ⓐ RF sputter의 타겟에는 RF power가 인가됨

ⓑ DC sputter의 타겟에는 고전압 DC bias가 인가됨

ⓒ RF sputter로 절연체 및 금속 박막을 모두 증착 가능함

ⓓ DC sputter는 전도성이 없는 절연체 박막의 증착에 주로 사용함

99 플라즈마를 발생시키면 가스의 종류에 따라 보라색이나 회색 광이 발생하는 원인은?

ⓐ 높은 에너지 준위로 여기(excite)된 전자가 낮은 에너지 준위로 탈여기하는 과정에 광을 발생함

ⓑ 여기(excitation)과정에 여분의 에너지가 광을 발생함

ⓒ 이온화(ionization, α-process) 과정에 여분의 에너지가 광을 발생함

ⓓ 해리(dissociation)의 과정에 여분의 에너지가 광을 발생함

100 플라즈마에서 발생하는 다음의 반응에 대한 명칭이 순서대로 일치하는 것은?

$e^- + A \rightarrow A^+ + 2e^-$

$e^- + A^+ \rightarrow A$

$e + A_2 \rightarrow A_2^* + e^-$

$A_2^* \rightarrow A_2 + hv$

$e^- + AB \rightarrow A^* + B^* + e^-$

ⓐ ionization – excitation – relaxation – dissociation – recombination

ⓑ ionization – recombination – relaxation – dissociation – excitation

ⓒ ionization – recombination – excitation – relaxation – dissociation

ⓓ recombination – excitation – relaxation – ionization – dissociation

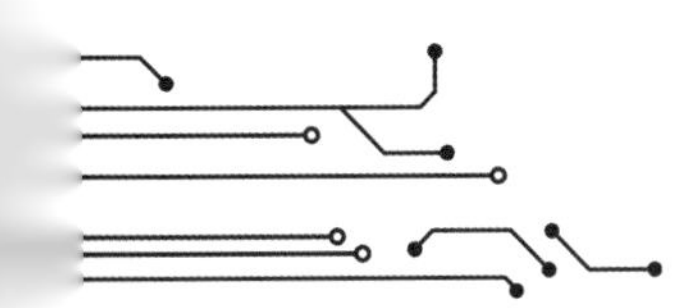

101 **PLD(Pulsed Laser Deposition)에 대한 설명 중 올바른 것은?**

ⓐ 대면적 기판에 균일한 박막을 형성하는데 유용함

ⓑ 다원계 산화물 박막을 형성할 때 target의 조성과 동일한 박막을 형성할 수 있음

ⓒ 레이저 소스는 PLD 챔버의 내부에 위치함

ⓓ 화학기상증착(CVD)법에 해당함

102 **스퍼터(sputtering)와 증착(evaporation)의 차이를 설명한 것으로 올바르지 않은 것은?**

ⓐ 대체로 evaporation의 증착압력은 sputteing에 비해 낮음

ⓑ 박막이 성장되는 표면의 활성화 정도는 evaporation 보다 sputteing이 더 높음

ⓒ 증착된 박막의 grain 크기는 sputtering 보다 evaporation에서 더 큼

ⓓ evaporation 챔버 내에서 증착되는 원자들은 복잡한 충돌 과정을 거친 후 기판에 도달함

103 **텅스텐(W)과 같은 물질을 상온에서 스퍼터(sputtering)로 증착한 박막에 대한 타당한 설명은?**

ⓐ 직경이 10 μm 정도의 단결정으로 구성된 다결정 상태임

ⓑ vacancy, cluster, columnar와 같은 구조가 다량 포함된 비정질 상태임

ⓒ 전위(dislocation)과 같은 결정결함을 다량의 지닌 단결정으로 증착된 상태임

ⓓ 결함이 없는 완전한 단결정으로 증착된 상태임

104 **웨이퍼의 한쪽 표면에 산화막 (SiO_2) 박막을 증착할 수 있는 공정은?**

ⓐ termal oxidation

ⓑ electroplating

ⓒ PECVD

ⓓ ion implantation

105 **표면원자 밀도가 $5x10^{22}$ stoms/cm^3인 실리콘 기판의 온도를 900℃로 유지하고, 전자선 증착으로 실리콘 소스가 웨이퍼에 45^0 각도로 기울어져 flux=$2x10^{16}$ atoms/cm^2sec로 입사하는 경우 박막의 성장률은?**

ⓐ 2.3 nm/sec ⓑ 23 nm/sec ⓒ 230 nm/sec ⓓ 2.3 μm /sec

106 **일반적인 스퍼터(sputter) 증착기술과 비교하여 마그네크론 스퍼터(magnetron sputter)의 특징에 대한 설명으로 적합한 것은?**

ⓐ 자력에 의해 전자운동을 가속시켜 안정한 고밀도 플라즈마를 타겟 가까이 집속하여 증착속도를 높임

ⓑ 자력에 의해 이온운동을 가속시켜 안정한 저밀도 플라즈마를 타겟 멀리 집속하여 증착속도를 낮춤

ⓒ 자력에 의해 전자운동을 감속시켜 안정한 저밀도 플라즈마를 타겟 멀리 집속하여 증착속도를 낮춤

ⓓ 자력에 의해 이온운동을 감속시켜 안정한 고밀도 플라즈마를 타겟 가까이 집속하여 증착속도를 높임

107 PVD(Physical Vapor Deposition) 방식에 해당하지 않는 것은?

ⓐ magnetron sputtering

ⓑ ion beam deposition

ⓒ e-beam evaporation

ⓓ ALD(Atomic Layer Deposition)

108 다음중 알루미늄(Al)의 스퍼터링 증착에 있어서 가장 심각한 오염원인 것은?

ⓐ 질소(N_2) ⓑ 수소(H_2) ⓒ 산소(O_2) ⓓ 알곤(Ar)

109 Si(111) 기판에 $Si_{1-x}Ge_x$를 에피성장하는데 있어서, x=0.1인 경우 격자불일치(lattice mismatch)는? 단, Si의 원자거리(bond distance)는 2.35 Å, Ge는 2.41 Å이고, 격자상수가 Vegards' law를 따라 변한다고 가정하여 $a_{SiGe}(x)=(1-x)\cdot a_{Si} + x\cdot a_{Ge}$ 조건을 적용함

ⓐ 0.0026% ⓑ 0.026% ⓒ 0.26% ⓓ 2.6%

110 Si(111) 기판에 $Si_{1-x}Ge_x$를 에피성장하는데 있어서, x=0.01인 경우 Si/SiGe 계면에서 Si과 SiGe에 각각 인가되는 응력의 종류는? 단, Si의 원자거리(bond distance)는 2.35 Å, Ge는 2.41 Å이고, 격자상수가 베가드 법칙(Vegards' law)을 따른다고 가정하여 $a_{SiGe}(x)=(1-x)\cdot a_{Si} + x\cdot a_{Ge}$ 조건을 적용함

ⓐ Si:압축응력, SiGe:인장응력

ⓑ Si:인장응력, SiGe:압축응력

ⓒ Si:인장응력, SiGe:인장응력

ⓓ Si:압축응력, SiGe:압축응력

111 Si 기판과 실리콘질화막(Si_3N_4) 박막에 기계적 응력(mechenical stress)이 전혀 없는 증착되는 공정조건을 이용하여 PECVD로 400℃에서 1000 nm 두께를 증착한다. 이 경우 증착을 완료하고 상온상태로 꺼냈을 때 계면에서 실리콘과 실리콘질화막에 인가된 응력 상태는? 단, Si와 Si_3N_4의 열팽창계수는 각각 $2.5x10^{-6}$ /K, $3.2x10^{-6}$ /K을 이용함

ⓐ Si:압축응력, Si_3N_4:인장응력

ⓑ Si:인장응력, Si_3N_4:압축응력

ⓒ Si:인장응력, Si_3N_4:인장응력

ⓓ Si:압축응력, Si_3N_4:압축응력

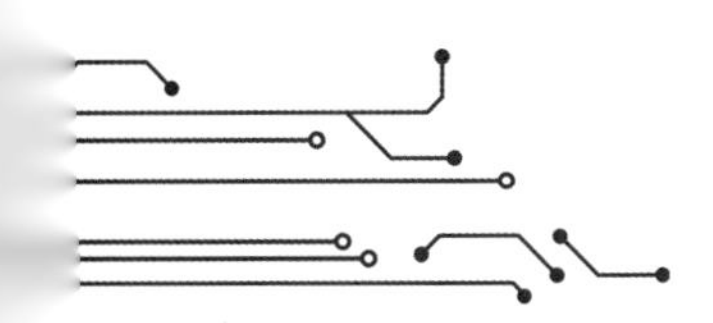

112 **다음의 에피성장법 중에서 가장 열평형 상태에 가까운 조건에서 이루어지는 것은?**

ⓐ MOCVD (Metal Organic Chemical Vapor Deposition)

ⓑ MBE (Molecular Beam Epitaxy)

ⓒ ALE (Atomic Layer Epitaxy)

ⓓ LPE (Liquid Phase Epitaxy)

113 **일반적인 PECVD(Plasma Enhanced Chemical Vapor Deposition)의 산화막 증착방식에 대비하여 HDPCVD(High Density Plasma CVD) 방식에 대한 설명으로 부적합한 것은?**

ⓐ AR(Aspect Ratio)가 3:1~4:1의 트렌치의 내부를 채우는 용도로 불리함

ⓑ 공정압력이 2~10 mTorr인 저압으로 이온의 충돌을 줄이고 직진 방향성을 유지함

ⓒ 기판표면에 RF 전력밀도(>6 W/cm^2)를 높여서 플라즈마에 의한 증착과 식각이 공존함

ⓓ 기판의 온도가 높아지는 것을 방지하기 위해 정전척(ESC)과 He 냉각을 사용함

114 **인(phosphorous)이 고농도로 도핑된 n^+형 실리콘 기판을 이용하여 APCVD(Atmosphere Pressure Chemical Vapor Deposition) 방식으로 1,000℃에서 10분 동안 성장속도 0.1 ㎛/min로 비저항이 높은 undoped 실리콘 에피층을 성장하려고 한다. 이때 관계하는 현상들에 대한 설명으로 부적합한 것은?**

ⓐ 에피를 성장하는 과정에 성장온도가 높아 기판의 phosphorous가 외부확산함

ⓑ 상압화학증착(APCVD)에서 undoped 에피층의 도핑농도는 1017 cm^{-3} 이상 고농도만 제어할 수 있음

ⓒ 외부확산(out-diffusion)에 의한 문제를 완화하여 고순도 에피층을 성장하기 위해 저온 성장이 유용함

ⓓ 자발도핑(auto-doping)을 최소화하려면 가능한 절연막으로 기판의 뒷면을 차폐(passivation)해야 함

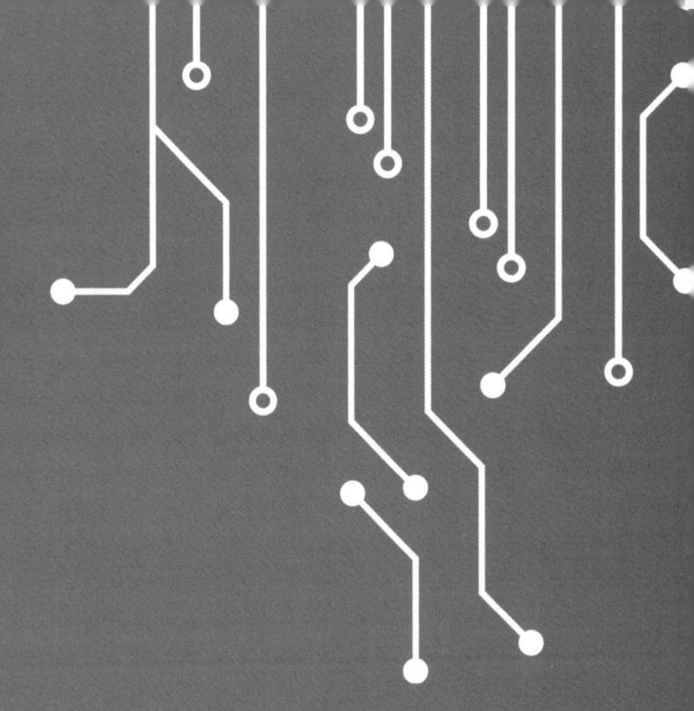

제 6 장

리소그라피

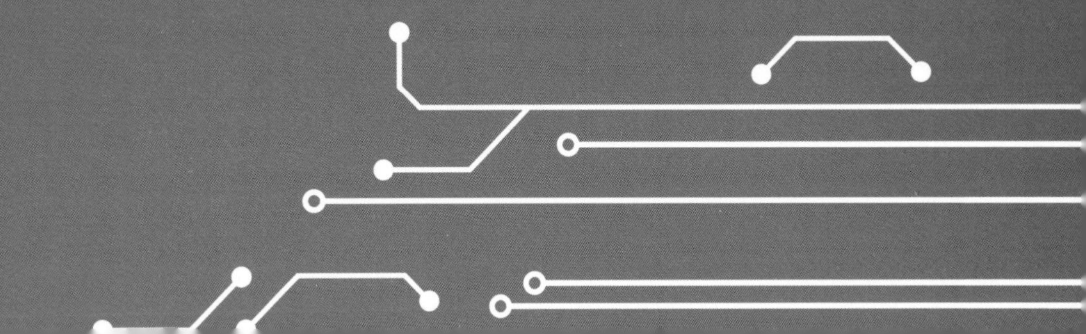

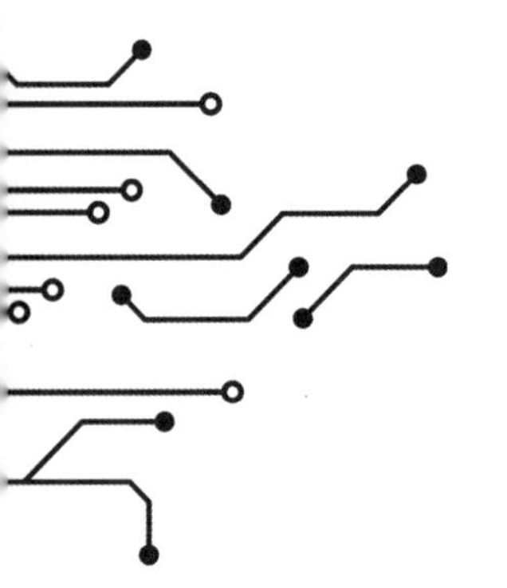

제6장

리소그라피

01 ArF(wavelength=193 nm)를 이용하는 광사진전사(optical lithography)에 있어서 n=1.0, $\theta=30^0$, $k_1=k_2=0.5$ 인 경우, 이론적 초점 깊이(depth of focus)는? 단, 해상도(resolution)=k_1 λ/NA, 촛점심도(depth of focus)=k_2 λ/NA^2, NA=n*sinθ을 적용함

ⓐ 0.3 μm ⓑ 0.8 μm ⓒ 3.1 μm ⓓ 6.2 μm

02 반도체에서 리소그래피를 이용한 스케일링 다운(scaling down)을 이루어 왔는데 그 효과가 아닌 것은?

ⓐ 집적도가 높아짐
ⓑ 전류밀도가 낮아짐
ⓒ 구동속도가 빨라짐
ⓓ 양산성(throughput)이 높아짐

03 촛점심도를 많이 감소시키지 않으면서 해상도를 높이기 위한 가장 적합한 방안은?

ⓐ 장파장의 광을 이용하며, 리소그래피 공정을 최적화하여 k_2 상수를 감소시킴
ⓑ 단파장의 광을 이용하며, 리소그래피 노광(exposure) 장치의 NA(Numerical Aperture) 상수를 증가시킴
ⓒ 단파장의 광을 이용하며, 리소그래피 공정을 최적화하여 k_1 상수를 감소시킴
ⓓ 장파장의 광을 이용하며, 리소그래피 노광(exposure) 장치의 NA 상수를 증가시킴

04 나노패턴(nano pattern)을 이용하는 현대 반도체의 photolithography의 공정에서 위상이동(phase shift) 마스크는 상쇄간섭 현상으로 해상도를 높이는데 사용된다. 상쇄간섭을 발생시키는 위상이동막의 두께(d)는 $d=\frac{\lambda}{2(n-1)}$인 경우, 실리콘산화막(n=3.9)을 위상이동막으로 사용하고, ArF레이저(파장=193 nm)를 사용하는 경우에 적합한 산화막의 두께는?

ⓐ 3.33 Å ⓑ 333 Å ⓒ 3.33 μm ⓓ 333 μm

05 극자외선(EUV: Extreme Ultravilot) 리소그래피용 레이저의 파장(λ)이 13.5nm인 경우, 광학계의 k_1=0.4, k_2=0.5, NA=0.6이라면 해상도와 DOF(촛점심도)는? 단, 해상도: resolution=k_1 λ/NA, 촛점심도: depth of focus=k_2 λ/NA^2, NA=n*sinθ을 적용함

ⓐ 9 nm/18.75 nm ⓑ 18 nm/18.75 nm ⓒ 9 nm/187.5 nm ⓓ 18 nm/187.5 nm

06 **웨이퍼의 건식세정에 대한 설명으로 부적합한 것은?**

ⓐ 반도체 기판을 500℃ 이상의 고온으로 가열하는 조건이 필요함

ⓑ 저압공정 장비들과 연계하여 사용하는데 호환성이 높고 편리함

ⓒ 종횡비(aspect rayion)가 큰 트렌치(trechch)가 있는 경우 습식식각에 비해 유용함

ⓓ 습식식각에 비해 화학용액을 적게 사용하고 폐기물도 덜 발생함

07 **극자외선(EUV: Extreme Ultravilot) 리소그래피용 레이저의 파장(λ)이 13.5 nm인 경우, 브래그반사(Bragg reflector)에 다층의 Mo/Si 구조를 사용할 때, 입사각 θ=30°인 경우 최적인 한 주기(period) Mo/Si 층의 최소 두께(d)는? 단, d=mλ/2sinθ 적용**

ⓐ 6.8 nm　　ⓑ 13.5 nm　　ⓒ 27 nm　　ⓓ 54 nm

[08-09] **다음 그림을 보고 물음에 답하시오.**

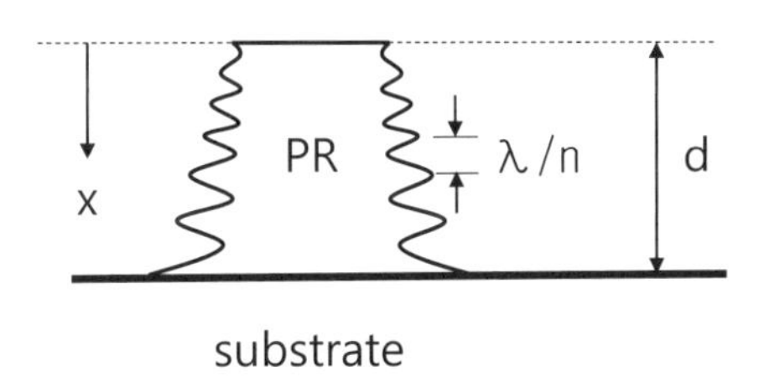

08 **리소그래피에 있어서 정재파(standing wave)가 형성되는 그림의 설명을 참고하여, ArF(λ=193 nm) 레이저를 이용한 리소그래피에서 0.5 μm 의 두께(d)인 PR (n=3)에 형성되는 정재파(standing wave)에 의해 낮은 광강도(light intensity)로 노광되어 현상(develop)후에 뾰족하게 형성된 위치의 대략적 숫자는?**

ⓐ 5　　ⓑ 10　　ⓒ 15　　ⓓ 20

09 **ArF(λ=193 nm) 레이저를 이용하는 리소그래피에 있어서 1.0 μm 두께(d)인 PR (n=3)의 경우 형성되는 정재파(standing wave)에 의해 최소 강도(intensity)의 부분(뾰족하게 나온 곳)의 대략적 수는?**

ⓐ 20　　ⓑ 30　　ⓒ 40　　ⓓ 50

10 **광사진전사(photolithography)로 형성하는 패턴중에서 이미지 반전용(image reversal) 음성 감광제(negative PR)의 주요 장점을 활용하는 특별한 용도는?**

ⓐ diffusion　　ⓑ dry etching　　ⓒ lift-off　　ⓓ wet etching

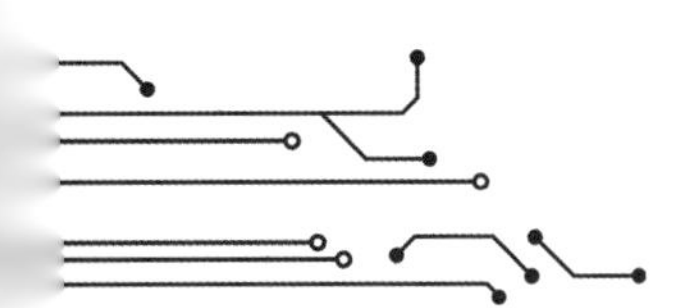

11 **반도체 공정중 광사진전사(photolithography)로 형성하는 PR(photoresist) 패턴의 용도에 해당하지 않는 것은?**

ⓐ dry etching ⓑ lift-off ⓒ ion implantation ⓓ diffusion

12 **실리콘 웨이퍼의 습식세정에 있어서 금속류(metallics)를 제거하는 용도로 가장 부적합한 것은?**

ⓐ SC-1(NH_4OH, H_2O_2, H_2O)

ⓑ SC-2(HPM: HCl, H_2O_2, H_2O)

ⓒ piranha(SPM: H_2SO_4, H_2O_2, H_2O)

ⓓ DHF(HF, H_2O)

13 **건식세정에 대한 설명으로 부적합한 것은?**

ⓐ 유기물, 무기물 금속류 등 다양한 성분을 제거하는데 유용함

ⓑ 유기감광제(photoresist)를 제거하는 ashing용으로 사용됨

ⓒ 기판표면의 자연산화막을 제거하는 목적에도 유용함

ⓓ 통상 습식식각에 비해 화학물질을 다량 사용하며 폐기물이 많이 발생함

14 **웨이퍼의 표면에서 파티클(particle)을 제거하는 원리(방식)에 해당하지 않는 것은?**

ⓐ 도금(electroplating) ⓑ 용해(dissolution)

ⓒ 식각에 의한 떼어내기(lift-off by etch) ⓓ 전기적 반발(electric repulsion)

15 **광사진전사(리소그래피)의 공정흐름으로 가장 적합한 것은?**

ⓐ 감광제 코딩 – 소프트 베이크 – 정렬 – 노광 – 노광후 굽기 – 현상 – 하드 베이크

ⓑ 감광제 코딩 – 노광후 굽기 – 정렬 – 노광 – 소프트 베이크 – 현상 – 하드 베이크

ⓒ 소프트 베이크 – 감광제 코딩 – 정렬 – 노광 – 노광후 굽기 – 현상 – 하드 베이크

ⓓ 하드 베이크 – 소프트 베이크 – 정렬 – 노광 – 현상 - 노광후 굽기 – 감광제 코딩

16 **PR(photoresist)의 하드베이크(hard bake)에 대한 설명으로 부적합한 것은?**

ⓐ 접착력을 향상시킴

ⓑ 100~130℃의 온도에서 1~2분 정도 열처리하여 경화함

ⓒ 패턴의 탄화를 위해 400℃ 이상의 고온에서 열처리함

ⓓ 식각과 같은 후속 공정에 대해 마스크로서 내성을 갖도록 함

17 **건식세정에 대한 설명으로 부적합한 것은?**

ⓐ 저압공정 장비들과 연계하여 사용하는데 호환성이 높고 편리함

ⓑ 습식식각에 비해 화학용액을 적게 사용하고 폐기물도 덜 발생함

ⓒ 반도체 기판을 500℃ 이상의 고온으로 가열하는 조건이 필요함

ⓓ 플라즈마를 사용하여 건식세정 가능함

18 **광사진전사(리소그래피)의 공정 단계(flow)로 가장 올바른 것은?**

ⓐ 감광제 코딩 – 노광후 굽기 – 정렬 – 노광 – 소프트 베이크 – 현상 – 하드 베이크

ⓑ 감광제 코딩 – 하드 베이크 – 정렬 – 노광 – 노광후 굽기 – 현상 – 소프트 베이크

ⓒ 소프트 베이크 – 감광제 코딩 – 정렬 – 노광 – 노광후 굽기 – 현상 – 하드 베이크

ⓓ 감광제 코딩 – 소프트 베이크 – 정렬 – 노광 – 노광후 굽기 – 현상 – 하드 베이크

19 **감광제를 회전에 의한 원심력으로 코팅하는 기술에 대한 설명으로 부적합한 것은?**

ⓐ 감광제는 웨이퍼의 중앙 부분에서 가장 두껍게 코팅됨

ⓑ 7000 rpm 이상의 고속에서 두께 균일도를 확보하는데 유리함

ⓒ 프리머(HMDS)는 웨이퍼 표면을 재수화(rehydration)를 방지하여 감광제의 접착력을 높임

ⓓ 웨이퍼 가장자리의 edge bead를 제거하여 웨이퍼 파괴나 오염을 방지함

20 **하드베이크(hard bake)에 대한 설명으로 부적합한 것은?**

ⓐ 통상 600℃ 이상 고온으로 열처리하여 패턴을 경화함

ⓑ 감광제 내부의 잔류하는 솔벤트를 제거함

ⓒ 중합반응(polymerization)을 촉하여 핀홀(pinhole)을 감소시킴

ⓓ 접착력을 향상시킴

21 **광사진전사(리소그래피) 공정이 완료된 후 검사할 주요 항목이 아닌 것은?**

ⓐ 경사도 및 두께

ⓑ 물리적 강도

ⓒ 정렬 오류

ⓓ 선폭 손실

22 **감광제를 회전에 의한 원심력으로 코팅하는 공정기술에 대한 설명으로 부적합한 것은?**

ⓐ 감광제의 점성도가 높을수록 두껍게 코팅됨

ⓑ 코팅 회전속도가 빠를수록 얇게 코팅됨

ⓒ 감광제는 웨이퍼의 중앙 부분에서 가장 두껍게 코팅됨

ⓓ 웨이퍼 가장자리의 edge bead를 제거하여 웨이퍼 파괴나 오염을 방지함

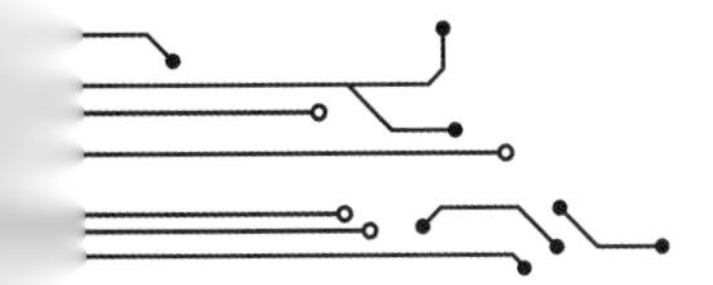

23 **감광제(photoresist)에 대한 설명으로 부적합한 것은?**

ⓐ 얇은 감광제는 고분해능과 짧은 노광시간의 장점을 제공함

ⓑ 단차가 큰 표면의 기판에는 3층 감광제를 이용해 해상도를 높일 수 있음

ⓒ 양성감광제는 노광에너지(mJ/cm^2)가 커서 작업 처리량을 높이는데 불리함

ⓓ 보관중의 감광제는 일반 태양광에 의해서 영향을 받지 아니함

24 **광사진전사(리소그래피) 공정이 완료된 후 PCM(Process Control Monitor) 검사할 주요 항목이 아닌 것은?**

ⓐ 패턴의 크기 및 두께 ⓑ 정렬 오류 ⓒ 접착 강도 ⓓ 패턴 기울기

25 **포토레지스트를 제거하는데 가장 적합한 용액은?**

ⓐ 불산 ⓑ 염산 ⓒ 초산 ⓓ 아세톤과 황산과수

26 **리소그래피에서 HMDS(hexamethyldisilazane)를 사용하는 이유는?**

ⓐ 웨이퍼 표면결함을 제거하기 위해

ⓑ 웨이퍼 표면을 소수성으로 해서 감광제와 기판으 사이의 점착력을 높이기 위해

ⓒ 빛에 반응시켜 미세패턴을 형성하기 위해

ⓓ 포토레지스트의 제거를 쉽게 하기 위해

27 **광사진전사(리소그래피) 공정이 완료된 후 PCM(Process Control Monitor) 검사할 주요 항목이 아닌 것은?**

ⓐ 패턴 찌그러짐 ⓑ 전기 전도도 ⓒ 핀홀의 유무 ⓓ 얼룩이나 오염

28 **감광제에 대한 설명으로 부적합한 것은?**

ⓐ 음성 감광제(negative photoresist)는 해상도가 양성감광제에 비해 우수하여 널리 사용됨

ⓑ 양성 감광제(positive photoresist)는 수지(resin), 감광물질, 유기용매로 구성됨

ⓒ 양성 감광제(positive photoresist)는 광에 노출되면 현상액에 녹는 물질로 변형됨

ⓓ 음성 감광제(negative photoresist)는 감광물질과 결합된 고분자물질임

29 **다음중 포토레지스트(감광제)를 제거하는데 가장 적합한 용액은?**

ⓐ 아세톤과 황산과수 ⓑ 메탄올 ⓒ 암모니아수 ⓓ 과산화수소와 질산

30 **광사진 전사에 사용하는 파장으로 수은램프(mercury lamp)의 광원과 관련 없는 것은?**

ⓐ Sn plasma (EUV, 13.5 nm) ⓑ G-line (436 nm)

ⓒ H-line (405) ⓓ I-line (365 nm)

31 **감광제에 대한 설명으로 부적합한 것은?**

ⓐ 양성 감광제(positive photoresist)는 수지(resin), 감광물질, 유기용매로 구성됨

ⓑ 양성 감광제(positive photoresist)는 해상도가 음성감광제에 비해 우수하여 널리 사용됨

ⓒ 감광제를 두껍게 코팅할수록 고분해능과 짧은 노광시간의 장점을 제공함

ⓓ Lift-off 공정에 음성감광제가 유용함

32 **리소그래피(광사진전사)에서 성능과 관련하여 해상도(resolution)=k_1 λ/NA, 초점심도(depth of focus)=k_2 λ/NA^2, NA=n*sinθ로 알려있는데, 해상도를 향상시키는 기법이 아닌 것은?**

ⓐ 파장이 작은 광원을 이용함

ⓑ 광근접 보정기술(optical proximity correction)을 이용함

ⓒ 노광(exposure)을 수 차례 반복해서 노광에너지를 최대로 높여서 사용함

ⓓ 위상이동 마스크(phase shift mask)를 사용함

33 **반도체 기판에서 포토레지스트를 제거하는 방식이 아닌 것은?**

ⓐ 아세톤 처리

ⓑ 황산과수(SPM) 처리

ⓒ 산소 플라즈마를 이용한 ashing

ⓓ 200℃ hard baking

34 **광사진 전사에 사용하는 광원으로 에시머레이저(eximer laser)의 광원과 관련 없는 것은?**

ⓐ Xe plasma (EUV, 13.5 nm)

ⓑ XeF (351 nm)

ⓒ XeCl (308 nm)

ⓓ KrF (DUV, 248 nm)

35 **감광제(photoresist)에 대한 설명으로 부적합한 것은?**

ⓐ 양성 감광제(positive photoresist)는 광에 노출되면 현상액에 녹는 물질로 변형됨

ⓑ 일반 태양광에 의해서 양성 감광제는 영향을 받지 아니함

ⓒ 음성 감광제(negative photoresist)는 광에 노출되면 교차결합이 발생함

ⓓ 얇은 감광제는 고분해능과 짧은 노광시간의 장점을 제공함

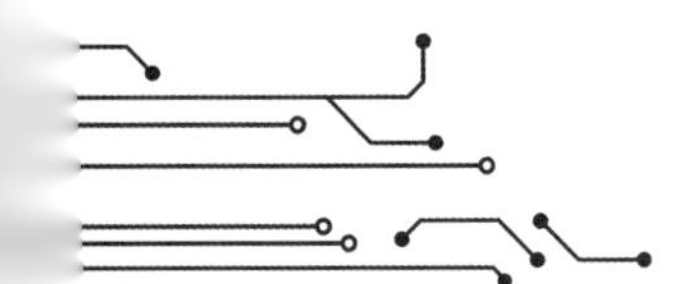

36 광리소그래피(optical lithography)와 관련 없는 것은?

ⓐ 가장자리 비드 제거(edge bead removal)

ⓑ 위상이동마스크(phase shift mask)

ⓒ 그림자효과(shadow effect)

ⓓ 변형조명 기술

37 반도체 기판에서 포토레지스트(photoresist)를 제거하는 방식이 아닌 것은?

ⓐ 아세톤 처리

ⓑ 산소 플라즈마를 이용한 ashing

ⓒ 초임계 이산화탄소

ⓓ 인산(H_3PO_4) 처리

38 리소그래피에서 HMDS(Hexamethyldisilazane)를 사용하는 이유는?

ⓐ 웨이퍼 표면을 소수성으로 해서 감광제와 기판 사이의 접착력을 높이기 위해

ⓑ 웨이퍼 표면결함을 제거하기 위해

ⓒ 빛에 반응시켜 미세패턴을 형성하기 위해

ⓓ 기판표면의 손상방지를 위해

39 광사진 전사에 사용하는 광원으로 엑시머레이저(eximer laser)의 광원과 관련 없는 것은?

ⓐ XeF (351 nm)

ⓑ ArF (DUV, 193 nm)

ⓒ F_2 (DUV, 157 nm)

ⓓ Xe plasma (EUV, 13.5 nm)

40 리소그래피(광사진전사)에서 성능과 관련하여 resolution=k_1 λ/NA, depth of focus=k_2 λ/NA^2, NA=n*sinθ로 알려있는데, 해상도를 향상시키는 기법이 아닌 것은?

ⓐ 대물렌즈와 감광막 사이에 굴절률이 높은 매질을 채워 사용함

ⓑ 가능한 최대로 두꺼운 포토레지스트를 사용함

ⓒ 변형조명을 사용해 k_1 값을 줄임

ⓓ 광근접 보정기술(optical proximity correction)을 이용함

41 **광사진전사(리소그래피, optical lithography)와 관련 없는 것은?**

ⓐ edge bead removal

ⓑ EUV

ⓒ shadow effect

ⓓ phase shift mask

42 **리소그래피(광사진전사)에서 성능과 관련하여 해상도(resolution)=k_1 λ/NA, 촛점심도(depth of focus)=k_2 λ/NA^2, NA=n*sinθ로 알려있는데, 분해능을 향상시키는 기법이 아닌 것은?**

ⓐ 광근접 보정기술(optical proximity correction)을 이용함

ⓑ 위상이동 마스크(phase shift mask)를 사용함

ⓒ 최대로 두꺼운 negative 포토레지스트를 사용함

ⓓ 포토레지스트 공정조건의 최적화

43 **전자선 리소그래피(e-beam lithography)에 대한 설명으로 부적합한 것은?**

ⓐ 고에너지의 전자선으로 PR을 증발시켜서 패턴을 형성함

ⓑ 마스크를 사용하지 아니함

ⓒ 100 nm 이하 패턴 형성이 가능함

ⓓ 감광막(photoresist)가 두꺼워도 광사진 전사에 비해 미세패턴 형성에 유리함

44 **광사진전사에서 패턴의 해상도(resolution=kλ/NA)를 결정하는 k factor를 개량하는 방법에 해당하지 않는 것은?**

ⓐ 감광제와 공정변수의 최적화

ⓑ OAI (Off-Axis Illumination)

ⓒ OPC (Optical Proximity Correction)

ⓓ O_2 plasma descum

45 **리소그래피(광사진전사)에서 k을 줄여서 분해능(resolution=kλ/NA)을 향상시키는 기법이 아닌 것은?**

ⓐ 대물렌즈와 감광막 사이에 굴절률이 높은 매질을 채워서 사용함

ⓑ 두꺼운 웨이퍼를 사용함

ⓒ 변형조명(off axis illumination)을 사용함

ⓓ 포토레지스트 공정조건의 최적화

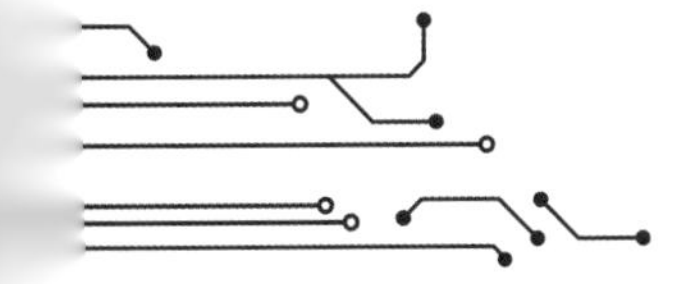

46 광사진전사에 있어서 광보정이 필요한 원인에 해당하지 않는 것은?

ⓐ 채널링 효과(channeling effect)

ⓑ 근접 효과(proximity effect)

ⓒ 선 단축(line shortening)

ⓓ 코너 곡선화(corner rounding)

[47-48] 다음 그림을 보고 물음에 답하시오.

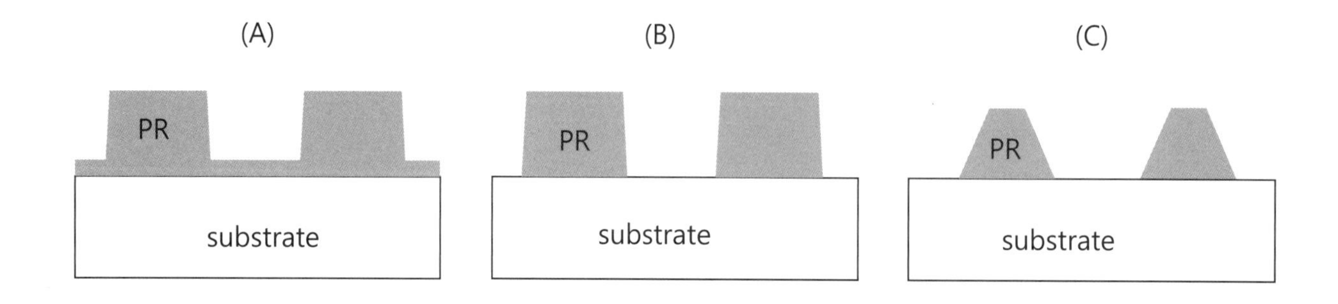

47 리소그래피의 현상(develop)을 마친 감광막 선(PR line) 패턴의 단면구조에 대한 설명으로 적합한 것은?

ⓐ (A)는 under develop 형상이므로 just develop을 위해서 노광에너지나 현상시간을 감소해야 함

ⓑ (C)는 over develop 형상이므로 just develop을 위해서 노광에너지나 현상시간을 감소해야 함

ⓒ (A)는 over develop 형상이므로 just develop을 위해서 노광에너지나 현상시간을 증가해야 함

ⓓ (C)는 under develop 형상이므로 just develop을 위해서 노광에너지나 현상시간을 감소해야 함

48 리소그래피의 현상(develop)을 마친 PR line 패턴의 단면구조에 대한 적합한 설명은?

ⓐ (A)는 under develop 형상이므로 just develop을 위해서 노광에너지나 현상시간을 증가해야 함

ⓑ (C)는 over develop 형상이므로 just develop을 위해서 노광에너지나 현상시간을 증가해야 함

ⓒ (A)는 over develop 형상이므로 just develop을 위해서 노광에너지나 현상시간을 감소해야 함

ⓓ (C)는 under develop 형상이므로 just develop을 위해서 노광에너지나 현상시간을 감소해야 함

49 포토리소그래피에서 극자외선(extreme UV) 파장에 해당하는 것은?

ⓐ F2 excimer laser(157 nm)

ⓑ KrF excimer laser(248 nm)

ⓒ ArF(193 nm)

ⓓ discharge produced Sn plasma(13.5 nm)

50 **광사진전사에 있어서 광보정이 필요한 원인에 해당하지 않는 것은?**

ⓐ 근접 효과 (proximity effect)

ⓑ 비선형성 (nonlinearity)

ⓒ 트렌치 식각 효과 (trench etch effect)

ⓓ 선 단축 (line shortening)

51 **광리소그래피(optical lithography)에서 광산란(light scattering) 영향을 감쇄하는 방법과 관련 없는 것은?**

ⓐ 광흡수체를 넣은 감광제(photoresist) 적용

ⓑ 다층 구조의 photoresist 적용

ⓒ 표면 평탄화를 하여 사용함

ⓓ RTA(Rapid Thermal Anneal)를 이용한 고온 열처리

52 **포토리소그래피에서 극자외선 (extreme UV) 파장에 해당하는 것은?**

ⓐ F_2 excimer laser(157 nm)

ⓑ G-line(436 nm)

ⓒ I-ine(365 nm)

ⓓ laser-produced Xe plasma(11.4 or 13.5 nm)

53 **포토리소그래피 공정에서 통상적으로 웨이퍼에 감광제(photoresist)를 코팅하기 전에 웨이퍼 표면에 HMDS(hexamethyldisilazane) 처리를 진행하는 이유는?**

ⓐ 웨이퍼 표면결함을 없애기 위해

ⓑ 웨피어 표면을 소수성으로 만들어 감광제가 웨이퍼 표면에 부착하는 접착성을 높이기 위해

ⓒ 웨이퍼 표면손상을 방지하기 위해

ⓓ 웨이퍼 표면을 친수성으로 하여 탈이온수(DI water)가 잘 부착하도록 하기 위해

54 **웨이퍼의 표면에서 파티클(particle)을 제거하는 원리(방식)에 해당하지 않는 것은?**

ⓐ electroplating

ⓑ dissolution

ⓒ oxidizing degradation and dissolution

ⓓ lift-off by etch

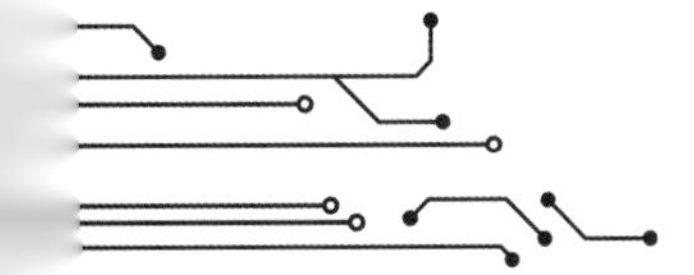

55 **역메사(reverse mesa) 형태의 포토레지스트(PR) 패턴으로 떼어내기(lift-off)하여 금속패턴을 형성하는 주요 공정단계로 적합한 것은?**

ⓐ PR(negative) 코팅 – 광 리소그래피 – 표면 세정 – 금속막 증착 – 세정 및 건조 – PR 용해(초음파)

ⓑ PR(positive) 코팅 – 광 리소그래피 – 표면 세정 – 금속막 증착 – PR 용해(초음파) – 세정 및 건조

ⓒ PR(negative) 코팅 – 광 리소그래피 – 표면 세정 – 금속막 증착 – PR 용해(초음파) – 세정 및 건조

ⓓ PR(positive) 코팅 – 광 리소그래피 – 표면 세정 – 금속막 증착 – 세정 및 건조 – PR 용해(초음파)

56 **광 사진전사에서 패턴의 해상도(resolution=kλ/NA)를 결정하는 k 상수를 개량하는 방법에 해당하지 않는 것은?**

ⓐ 감광제와 공정변수의 최적화

ⓑ OPC(Optical Proximity Correction)

ⓒ PSM (Phase Shift Mask)

ⓓ O_2 plasma ashing

57 **반도체의 리소그래피용 광원으로 사용하지 않는 것은?**

ⓐ x-ray　　ⓑ EUV　　ⓒ electron beam　　ⓓ Ar laser

58 **반도체의 건식세정(dry cleaning)에 해당하지 않는 것은?**

ⓐ mega sonic　　ⓑ O_2 plasma clean

ⓒ Ar/H_2 plasma clean　　ⓓ ultraviolet-ozone clean

[59-60] **다음 그림을 보고 물음에 답하시오.**

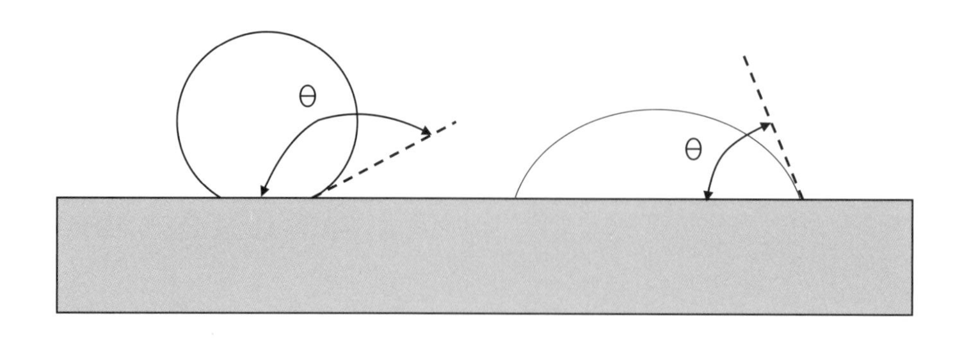

59 **실리콘 웨이퍼의 표면에서 수분이 접촉된 두 종류의 상태를 보이는데 바르지 않은 설명은?**

ⓐ 후속공정을 위해서는 θ>90°가 되는 표면상태가 바람직함

ⓑ θ>90°인 경우는 소수성(hydrophobic)이라 함

ⓒ θ<90°인 경우는 친수성(hydrophillic)이라 함

ⓓ 표면세정으로 산화막을 제거하면 θ<90°의 상태가 얻어짐

60 **실리콘 웨이퍼의 표면에서 수분이 접촉된 두 종류의 상태를 보이는데 바르지 않은 설명은?**

ⓐ θ>90°인 경우는 소수성(hydrophobic)이라 함

ⓑ 후속공정을 위해서는 θ<90°의 표면상태가 바람직함

ⓒ θ<90°인 경우는 친수성(hydrophillic)이라 함

ⓓ θ>90°의 경우 표면의 온전한 세정에 유리

61 **포토레지스트(PR)를 이용한 광리소그래피(photolithography)에 있어서 산란(scattering) 현상에 의한 패턴 크기의 변화를 최소화 하기 위한 방법이 아닌 것은?**

ⓐ dye in photoresist
ⓑ anti-reflection coating
ⓒ multi-layer resist
ⓓ descum

62 **극자외선(EUV) 리소그래피용 레이저의 파장(λ)이 13.5nm인 경우, 광학계의 k_1=0.4, k_2=0.5이고, 해상도가 35 nm이면 DOF(초점심도)는? 단, $R=k_1\lambda/NA$, $DoF=k_2\lambda/NA^2$를 적용함**

ⓐ 2.92 nm
ⓑ 29.2 nm
ⓒ 292 nm
ⓓ 2,920 nm

63 **건식세정에 대한 설명으로 부적합한 것은?**

ⓐ 유기물, 무기물 금속류 등 다양한 성분을 제거할 수 없음

ⓑ 유기감광제(photoresist)를 제거하는 산소플라즈마의 ashing은 건식세정임

ⓒ 물리적 화학적 반응이 모두 작용함

ⓓ 통상 습식식각에 비해 화학물질을 적게 사용하는 장점이 있음

64 **리소그래피(lithography)용 스텝퍼(stepper)장치를 구성하는 주요 요소에 해당하지 않는 것은?**

ⓐ Beam source
ⓑ Align
ⓒ Lens
ⓓ Spin coat

65 **전공정에서 트렌치의 내부를 세정하는데 관련한 이슈로 맞지 않는 것은?**

ⓐ 패턴이 미세하고 종횡비(aspect ratio)가 크면 세정이 난해함

ⓑ 트렌치 내부 불순물이나 잔유물의 제거에는 습식세정이 가장 효과적임

ⓒ 기포로 인하여 세정용액이 트렌치 내부로 바닥에 전달되기 어려움

ⓓ 오존 플라즈마와 같은 건식세정으로 효과를 높일 수 있음

66 **리소그래피에서 노광(exposure)후에 열처리하는 공정단계에 대한 설명으로 거리가 먼 것은?**

ⓐ PEB(Post Exposure Bake)라 함

ⓑ 정재파(standing wave) 효과를 감소시킴

ⓒ 패턴의 정렬정밀도(align accuracy)를 높임

ⓓ 감광제(PR)의 유기용매를 증발시키고 평탄하게 함

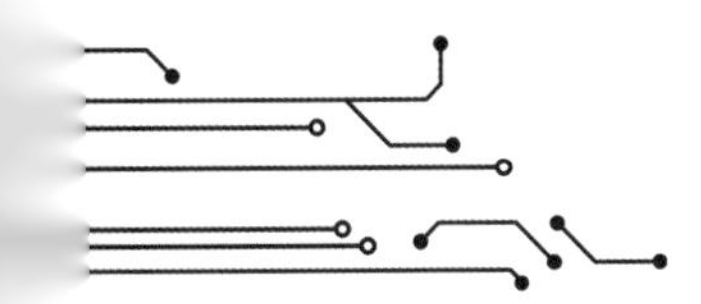

67 **리소그래피의 현상(develop)을 마친 PR 패턴의 단면구조에 부합하는 판단인 것은?**

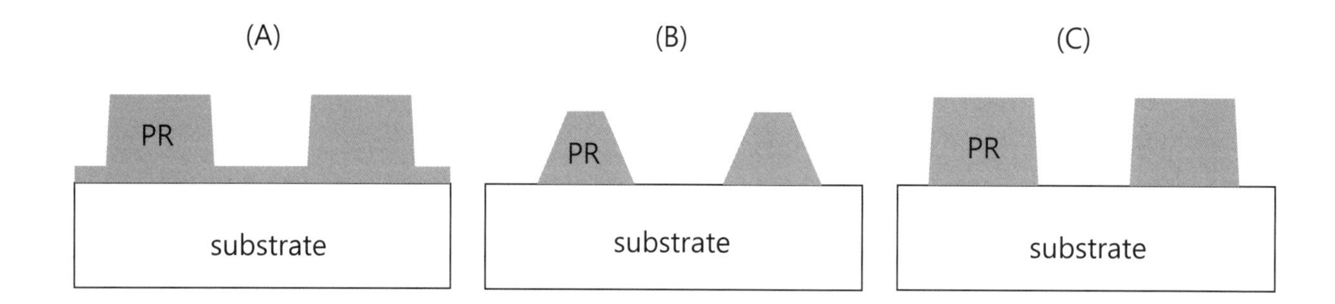

ⓐ under develop – over develop – just develop

ⓑ just develop – under develop – over develop

ⓒ over develop – under develop – just develop

ⓓ over develop – just develop – under develop

68 **리소그래피에서 BARC(Bottom Anti Reflection Coating)의 효과와 무관한 것은?**

ⓐ 정재파(standing wave) 효과를 저감시킴

ⓑ PR 패턴의 PEB(Post Exposure Bake) 과정을 생략하게 함

ⓒ 산란(scattering) 현상에 의한 notching의 발생을 저감시킴

ⓓ 금속선에 의한 반사나 요철이 심각한 상부에 정밀한 미세패턴 형성하는데 필요함

69 **공기중에서 사용하여 k_1=0.25, NA=0.5인 통상의 DUV ArF (193 nm) 리소그래피에 추가적으로 물(water)을 사용하는 액침노광(immersion exposure) 방식을 적용하는 경우에 관한 설명으로 틀린 설명은?**

ⓐ 초고순도의 물(water)을 사용하여 패턴품질을 높이고 오염을 제거함

ⓑ 물의 n=1.47로서 NA를 증가시켜 해상도를 높임

ⓒ 이론상 해상도가 48 nm에서 33 nm 정도로 개량됨

ⓓ 해상도를 높이기 위한 double exposure 같은 방식에 비해 생산성이 낮음

70 **극자외선(EUV: Extreme Ultravilot) 리소그래피 기술에 대한 설명으로 틀린 것은?**

ⓐ 파장이 13.5 nm로 매우 짧은 EUV 플라즈마 소스를 사용함

ⓑ 광학계가 렌즈(lens)보다 미러(mirror)로 구성됨

ⓒ OPC(Optical Proximity Correction)나 PSM(Phase Shift Mask)을 적용할 필요 없음

ⓓ 마스크(레티클)는 광투과보다 흡수와 반사에 의해 작용함

71 **리소그래피에서 정재파(standing wave) 형태가 포토레지스트(PR) 패턴에 발생하는 원인은?**

ⓐ PR 표면의 높은 반사도

ⓑ 현상과정의 용액의 불균일도

ⓒ soft baking 단계의 온도 불균일도

ⓓ PR 하단부 기판측 계면의 높은 반사도

72 **전자선 리소그래피(e-beam lithography)에 대한 설명으로 부적합한 것은?**

ⓐ 광사진 전사(optical lithography)용 마스크의 제작에 유용함

ⓑ 고에너지의 전자선으로 PR을 녹여서 패턴을 형성함

ⓒ 전자선을 조사하는 시간이 오래 소요되어 thoughput이 낮음

ⓓ 감광막(photoresist)가 두꺼워도 광사진 전사에 비해 미세패턴 형성에 유리함

73 **리소그래피(광사진전사)에서 k_1 factor를 감소시켜 해상도(resolution=k_1 λ/NA)를 향상시키는 기법이 아닌 것은?**

ⓐ 광근접 보정기술(optical proximity correction)을 이용함

ⓑ 위상이동 마스크(phase shift mask)를 사용함

ⓒ 포토레지스트 공정조건의 최적화

ⓓ 웨이퍼의 두께를 크게 사용함

74 **다음의 리소그래피중에서 미세패턴 형성에 있어서 해상도가 가장 우수한 기술은?**

ⓐ i-line lithography　　ⓑ e-beam ligthography

ⓒ x-ray lithography　　ⓓ EUV lithography

75 **리소그래피를 완료한 후에 PCM(Process Control Monitor) 검사할 항복이 아닌 것은?**

ⓐ CD(critical dimension)

ⓑ 정렬(alignment)

ⓒ 경도(hardness)

ⓓ 표면 오염 및 결함

76 **리소그래피를 완료한 후에 PR 패턴에서 발견되는 결함의 종류에 해당되지 않는 것은?**

ⓐ 핀홀(pin hole)　ⓑ 전위(dislocation)　ⓒ 브릿지(bridging)　ⓓ 들뜸(lifting)

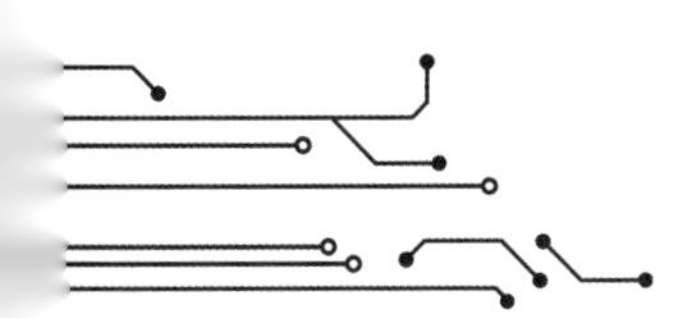

77 리소그래피에서 펠리클(pellicle)에 대한 설명으로 부적합한 것은?

ⓐ 광흡수가 적은 anti-reflection film(membrane)으로 구성됨

ⓑ 마스크(레티클)를 외부의 충격이나 오염으로부터 보호함

ⓒ 입자가 표면에 있는 경우 촛점심도의 차이로 인해 정확한 패턴형성에 유리

ⓓ 수 μm 두께의 불투명한 박막으로 입사광에 대한 반사도가 높음

78 리소그래피의 한계를 넘는 작은 패턴형성을 위한 멀티 패턴(multi patterning) 방식이 아닌 것은?

ⓐ LELE(Litho Etch Litho Etch)

ⓑ LIO(Litho Induced Oxidation)

ⓒ SADP(Self Aligned Double Patterning)

ⓓ LLE(Litho Litho Etch)

79 통상적 리소그래피의 한계를 넘어서는 리소그래피 공정법에서 hard mask용 소재에 해당하지 않는 것은?

ⓐ ARC(Anti Reflection Coating)

ⓑ ACL(Amorphous Carbon Layer)

ⓒ SiON

ⓓ CSOH(Carbon Spin On Hardmask)

80 G-line(파장=436 nm)를 이용한 광사진전사 공정에서 최소패턴크기(해상도, R=k λ/NA)는 0.5 μm , 촛점깊이(DoF=0.5 λ/NA^2)는 1 μm 인 공정기술을 확보했다. 공정기술에 의한 k factor가 동일한 수준인 경우, 최소패턴크기는 0.2 μm 이고, 초점심도는 0.15 μm 인 기술을 갖추기 위한 최적의 장비는?

ⓐ i-line stepper (λ=365 nm, NA=0.5)

ⓑ i-line stepper (λ=365 nm, NA=0.7)

ⓒ excimer laser stepper (λ=248 nm, NA=0.85)

ⓓ ArF stepper (λ=193 nm, NA=0.85)

제 7 장

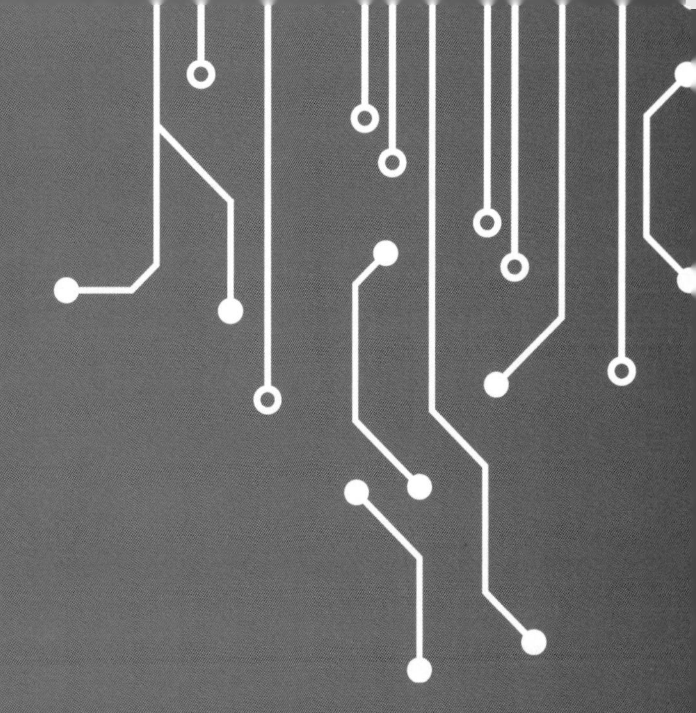

식각기술

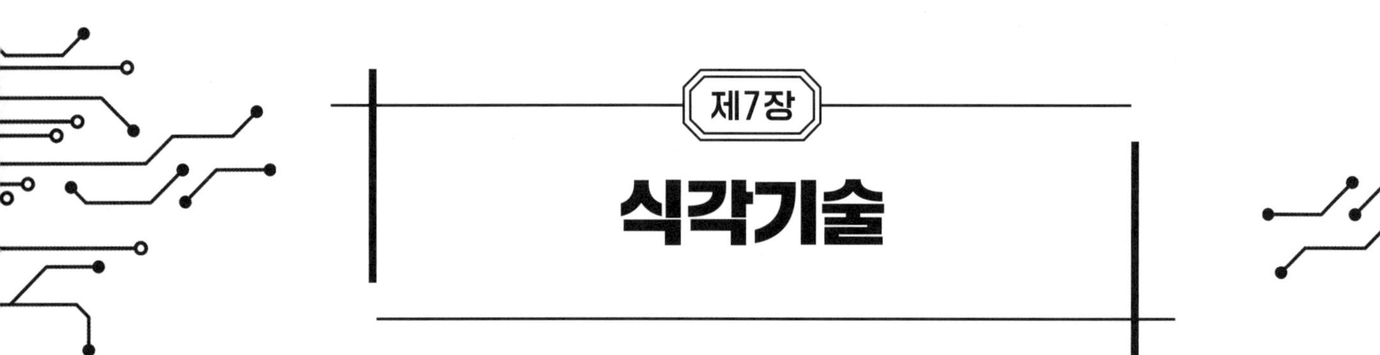

제7장

식각기술

01 반응성 Cl_2 가스를 이용하여 12인치(300 mm) 실리콘(100) 기판을 식각챔버의 공정압력이 10 mtorr인 상태에서 식각하는데 있어서 Turbo Molecular Pump(TMP)를 사용한다. Cl_2 주입튜브의 압력은 상압(760 torr)이고, 주입된 Cl_2의 1%가 반응식($Si + 2Cl_2 \rightarrow SiCl_4$)에 따라 실리콘의 식각에 작용하여 식각속도가 2 μm /min라고 할 때, 주입되는 Cl_2 가스의 유량(flow rate: liter/min)은? 단, PV=nRT, R=0.082 atm·L/ mol·K, $d_{Si}=1.4\times10^{23}$ atoms/cm^3을 적용함

ⓐ 0.145 LPM ⓑ 1.45 LPM ⓒ 14.5 LPM ⓓ 145 LPM

02 식각공정에 있어서 관리해야 하는 주요 변수가 아닌 것은?

ⓐ 식각률 ⓑ 정렬도(alignment) ⓒ 선택도(selectivity) ⓓ 균일도

03 식각공정 기술과 관련 없는 용어는?

ⓐ 과다현상(over develop)
ⓑ 과다 식각(excess etch)
ⓒ 강화 마스크(hard mask)
ⓓ 종말점(end point)

04 반응에 필요한 Cl_2 가스를 이용하여 12인치(300 mm) 실리콘(100) 기판을 식각챔버의 공정압력이 10 mTorr인 상태에서 식각하는데 있어서 Turbo Molecular Pump(TMP)를 사용한다. Cl_2 주입튜브의 압력은 상압(760 Torr)이고, 주입되는 Cl_2 가스 10 sccm만 고려할 때(반응에 의한 가스의 변화는 무시), 터보(turbo) 펌프(챔버압력 1 mTorr 에서 동작)의 펌핑속도(liter/min)는? (단, PV=nRT, R=0.082 atm·L/ mol·K, $d_{Si}=1.4\times10^{23}$ atoms/cm^3, 22.4 L/mole)

ⓐ 7.6 LPM ⓑ 76 LPM ⓒ 760 LPM ⓓ 7,600 LPM

05 식각공정 기술과 관련 없는 용어는?

ⓐ 과다 식각 (excess etch)
ⓑ 과다 노광 조사 (over exposure illumination)
ⓒ 이방성 형상 (anisotropic profile)
ⓓ 종말점 (end point)

[06-07] 다음 그림을 보고 물음에 답하시오.

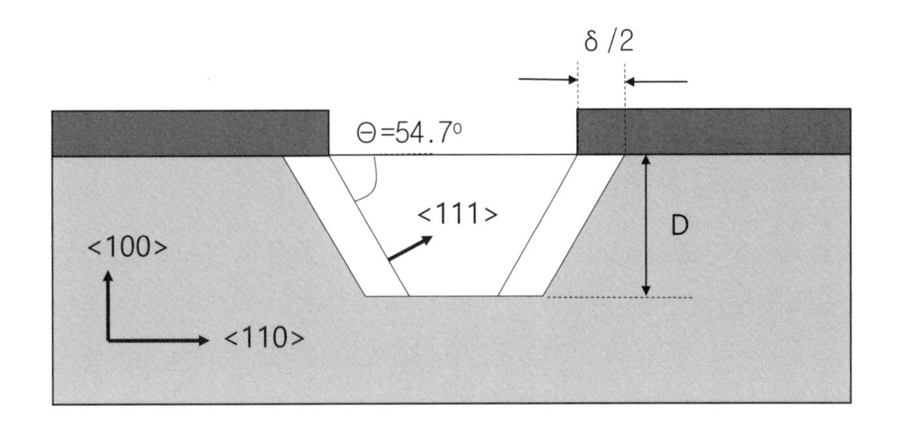

06 **그림과 같이 실리콘 기반의 비등방성 습식식각에 가장 흔히 사용되는 KOH계 식각의 경우에 대체로 23.4% KOH : 13.3% C_3H_8O : 63.3% H_2O 의 etchant를 사용한다. 이와 관련하여 부적합한 설명은?**

ⓐ (111)과 (100)면에 대한 식각률의 차이가 10배 정도 얻을 수 있음

ⓑ 면에 따른 식각률의 차이는 표면의 결정구조와 관계함

ⓒ 실리콘 기판에 V-형, 또는 피라미드형을 만들 수 있음

ⓓ (110)면의 식각속도는 (100)와 (111) 사이의 중간을 유지함

07 **그림과 같이 실리콘 기반의 비등방성 습식식각에 가장 많이 이용되는 KOH계 식각의 경우에 대체로 23.4% KOH : 13.3% C_3H_8O : 63.3% H_2O 의 식각용액(etchant)을 사용한다. 이와 관련하여 부적합한 설명은?**

ⓐ (111)과 (100)면에 대한 식각속도의 차이가 10배 정도 얻을 수 있음

ⓑ (100)면이 (111)면에 비해 식각속도가 빠름

ⓒ (110)면의 식각속도는 (100)와 (111) 사이의 중간 값을 보임

ⓓ 실리콘 기판에 V-형, 또는 피라미드형을 만들 수 있음

08 **건식식각에 있어서 플라즈마에서 고에너지 입자의 충돌로 인한 현상이 아닌 것은?**

ⓐ 분해(dissociation)

ⓑ 이온화(ionization)

ⓒ 재결합(rcombination)

ⓓ 여기(excitation)

09 **건식식각에 플라즈마를 이용하는 장점이 아닌 것은?**

ⓐ 비등방성 식각 제어

ⓑ 식각분포가 균일함

ⓒ 다양한 물질을 식각함

ⓓ 결함발생이 없는 식각표면

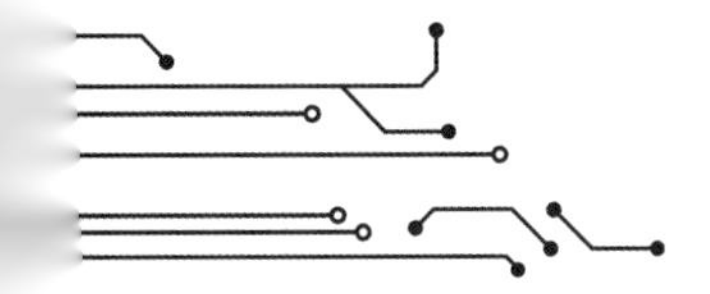

10 **RIE(Reactive Ion Etch) 대비 ICP(Inductive Coupled Plasma)의 특징에 해당하지 않는 것은?**

ⓐ 자석(magnet)을 사용해 웨이퍼 가장자리의 플라즈마 밀도를 높게 제어함

ⓑ 가스의 유량(flow rate)을 낮게 사용

ⓒ 유도장(inductiove field)에 의해 고밀도 플라즈마를 생성시킴

ⓓ 캐소드에 인가하는 바이어스(bias) RF power로 식각속도를 제어

11 **실리콘산화막의 습식식각에 사용되는 HF:NH_4F:H_2O 혼합용액에서 각 chemical의 역할로 정확한 것은?**

ⓐ HF는 식각용액의 안정화. NH_4F는 SiO_2와 반응하여 제거, H_2O는 식각용액을 희석하여 식각속도 제어

ⓑ HF는 SiO_2와 반응하여 제거. NH_4F는 식각용액을 희석하여 식각속도 제어, H_2O는 식각용액의 안정화

ⓒ HF는 SiO_2와 반응하여 제거. NH_4F는 식각용액의 안정화, H_2O는 식각용액을 희석하여 식각속도 제어

ⓓ HF는 식각용액을 희석하여 식각속도 제어. NH_4F는 SiO_2와 반응하여 제거, H_2O는 식각용액의 안정화

12 **실리콘 기판의 전위밀도(dislocation density)를 측정하기 위한 표면을 화학용액으로 식각하는 방법은?**

ⓐ Secco etching ⓑ SPM

ⓒ SC1 ⓓ SC2

13 **실리콘이나 산화막에 CF_4를 이용한 건식식각에 대한 설명으로 부적합한 것은?**

ⓐ CF_4에 O_2를 다량 첨가할수록 식각속도가 계속해서 선형적으로 증가함

ⓑ CF_4 플라즈마에 CF_3^+ 이온상태에 비하여 CF_3와 F가 더 많이 존재함

ⓒ CF_4에 H_2를 첨가하면 HF를 생성되면서 F 농도가 감소해 식각율이 감소함

ⓓ CF_4에 O_2를 소량(<10%) 첨가하면 CO의 발생으로 F의 농도가 높아져 식각율이 증가함

14 **RIE(Reactive Ion Etch) 대비 ICP(Inductive Coupled Plasma)의 특징에 해당하지 않는 것은?**

ⓐ ICP는 저압 조건이므로 반응 부산물의 제거가 빠름

ⓑ 캐소드에 인가된 bias RF power를 낮추어 이온의 에너지 감소시킴

ⓒ 자석(magnet)을 챔버에 사용하여 웨이퍼 중앙로 플라즈마를 집중시킴

ⓓ 이온에너지를 낮추어 식각표면에 결함생성을 감소시킴

15 **실리콘이나 산화막에 CF_4를 이용한 건식식각에 대한 설명으로 부적합한 것은?**

ⓐ CF_4 플라즈마에 CF_3^+ 이온상태에 비하여 CF_3와 F가 더 많이 존재함

ⓑ CF_4에 O_2를 다량 첨가할수록 식각속도가 계속해서 선형적으로 증가함

ⓒ CF_4 플라즈마에 발생된 F가 반응하여 Si 및 SiO_2을 식각함

ⓓ CF_4에 O_2를 소량(<10%) 첨가하면 CO의 발생으로 F의 농도가 높아져 식각율이 증가함

[16-17] 다음 데이터를 보고 물음에 답하시오.

Boiling Point (℃) at 1 atm			
Chlorides		Fluorides	
$AlCl_3$	177.8	AlF_3	1,291
$SiCl_4$	57.6	SiF_4	-90.3
Cu_2Cl_2	1,490	Cu_2F_2	1,100
$TiCl_4$	136.4	TiF_4	284
WCl_6	346.7	WF_6	17.5

16 건식식각시 발생하는 화학반응물에 대한 위의 데이터를 따르면 건식식각이 가장 어려운 물질은?

ⓐ W　　ⓑ Al　　ⓒ Ti　　ⓓ Cu

17 건식식각시 발생하는 화학반응물에 대한 위의 데이터를 따르면 가장 적합한 설명은?

ⓐ 알루미늄(Al) 식각에는 CF_4가 유용하고, W 식각에는 Cl_2가 유용함

ⓑ 알루미늄(Al)과 W 식각에 Cl_2가 유용함

ⓒ 알루미늄(Al)과 W 식각에 CF_4가 유용함

ⓓ 알루미늄(Al) 식각에는 Cl_2가 유용하고, W 식각에는 CF_4가 유용함

18 식각에는 표면굴곡에 따라 과도식각(over etch)와 선택비(selectivity)에 대한 현상을 고려해야 한다. 패턴을 이용한 식각에있어서 그림과 같이 기판에 영향을 주지 않고 필름만 완벽하게 식각하기 위해 반드시 필요한 조건은?

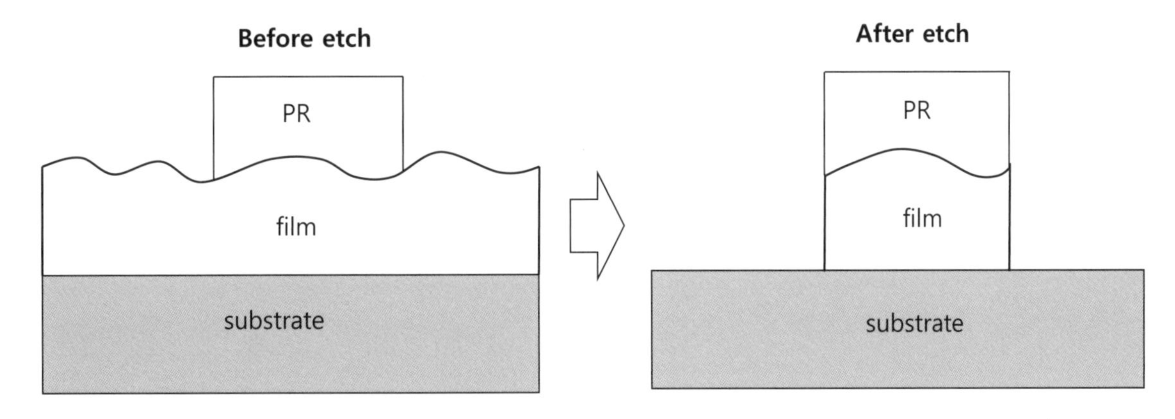

ⓐ PR과 필름(film)에 대한 식각의 선택비(selectivity)가 최대한 높아야 함

ⓑ PR과 기판에 대한 식각의 selectivity가 최대한 높아야 함

ⓒ 필름과 기판의 식각률이 완전히 동일해야 함

ⓓ 기판과 film에 대한 식각의 selectivity가 최대한 높아야 함

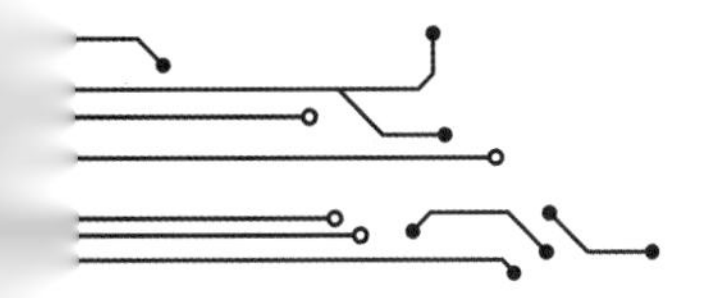

19 **그림과 통상적으로 세 종류의 식각기술에 대한 공정압력의 범위를 구분할 수 있는데, 아래의 식각공정을 비교한 설명으로 부적합한 것은?**

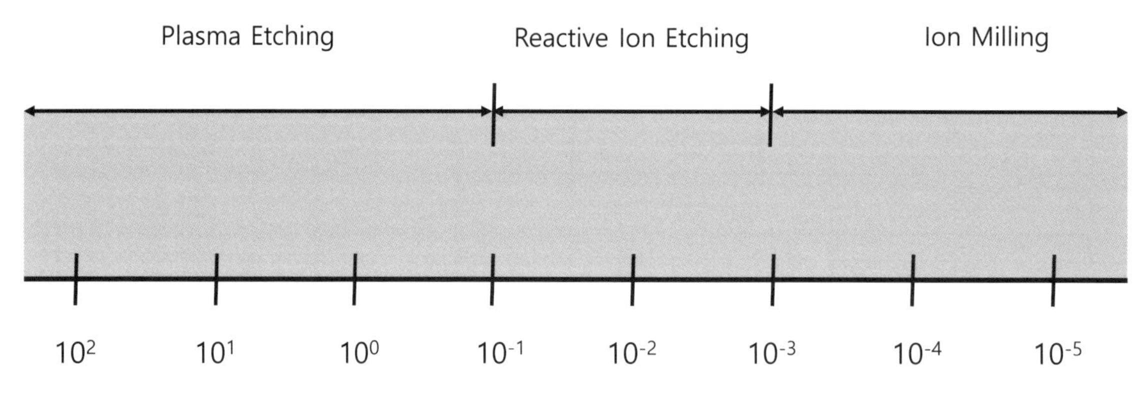

ⓐ 가장 화학적 반응에 의한 공정은 pasma etching임

ⓑ 가장 물리적 충돌에 의한 식각이 심한 공정은 ion milling임

ⓒ 식각된 표면에 결함을 가장 많이 발생시키는 것은 ion milling임

ⓓ 식각된 표면에 RIE(Reactive Ion Etching)이 가장 결함을 적게 발생시킴

[20-21] 다음 그림을 보고 물음에 답하시오.

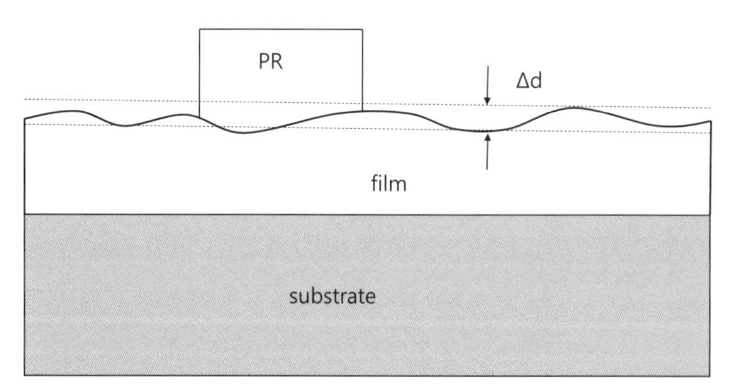

20 **과잉식각(over etch)과 선택비(selectivity)에 대한 현상을 고려하여 식각하려는데, 박막(film)의 평균 두께가 2 ㎛ 이고, 두께의 표준편차는 0.2 ㎛ 이며, 박막의 식각률은 1 ㎛/min이고 감광막(PR) 마스크의 식각률은 0.1 ㎛/min이다. 완전히 필름을 식각하기 위해 박막두께 표준편차의 4배를 과잉식각(over etch)하려는 경우 필요한 최소 PR두께는?**

ⓐ 0.28 nm　　ⓑ 2.8 nm　　ⓒ 0.28 ㎛　　ⓓ 2.8 ㎛

21 **과잉식각(over etch)과 선택비(selectivity)을 고려하여 식각하는데 있어서 박막(film)의 평균두께가 1 ㎛ 이고, 두께의 표준편차는 0.1 ㎛ 이며, 박막의 식각률은 1 ㎛/min인 경우 film의 식각을 완전히 마치려면 얼마의 시간이 필요한가? 단, 완전히 필름을 식각하기 위해 사용하는 과잉식각(over etch)은 두께표준편차의 4배로 정함**

ⓐ 24초　　ⓑ 1분 24초　　ⓒ 2분 24초　　ⓓ 4분

[22-23] 다음 그림을 보고 물음에 답하시오.

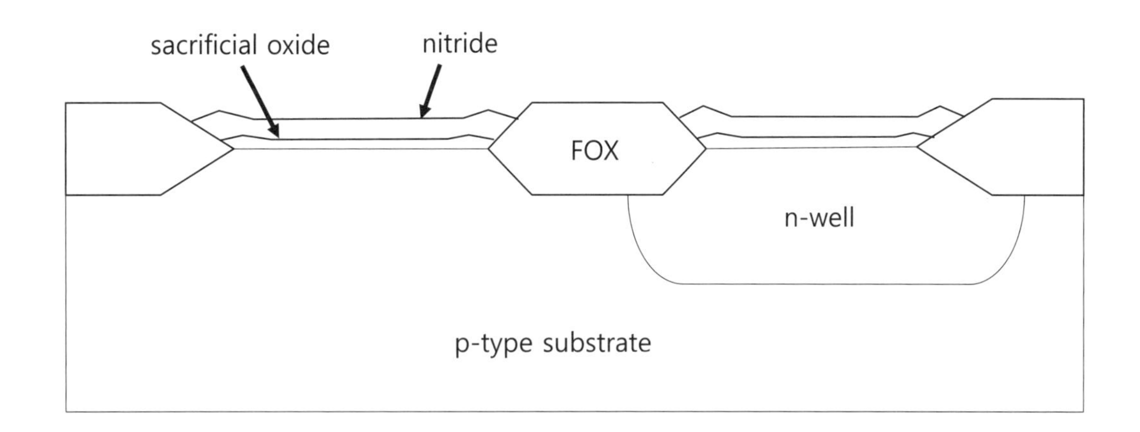

22 국부산화막(LOCOS) 형성에 사용한 300 nm 두께의 Si_3N_4(실리콘질화막)을 제거하는 식각공정을 설명한다. 온도를 180℃로 가열한 인산(H_3PO_4) 용액에서 실리콘질화막의 식각률이 10 nm/min이고, 실리콘산화막과는 선택비(selectivity)가 10:1이고, 실리콘 기판과는 선택비(selectivity)가 30:1이다. 실리콘질화막을 완전히 제거하기 위하여 100% 과잉식각(over etch)한 경우 LOCOS의 식각되는 두께는?

ⓐ 6 nm　　ⓑ 60 nm　　ⓒ 6 μm　　ⓓ 60 μm

23 실리콘 반도체에서 40 nm의 희생산화막의 상부에 300 nm의 Si_3N_4(실리콘질화막)을 마스크로 사용해 LOCOS(Local Oxidation of Silicon) 산화를 하였다. 질화막과 희생산화막을 제거하는 식각공정에 있어서 180℃로 가열한 인산(H_3PO_4) 용액에서 실리콘질화막의 식각률이 10 nm/min이고, 실리콘산화막과는선택비(selectivity)가 10:1이고, 실리콘산화막과는 선택비(selectivity)가 30:1이다. 식각을 30분 한 후에 상태에 대한 설명으로 가정 적합한 것은?

ⓐ 질화막과 희생산화막이 모두 제거되고 노출된 실리콘은 6 nm 정도 식각된 상태임

ⓑ 질화막은 완전히 제거되고 희생산화막은 40 nm가 잔류하는 상태임

ⓒ 질화막이 완전히 제거되고 희생산화막은 1 nm 정도 잔류하는 상태임

ⓓ 질화막과 희생산화막이 모두 제거되고 노출된 실리콘은 0.6 nm 정도 식각된 상태임

24 반응성이온식각(RIE) 건식식각에서 로딩효과(loading effect)를 저감하기 위한 조건에 해당하지 않는 것은?

ⓐ 공정압력을 100 Torr 이상으로 높여서 식각부위에 생성된 부산물의 제거를 억제함

ⓑ 기판의 온도를 낮추어 반응률 제어(reaction rate limit) 조건을 사용함

ⓒ 반응가스의 주입량을 충분히 높여 국부적인 농도 불균일도를 감소시킴

ⓓ 이온충돌(ion bombardment)에 의해 식각속도가 제어되는 조건을 이용함

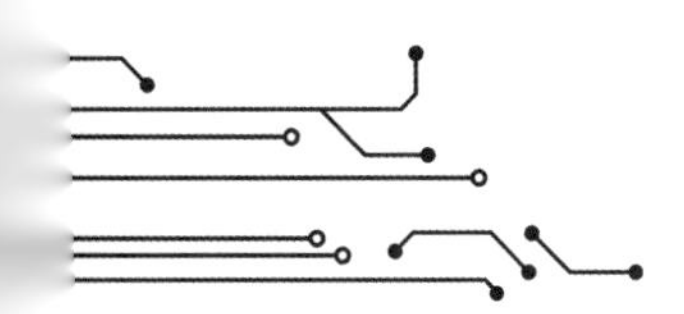

25 실리콘(100) 반도체 기판의 습식식각과 건식식각에 대한 설명으로 적합하지 않은 것은?

ⓐ 웨이퍼의 전면에서 식각 균일도를 높이는데 건식식각이 유리함

ⓑ 배치(batch)로 할 수 있는 습식식각의 경우 생산성이 높음

ⓒ 반도체공정에서 건식식각은 모든 물질을 유용한 조건으로 식각할 수 있음

ⓓ 식각조건이 동일하여 재현성이 높고 장기간 사용하는데 건식식각이 유리함

26 실리콘(100) 반도체 기판의 습식식각과 건식식각에 대한 설명으로 적합하지 않은 것은?

ⓐ HNO_3 용액을 이용한 습식식각이 등방성 식각에 유용함

ⓑ 반도체 공정의 건식식각은 모든 물질을 적합한 조건으로 식각할 수 있음

ⓒ (111) 표면을 형성하는데 KOH용액을 이용한 습식식각이 방향성 식각에 유용함

ⓓ 건식식각은 플라즈마에 의한 표면결함의 생성을 고려해야 함

27 유도결합 플라즈마 (ICP: Inductively Coupled Plasma)를 이용한 식각공정으로 부적합한 것은?

ⓐ 수 mTorr의 낮은 압력에서 공정이 가능함

ⓑ 저압에서 고밀도 플라즈마를 발생시킴

ⓒ 균일도를 위해 항상 웨이퍼를 고온으로 가열해야 함

ⓓ ICP RF는 플라즈마를 발생시켜 웨이퍼로 공급함

28 기판에 두께(t1, t2)의 게이트(박막-1)와 산화막(박막-2)이 증착된 형태를 이용하여 게이트에 산화막 측벽(side wall)을 형성하는데 있어서 가장 적합한 식각조건은?

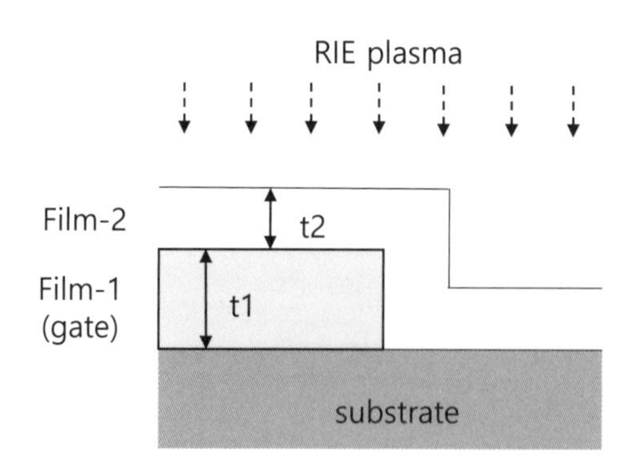

ⓐ 게이트와 기판에 대해 산화막의 식각선택비는 최대한 작아야 하고, 측면식각이 느려야 유리함

ⓑ 게이트와 기판에 대해 산화막의 식각선택비는 최대한 커야 하고, 측면식각이 느려야 유리함

ⓒ 게이트와 기판에 대해 산화막의 식각선택비는 최대한 커야 하고, 측면식각이 빨라야 유리함

ⓓ 게이트와 기판에 대해 산화막의 식각선택비는 최대한 작아야 하고, 측면식각이 빨라야 유리함

29 **실리콘(100) 반도체 기판의 습식식각과 건식식각에 대한 설명으로 적합하지 않은 것은?**

ⓐ 종횡비(aspect ratio)가 큰 트렌치 식각에 건식식각이 유용함

ⓑ 습식식각에 비해 건식식각이 미세패턴의 형성에 더 우수함

ⓒ 습식식각은 화학용액(원료)를 많이 사용하는 단점이 있음

ⓓ 건식식각은 화학가스(원료)를 너무 많이 사용하는 단점이 있음

30 **유도결합 플라즈마 (ICP: Inductively Coupled Plasma)를 이용한 식각공정으로 부적합한 것은?**

ⓐ ICP단의 RF power는 이온의 밀도를 높이고 조절하는데 유용함

ⓑ 웨이퍼를 고온으로 가열해야 균일한 식각이 이루어짐

ⓒ 웨이퍼에는 bias RF power를 인가함

ⓓ 기판에 도달하는 이온의 에너지를 높이고 제어하는데 유용함

31 **포토레지스트(PR) 패턴을 마스크로 이용하고, 혼합용액 (H_3PO_4, CH_3COOH, HNO_3, H_2O)으로 Al 금속을 습식식각하는데 있어서 틀린 설명은?**

ⓐ HNO_3는 표면의 Al을 산화시킴

ⓑ H_3PO_4는 Al 산화물을 용해시킴

ⓒ CH_3COOH 는 식각용액을 안정화함

ⓓ 비등방성(anisotropic) 식각이 되어 완벽히 수직형 프로화일이 형성됨

32 **유도결합 플라즈마 (ICP: Inductively Coupled Plasma)를 이용한 식각공정으로 부적합한 것은?**

ⓐ 전기전도성이 없는 절연체 박막의 식각은 불가능함

ⓑ 수 mTorr의 낮은 압력에서 공정이 가능함

ⓒ 웨이퍼에는 bias RF를 인가함

ⓓ 선폭이 작고 프로화일이 정밀한 식각에 유용함

33 **Si 기판의 식각에 CF_4를 주요 가스로 이용한 RIE(반응성 이온 식각)에 있어서 틀린 설명은?**

ⓐ 반응가스에 H_2를 첨가하면 식각속도가 감소함

ⓑ 반응가스에 H_2를 첨가하면 챔버에서 HF의 생성이 증가함

ⓒ 산소가스를 10% 이내로 소량 첨가하면 식각속도가 증가함

ⓓ 웨이퍼측 전극에 인가된 bias RF power는 식각속도에 영향을 미치지 않음

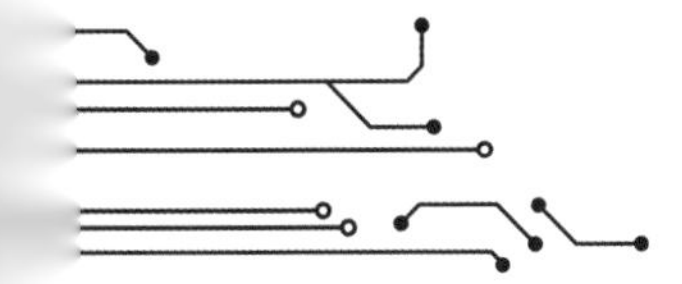

34 **포토레지스트(PR) 패턴을 마스크로 이용하고, 혼합용액 (H_3PO_4, CH_3COOH, HNO_3, H_2O)으로 Al 금속을 습식식각하는데 있어서 틀린 설명은?**

ⓐ 비등방성(anisotropic) 식각이 되어 완벽히 수직형 식각프로화일이 형성됨

ⓑ HNO_3는 표면의 Al을 산화시킴

ⓒ H_2O는 용액을 희석하여 식각속도를 조절함

ⓓ 등방석(isoptropic) 식각이 되어 포토레지스 아래에 언더컷(undercut)이 발생함

35 **실리콘 반도체 기판의 습식식각에 대한 설명으로 부적합한 것은?**

ⓐ HNO_3:HF:H_2O 용액은 등방성 시각에 적합함

ⓑ KOH: C_3H_8O:H_2O 용액은 비등방성 식각에 유용함

ⓒ KOH는 (100)면에 비해 (111)면의 식각속도가 느림

ⓓ 선택적 식각을 위한 마스크는 반드시 포토레지스트를 이용해야 함

36 **Si 기판의 식각에 CF_4를 주요 가스로 이용한 RIE(반응성 이온 식각)에 있어서 틀린 설명은?**

ⓐ 플라즈마에서 반응성이 높은 F 래디칼(radical)dl 생성되어 식각이 발생함

ⓑ 식각공정에 물리적 식각과 화학적 식각이 동시에 일어남

ⓒ 웨이퍼에 인가된 bias RF power의 값은 식각속도에 영향을 미치지 않음

ⓓ 반응물 SiF_4가 생성되며 진공펌프에 의해 외부로 제거됨

37 **실리콘 반도체 기판에 C_3H_8O를 이용하는 습식식각에 대한 설명으로 부적합한 것은?**

ⓐ 온도가 높아지면 식각속도가 빨라짐

ⓑ 선택적 식각을 위한 마스크는 항상 포토레지스트를 이용함

ⓒ C_3H_8O 대신에 IPA(Isoprophylalchohol)을 사용할 수 있음

ⓓ C_3H_8O는 식각표면을평탄하고 균일하게 함

38 **실리콘 반도체에서 건식식각에 대한 설명으로 부적합한 것은?**

ⓐ 깊은 트렌치의 식각에 건식식각을 이용할 수 없음

ⓑ 대부분 반응성 가스의 플라즈마를 이용함

ⓒ 균일성과 재현성 측면에서 습식식각에 비해 우수함

ⓓ Al 금속의 건식식각에 Cl_2, BCl_3의 가스를 주로 이용함

39 **실리콘 반도체 기판의 습식식각에 대한 설명으로 부적합한 것은?**

ⓐ HNO_3는 표면 실리콘의 산화제 역할을 함

ⓑ HF는 표면 산화막을 제거함

ⓒ KOH는 (100)면에 비해 (111)면의 식각속도가 느림

ⓓ KOH는 식각속도가 결정방향에 무관하여 isotropic 식각에 가장 적합함

40 **실리콘 반도체 (110) 기판에 KOH 화학용액의 습식식각에 대한 아래 그림에 적합한 것은?**

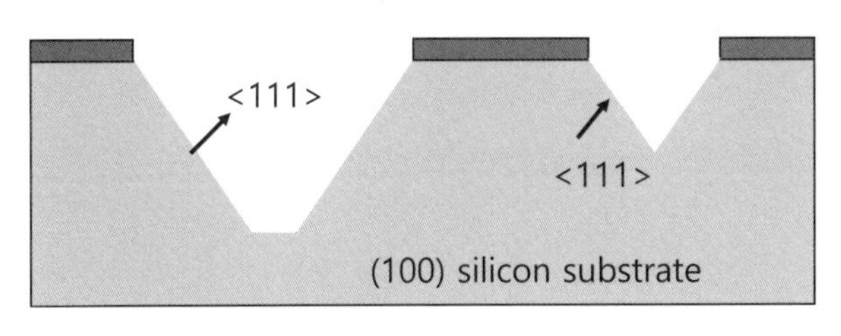

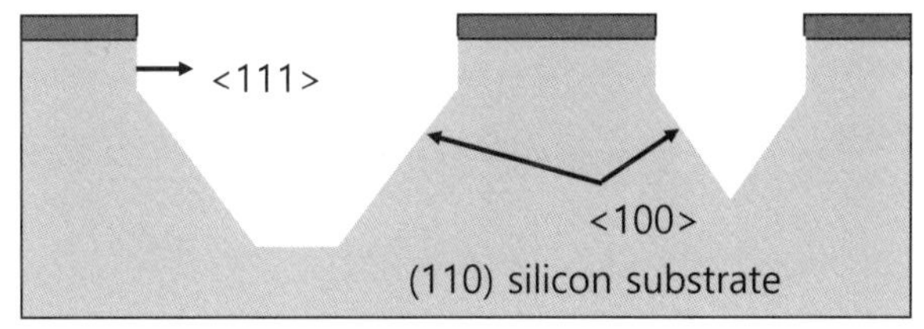

ⓐ 면에 단한 식각속도는 (111) 〈 (100) 〈 (110) 순서로 큼

ⓑ 면에 단한 식각속도는 (111) 〈 (110) 〈 (100) 순서로 큼

ⓒ 면에 단한 식각속도는 (100) 〈 (110) 〈 (111) 순서로 큼

ⓓ 면에 단한 식각속도는 (100) 〈 (111) 〈 (110) 순서로 큼

41 **실리콘 반도체에서 건식식각에 대한 설명으로 부적합한 것은?**

ⓐ 건식식각에 화학적 반응과 물리적 반응이 공존함

ⓑ 습식식각에 비해 선택적 식각 성능이 대체로 부족함

ⓒ 깊은 트렌치의 식각에 건식식각을 이용할 수 없음

ⓓ 비등방성 식각 선응은 습식식각에 비해 탁월함

42 **실리콘 반도체 공정에 있어서 습식식각에 대한 설명으로 부적합한 것은?**

ⓐ 아세톤(acetone)은 감광제(photoresist)를 제거함

ⓑ H_2O_2는 산화제로 작용함

ⓒ H_3PO_4는 산화막을 식각함

ⓓ 빠르고 균일한 식각을 위해 온도를 높이고 용액을 저어줌

43 **실리콘 반도체 공정에 있어서 습식식각에 대한 설명으로 부적합한 것은?**

ⓐ 인산(H_3PO_4)은 실리콘질화막(Si_3N_4)을 식각함

ⓑ 아세톤(acetone)은 photoresist를 제거함

ⓒ 빠르고 균일한 식각을 위해 온도를 높이고 저어줌

ⓓ 불산(HF)은 다결정 실리콘(poly-Si)을 식각함

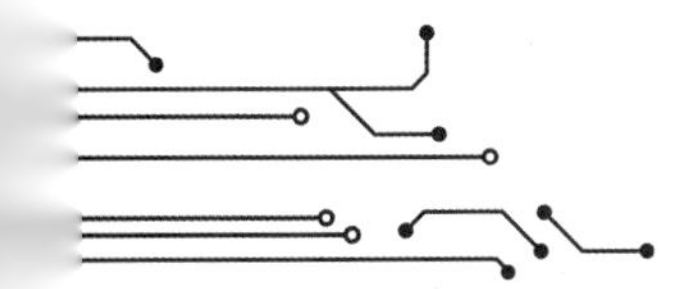

44 **아래 중에서 산화막(SiO_2)의 식각용액으로 가장 부적합한 것은?**

ⓐ $H_2SO_4 + H_3PO_4$

ⓑ HF + HCl

ⓒ $HF + NH_4F + H_2O$

ⓓ $HF + HNO_3 + H_2O$

45 **실리콘 반도체 공정에 있어서 습식식각에 대한 설명으로 부적합한 것은?**

ⓐ 습식식각 용액은 사용한 회수와 무관하게 장기간 동일한 식각 조건을 유지함

ⓑ HNO_3는 Poly-Si을 식각함

ⓒ HF는 SiO_2와 Si_3N_4를 식각함

ⓓ H_2SO_4는 Ti를 제거(strip)하는데 유용함

46 **다음중 식각을 위한 고밀도 플라즈마(high density plasma) 방식에 해당하지 않는 것은?**

ⓐ ECR ⓑ magnetron RIE ⓒ ICP ⓓ RIE

47 **아래의 화학용액 중에서 산화막(SiO_2)를 가장 잘 식각하는 용액인 것은?**

ⓐ H_2SO_4 ⓑ H_3PO_4 ⓒ HCl ⓓ KOH(70℃)

48 **Cl_2와 Ar을 1:1로 희석한 가스를 이용하는 ICP 식각에 있어서 동작압력이 1 mTorr인 경우 간단한 계산을 위해 단지 Ar 가스만을 고려하기로 하여 온도(T; 300K) 이상기체 방정식을 적용하기로 한다. (PV=nRT, R=0.08 L.atm/K.mol, $6.02x10^{23}$ atom/mol). 챔버내의 Ar 밀도(원자수/cm^3)는?**

ⓐ $3.25x10^{13}$ cm^{-3} ⓑ $3.25x10^{14}$ cm^{-3} ⓒ $3.25x10^{15}$ cm^{-3} ⓓ $3.25x10^{16}$ cm^{-3}

49 **Cl_2와 Ar을 1:1로 희석한 가스를 이용하는 ICP 식각에 있어서 동작압력이 1 mTorr인 경우 간단한 계산을 위해 단지 Ar 가스만을 고려하기로 하여 이상기체 방정식을 적용하기로 한다. (PV=nRT, R=0.08 L.atm/K.mol, $6.02x10^{23}$ atom/mol). Ar의 이온화 효율이 1%이면 플라즈마에 존재하는 Ar 이온의 추정되는 밀도(이온의 수/cm^3)는?**

ⓐ $3.25x10^{11}$ cm^{-3} ⓑ $3.25x10^{12}$ cm^{-3} ⓒ $3.25x10^{13}$ cm^{-3} ⓓ $3.25x10^{14}$ cm^{-3}

50 **실리콘 반도체 공정에 있어서 습식식각에 대한 설명으로 부적합한 것은?**

ⓐ H_3PO_4는 Al을 식각함

ⓑ HNO_3는 poly-Si을 식각함

ⓒ 메탄올(methanol)은 감광제(photoresist)를 제거함

ⓓ H_2O_2는 강력한 산화제로 사용함

51 Cl_2와 Ar을 1:1로 희석한 가스를 이용하는 ICP 식각에 있어서 동작압력이 1 mTorr인 경우 간단한 계산을 위해 단지 Ar(40 amu) 가스만을 고려하기로 하여 이상기체 방정식을 적용하기로 한다. 단위면적당 분자의 충돌 Flux는 압력(P; Pascal=7.5 mTorr), 분자질량(M: atomic mass), 온도(T; 300K)에 대하여, 대략적으로 $\Phi = 2.64 \cdot 10^{20}\left(\frac{P}{\sqrt{MT}}\right) molecules/cm^2 \cdot sec$이다. 이온화 효율이 1%이면 기판측으로 가속되는 Ar 이온의 유량(flux)은?

ⓐ $1.6x10^{14}$ /cm^2 sec ⓑ $1.6x10^{15}$ /cm^2 sec ⓒ $1.6x10^{16}$ /cm^2 sec ⓓ $1.6x10^{17}$ /cm^2 sec

52 반도체의 식각공정에서 고려할 사항이 아닌 것은?

ⓐ 식각의 형상(etch profile) ⓑ 촛점 깊이(depth of focus)
ⓒ 잔유물(residue) ⓓ 선택비(selectivity)

53 아래 중에서 실리콘 산화막(SiO_2)를 잘 식각하는 용액인 것은?

ⓐ KOH(70℃) ⓑ H_2SO_4 ⓒ HCl ⓓ NH_4OH

54 Cl_2와 Ar을 1:1로 희석한 가스를 이용하는 ICP 식각에 있어서 동작압력이 1 mTorr인 경우 간단한 계산을 위해 단지 Ar(40 amu) 가스만을 고려하기로 하여 이상기체 방정식을 적용하기로 한다. 단위면적당 분자의 충돌 Flux는 압력(P; pascal=7.5 mTorr), 분자질량(M: atomic mass), 온도(T; 300 K)에 대하여, 대략적으로 $\Phi = 2.64 \cdot 10^{20}\left(\frac{P}{\sqrt{MT}}\right) molecules/cm^2 \cdot sec$이다. Ar의 이온화 효율이 1%이고, Si(100) 격자상수는 0.54 nm, 표면원자 밀도는 $1.6x10^{15}$ cm^{-2}이며, Ar 이온에 의한 스퍼터 수율(sputtering yield)이 1(one)이면 물리적(스퍼터링) 식각률은?

ⓐ 0.54 nm/sec ⓑ 5.4 nm/sec ⓒ 54 nm/sec ⓓ 540 nm/sec

55 플라즈마를 사용하는 건식식각의 기술과 관련 없는 용어는?

ⓐ 종말점 감지(end point detection)
ⓑ 트렌치 효과(trench effect)
ⓒ 보쉬 공정(Bosch process)
ⓓ 주입 공정(drive-in)

56 반도체의 식각공정에서 PCM(Process Control Monitor)에 고려할 사항이 아닌 것은?

ⓐ 식각 속도(etch rate) ⓑ 과잉 식각(over etch)
ⓒ 해상도(resolution) ⓓ 잔유물(residue)

57 식각에 사용하는 종결점(end point detection) 측정기술과 관련 없는 것은?

ⓐ 레이저 반사 간섭기 ⓑ timer
ⓒ 질량분석기 ⓓ optical emission spectroscopy

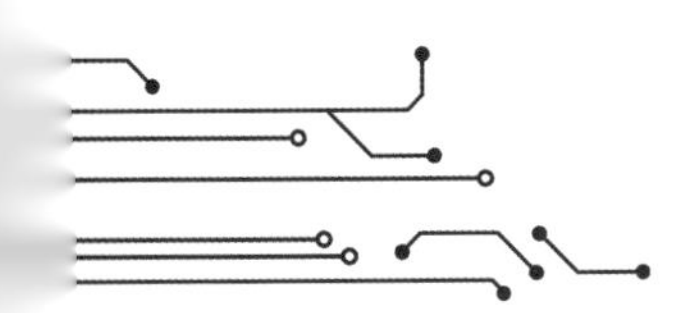

58 Cl_2와 Ar을 1:1로 희석한 가스를 이용하는 ICP 식각에 있어서 동작압력이 1 mTorr인 경우 간단한 계산을 위해 단지 Ar 가스만을 고려하기로 하여 이상기체 방정식을 적용하기로 한다. 단위면적당 분자의 충돌 Flux는 압력(P; pascal=7.5 mTorr), 분자질량(M: atomic mass), 온도(T; 300 K)에 대하여, 대략적으로 $\Phi = 2.64 \cdot 10^{20}\left(\frac{P}{\sqrt{MT}}\right) molecules/cm^2 \cdot sec$로 주어지며, Si(100) 격자상수는 0.54 nm, 표면원자 밀도는 1.6×10^{15} cm^{-2}이다. Ar의 이온화 효율이 1%이고, Ar 이온에 의한 스퍼터 수율(sputtering yield)이 1(one)이고, 식각률(물리적 및 화학적 식각 총합)이 1.54 nm/sec인 경우, 화학적 식각률은?

ⓐ 0.74 nm/sec ⓑ 0.84 nm/sec ⓒ 0.94 nm/sec ⓓ 1 nm/sec

59 Cl_2와 Ar을 1:1로 희석한 가스를 이용하는 ICP 식각에 있어서 물리적 식각을 높이기 위한 방안으로 적합한 것은?

ⓐ Ar의 함량은 감소시키고, 웨이퍼에 인가된(bias) RF power는 증가시킴
ⓑ Cl의 함량과 웨이퍼에 인가된(bias) RF power 모두 감소시킴
ⓒ Cl의 함량은 증가시키고, 웨이퍼에 인가된(bias) RF power를 감소시킴
ⓓ Ar의 함량과 웨이퍼에 인가된(bias) RF power를 증가시킴

60 반응성이온식각(RIE)의 핵심 공정변수(process parameter)에 해당하지 않는 것은?

ⓐ 압력 ⓑ 반응 가스의 종류와 비율
ⓒ 가속기 전압 ⓓ RF 전력

61 플라즈마를 이용하는 건식식각 기술과 관련 없는 용어는?

ⓐ soft baking ⓑ end point detection
ⓒ local loading effect ⓓ Bosch process

62 아래 중에서 등방성 식각(isotropic etch) 용액이 아닌 것은?

ⓐ KOH ⓑ $HF:HNO_3:CH_3COOH:H_2O$
ⓒ HF ⓓ $HF:NH_4F$

63 아래 중에서 산화막(SiO_2)의 식각용액으로 부적합한 것은?

ⓐ HF + HCl ⓑ $H_3PO_4 + H_2O$ ⓒ KOH (90℃) ⓓ $HF + HNO_3 + H_2O$

64 비등방석 식각(anisotropic etch)용 용액이 아닌 것은?

ⓐ KOH ⓑ CsOH
ⓒ $HF:HNO_3:CH_3COOH:H_2O$ ⓓ NaOH

65 감광막(PR) 패턴을 이용하여 300 nm 두께의 산화막을 습식식각하는데 있어서 100% 과잉식각(overetch)한 경우 결과적인 식각단면으로 예상되는 가장 합당한 구조는?

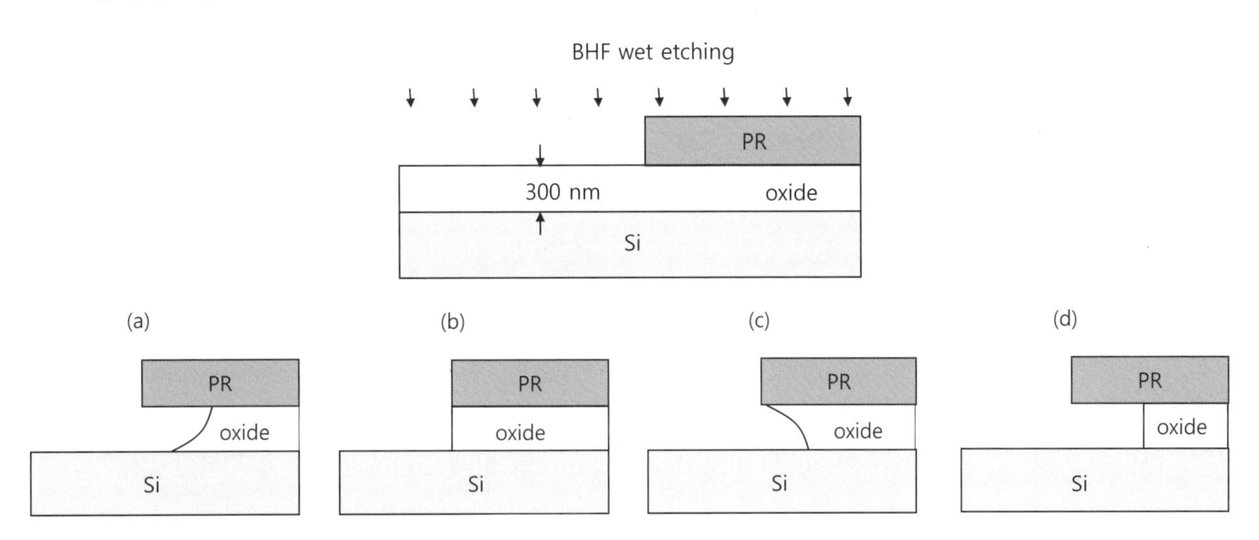

66 반도체의 식각공정에서 고려할 공정능력이 아닌 것은?

ⓐ 식각속도(etch rate)　ⓑ 균일도(uniformity)

ⓒ 접촉저항(contact resistance)　ⓓ 선택비(selectivity)

67 RIE 식각의 핵심 공정변수(process parameter)에 해당하지 않는 것은?

ⓐ 반응 가스의 종류와 비율　ⓑ RF 전력

ⓒ 기판 온도　ⓓ 가속기 전압

68 deep RIE를 사용한 TSV(through silicon via)용 반도체 식각공정에 Bosch 공정에 대한 고려사항이 아닌 것은?

ⓐ 측벽의 각도를 수직 내지 아주 약한 positive taper 형태로 조절

ⓑ 마스크 하단부의 undercut 발생 정도

ⓒ Al 금속의 오염도 증가

ⓓ 측벽의 scallop(조개껍질의 물결문양) 생성과 곡면의 굴곡도

69 반응가스로 C_4F_8와 SF_6 가스를 교대로 주입해 식각하는 Bosch 공정에 대한 설명으로 부적합한 것은?

ⓐ C_4F_8 가스는 식각표면에 고분자를 증착시킴

ⓑ 반응가스로 C_4F_8와 SF_6 가스를 동시에 주입하며 식각해도 동일한 식각이 가능함

ⓒ SF_6 가스는 RF bias와 작용하여 트렌치를 수직으로 식각하고, RF bias 없으면 등방(isotropic) 식각함

ⓓ SF_6 가스에서 분해된 F와 Si 원자가 반응하여 SiF_4의 가스로 되고 진공으로 제거되면서 식각됨

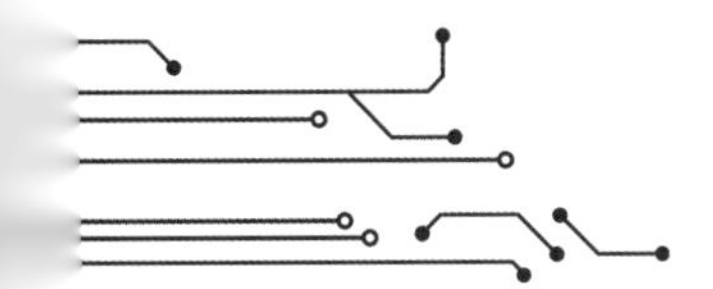

70 **실리콘 반도체에 O_2 + SF_6 혼합가스를 사용한 저온(cryogenic) RIE에 대한 설명으로 부적합한 설명은?**

ⓐ 기판의 온도를 극저온인 영하 100℃ 내지 이하로 조절하여 식각함

ⓑ positive taper 보다 reverse taper 형태의 트렌치 식각에 유리함

ⓒ bosch 방식이 아니어도 수직형 트렌치 식각을 할 수 있음

ⓓ 기판이 저온이라 F와 Si의 반응에 의한 등방성(isotropic) 식각이 저지됨

71 **반도체 기판의 표면에서 전위밀도, 슬립 등의 결정결함을 관찰하기 위한 습식식각법이 아닌 것은?**

ⓐ secco etching　　ⓑ schimmel etching

ⓒ sirl etching　　ⓓ ammoina etching

72 **반도체 기판의 그림과 같은 식각에서 비등방성(anisotropy: A)에 대한 설명으로 부적합한 것은?**

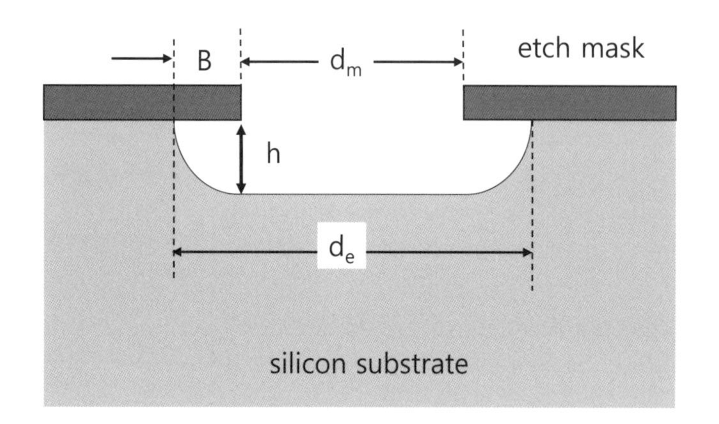

A: anisotropy

$A = 1 - \frac{B}{h}$

B: under cut

$B = \frac{|d_e - d_m|}{2}$

ⓐ A=0은 isotropic　　ⓑ A=1은 anisotropic

ⓒ A=0은 반응률 제어조건　　ⓓ A=1은 측면식각률=0

73 **식각에 있어서 필름 대비 마스크의 선택비(S_{fm})와 기판 대비 필름의 선택비(S_{fs})는 아래 그림과 같다. 마스크의 원상태를 최대한 유지하면서 필름을 식각하되 기판은 가능한 식각이 안되도록 자가정지(self limiting) 식각을 위한 선택비의 조건은?**

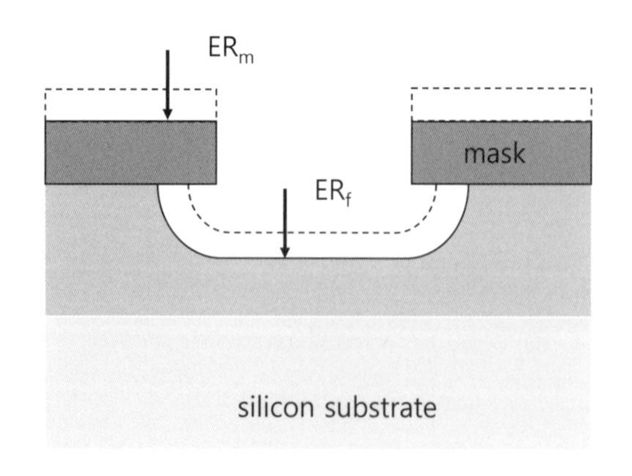

S: selectivity

$S_{fm} = \frac{ER_f}{ER_m}$

$S_{fs} = \frac{ER_f}{ER_s}$

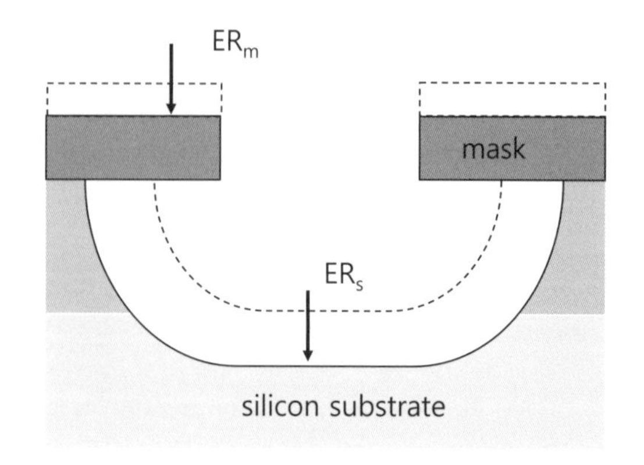

ⓐ $S_{fm} \ll 1$, $S_{fs} \ll 1$　　ⓑ $S_{fm} \ll 1$, $S_{fs} \gg 1$　　ⓒ $S_{fm} \gg 1$, $S_{fs} \gg 1$　　ⓓ $S_{fm} \gg 1$, $S_{fs} \ll 1$

74 **산화막/질화막 패턴을 에칭 마스크와 반응성 가스를 사용하는 건식식각의 단면형태에 대해 정확한 설명이 아닌 것은?**

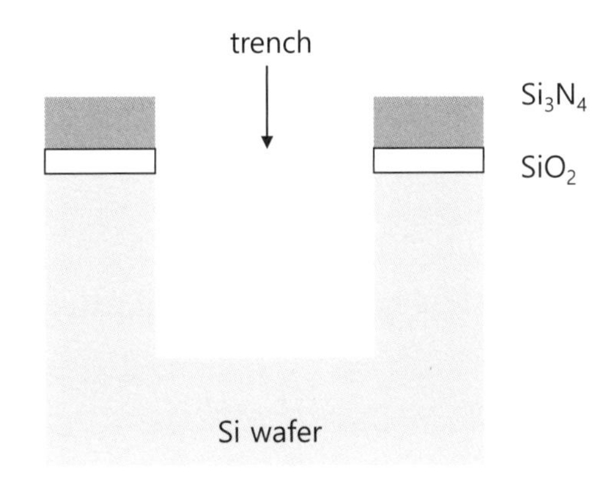

ⓐ 플라즈마 전력(power)을 높여서 물리적 반응으로 선택비를 높임

ⓑ 플라즈마를 이용해 화학반응과 물리반응이 복합적으로 작용함

ⓒ 수직방향 속도가 수평방향 식각에 비해 훨씬 빠르게 할 수 있음

ⓓ 플라즈마 건식식각으로 습식에 비해 CD(Critical Dimension) 손실을 최소로 하는데 유리함

75 **감광막(PR) 패턴을 이용하고 식각의 단면형태에 대해 정확한 설명이 아닌 것은?**

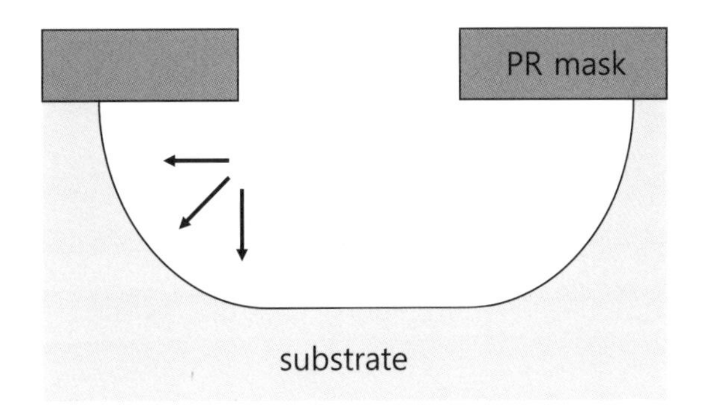

ⓐ 화학용액을 이용한 습식식각에서 주로 발생함

ⓑ 수평방향 식각과 수직방향 식각의 속도가 동일하여 등방성 식각(isotrpic etch)라 함

ⓒ 비정질 기판에만 발생하는 식각의 형태임

ⓓ CD(Critical Dimension) 손실이 크게 발생함

76 **혼합용액을 이용한 실리콘 반도체의 습식식각에서 표면의 산화막을 제거하는 용액들은?**

ⓐ HF, H_2SO_4, HNO_3

ⓑ HF, CH_3COOH, HNO_3

ⓒ HF, H_2SO_4, NH_4OH

ⓓ HF, CH_3COOH, NH_4OH

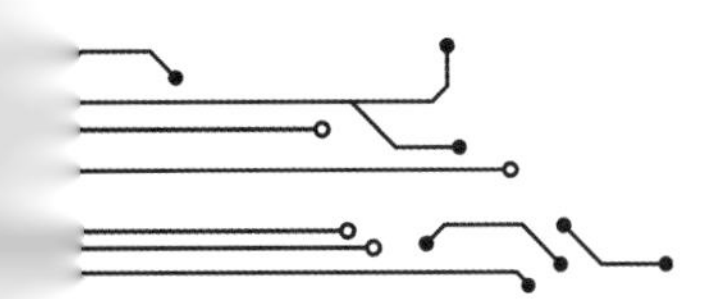

77 **혼합용액을 이용한 실리콘 반도체의 습식식각에서 바르지 않은 설명인 것은?**

ⓐ HNO_3는 산화제로 표면을 산화시킴

ⓑ H_2O_2는 환원제로 표면의 산소를 제거함

ⓒ H_2SO_4는 환원제로 표면의 산소를 제거함

ⓓ CH_3COOH는 희석제로 반응의 정도를 조절함

78 **SiO_2, Si 기판은 식각속도가 무시할 정도로 낮고, 실리콘질화막(Si_3N_4)만을 선택적으로 식각하는 용액은?**

ⓐ HF ⓑ HNO_3 ⓒ NH_4OH ⓓ H_3PO_4

79 **습식식각에서 초음파를 이용하는데 대한 설명으로 적합한 것은?**

ⓐ 용액이 균일하게 공급되게 하고 반응물을 빠르게 제거해 균일한 식각에 유리

ⓑ 초음파 에너지로 화학반응을 가속시켜 식각속도를 높이는 목적임

ⓒ 기판의 방향에 따른 식각속도를 조절하여 비등방성 식각이 되도록 함

ⓓ 기판의 표면에 용액이 흡착되는 것을 방해하여 식각속도를 감소시킴

80 **반응성 가스를 이용하는 플라즈마 건식식각의 장점이 아닌 것은?**

ⓐ 종말점(end point)의 정확한 제어

ⓑ 식각표면에 결함이 절대 발생하지 않음

ⓒ 식각의 균일성과 재현성

ⓓ 종횡비(aspect ratio)가 큰 비등방성(anisotropic) 식각

81 **반복(cyclic) 원자층 식각(atomic layer etching)에 대한 틀린 설명은?**

ⓐ 원자층을 반복(cyclic) 식각하여 일반적 건식식각 기술에 비해 식각속도가 느림

ⓑ 이온의 에너지를 낮게(10 eV~30 eV) 제어하여 표면에서 플라즈마에 의한 결함발생을 방지

ⓒ 원자수준을 제어하여 평탄한 표면을 생성하는데 유용함

ⓓ 크고 깊은 식각이 필요한 패턴을 가장 빠르게 형성하는 용도로 적합함

82 **그림은 이방성(anisotropic) 건식식각에서 식각패턴의 크기에 따라 깊이가 다른 형태를 보이는 형태로 무슨 효과라 하는가?**

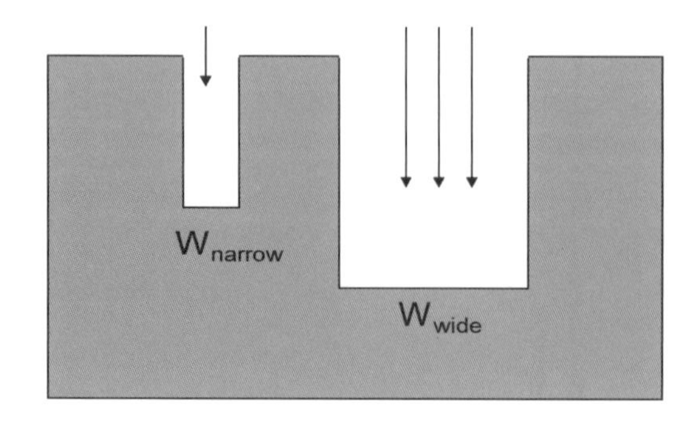

ⓐ 바이어스 효과 (bias effect)

ⓑ 압력 효과 (pressure effect)

ⓒ 트렌치 효과 (trench effect)

ⓓ 로딩 효과 (loading effect)

83 **마스크 패턴을 이용한 건식식각에서 흔하게 발견되는 단면의 형태를 보이는데 정확한 설명은?**

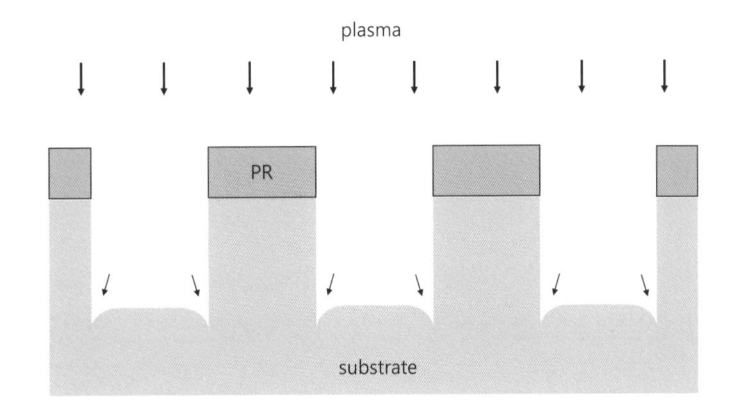

ⓐ 고에너지 이온의 물리적 충돌이 패턴 가장자리에 집속해 발생하는 side effect라 함

ⓑ 반응성 이온의 화학적 반응이 패턴 가장자리에 집속해 발생하는 trench effect라 함

ⓒ 고에너지 이온의 물리적 충돌이 패턴 가장자리에 집속해 발생하는 trench effect라 함

ⓓ 반응성 이온의 화학적 반응이 패턴 가장자리에 집속해 발생하는 side effect라 함

84 **다음중 Al 금속배선의 건식식각을 위해 사용할 수 없는 반응성 가스는?**

ⓐ $O_2 + CF_4$　　ⓑ $Ar + Cl_2$　　ⓒ $Ar + BCl_3$　　ⓓ CCl_4

85 **HF(Hydrofloric acid), HNO_3(Nitric acide), CH_3COOH(Acetic acide)의 삼원계(NHA) 습식식각 용액의 실리콘 식각속도에 대한 등식각 등고선(Isoetch Contour) 그림에 대한 영역별(A-B-C) 설명으로 적합한 것은?**

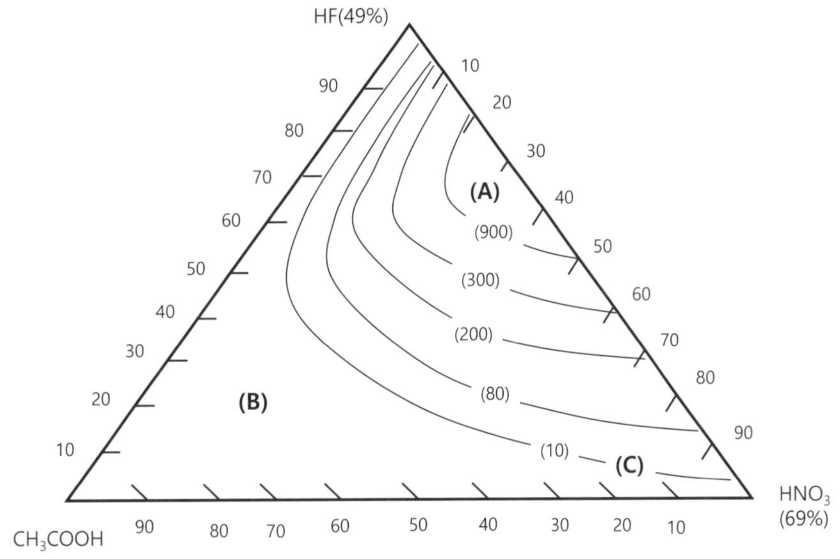

ⓐ 희석에 의한 저속식각 – 산화와 식각이 최대인 고속식각 – 낮은 산화에 의한 저속식각

ⓑ 낮은 산화에 의한 저속식각 – 산화와 식각이 최대인 고속식각 – 희석에 의한 저속식각

ⓒ 희석에 의한 저속식각 – 낮은 환원에 의한 저속식각 – 산화와 식각이 최대인 고속식각

ⓓ 산화와 식각이 최대인 식각 – 희석에 의한 저속식각 – 낮은 환원에 의한 저속식각

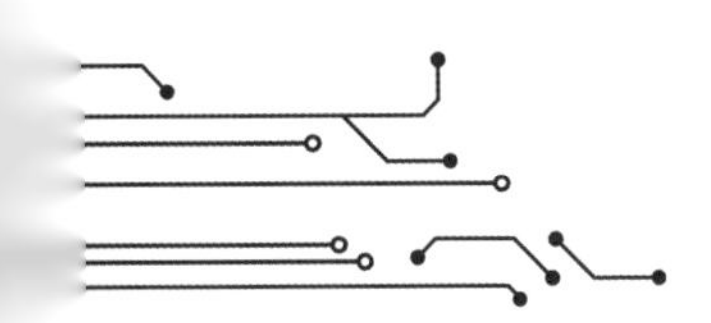

86 **원자층 식각(atomic layer etching)에 대한 틀린 설명은?**

ⓐ Cl과 같은 반응성 가스와 기판표면의 원자가 반응하여 surface modification층이 형성됨

ⓑ Ar, 크립톤(Kr)의 불활성 플라즈마의 이온충돌에 의해 surface modification 층을 제거함

ⓒ self-limiting 반응에 의해 원자수준의 반응과 식각이 이루어짐

ⓓ 공정조건으로 기판의 온도를 높일수록 선택적 ALE 식각에 유리함

87 **아래 그림의 식각된 단면의 형태에 대해 순서대로 가장 정확한 판단인 것은?**

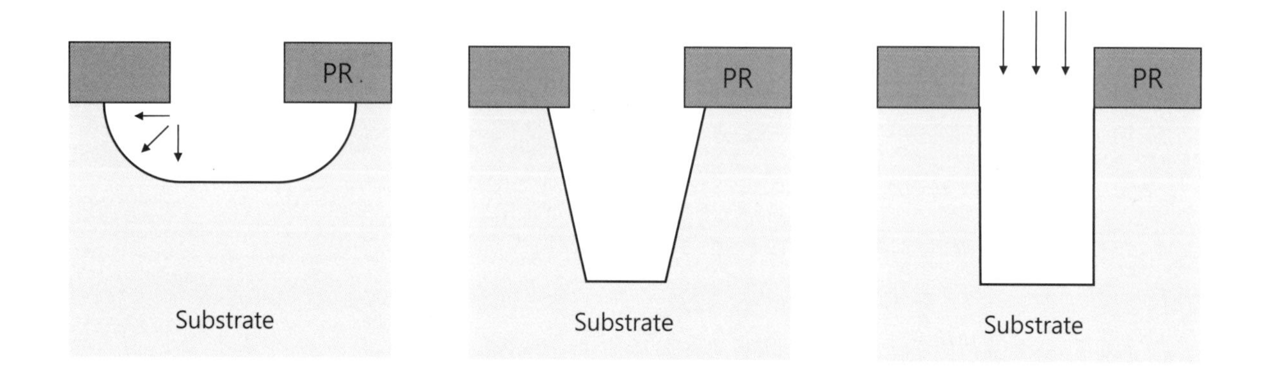

ⓐ isotropic etch, vertical etch, anisotropic directional etch

ⓑ directional etch, vertical etch, isotropic etch

ⓒ directional etch, isotropic etch, vertical etch

ⓓ isotropic etch, anisotropic directional etch, vertical etch

88 **주기적(cyclic) ALE(Atomic Layer Etching)의 메커니즘에 의한 공정순서로 가장 부합하는 것은?**

ⓐ surface activation(modification) – purge – passivation – ion bombardment – purge

ⓑ surface activation(modification) – passivation – purge – ion bombardment – purge

ⓒ surface activation(modification) – ion bombardment – purge – passivation – purge

ⓓ passivation – surface activation(modification) – purge – ion bombardment – purge

89 **반응성이온식각(RIE)에서 로딩효과(loading effect)에 대한 설명으로 올바르지 않은 것은?**

ⓐ 고온에서 질량이송제어(mass transport control) 조건이면 로딩효과(loading effect)가 감소함

ⓑ 식각되는 면적이 큰 패턴이 면적이 작은 패턴에 비해 식각률이 낮음

ⓒ 웨이퍼에 식각되는 패턴의 밀도가 낮으면 식각속도가 높아짐

ⓓ 반응가스를 충분히 공급하면 loading effect를 감소시킴

90 다음의 습식식각 화학반응식에 관련한 표현 중에서 부적합한 것은? 단, 여기에서 (...)는 복잡한 반응계를 의미함

ⓐ $Si_3N_4 + 12HCl \rightarrow \cdots \rightarrow 3SiCl_4\uparrow + 6H_2$

ⓑ $Si + 2KOH \rightarrow \cdots \rightarrow Si(OH)_2 \rightarrow \cdots \rightarrow Si(OH)_4\uparrow$

ⓒ $SIO_2 + 6HF \rightarrow H_2SiF_6\uparrow + 2H_2O$

ⓓ $Si_3N_4 + 4HF \rightarrow \cdots \rightarrow SiF_4\uparrow + Si_2NH\uparrow$

91 건식식각에 있어서 종말점을 감지(end point detection)하는 방법에 해당하지 않는 것은?

ⓐ laser reflectance (interferometry)

ⓑ optical emission spectrometry

ⓒ atomic force microscope

ⓓ mass spectroscopy

92 일반적으로 식각공정에 대한 주요 공정변수(parameter)가 아닌 것은?

ⓐ step coverage

ⓑ 균일도

ⓒ 선택도(selectivity)

ⓓ 식각속도

93 주기적(cyclic) ALE(Atomic Layer Etching)의 공정순서에서 탈착(desorption)에 의해 실질적으로 원자층이 식각되는 단계는?

ⓐ 이온충돌(ion bombardment)

ⓑ 표면활성화(surface activation)

ⓒ 차폐(passivation)

ⓓ 제거(purge)

94 반응성이온식각(RIE: Reactive Ion Etching) 건식식각에서 로딩효과(loading effect)의 설명으로 올바르지 않은 것은?

ⓐ 패턴에 따라 식각량이 많은 영역은 반응가스의 농도가 낮아 식각속도가 감소함

ⓑ 저온에서 반응률 제어(reaction rate control) 조건이 되면 로딩효과(loading effect)가 감소함

ⓒ 이온(ion)의 에너지에 의해 식각률이 주로 제어되면 로딩효과(loading effect)가 감소함

ⓓ 웨이퍼에서 식각되는 패턴의 면적이 증가하면 식각속도도 높아짐

95 반응성이온식각(RIE) 장치를 구성하는 주요 요소(기능)가 아닌 것은?

ⓐ 음극(anode)

ⓑ RF 발생기(RF generator)

ⓒ 적외선 램프(IR lamp)

ⓓ 정전척(ESD chuck)

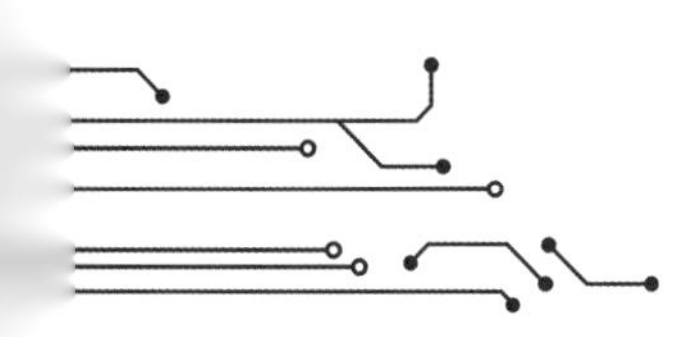

96 **아래 중에서 습식식각의 단점이라 할 수 있는 것은?**

ⓐ 높은 선택비　　ⓑ 빠른 식각속도

ⓒ 등방성 식각　　ⓓ 진공설비 불필요한 저비용

97 **박막의 식각공정을 수행한 결과 그림과 같이 차례로 불충분 식각(under etch), 과잉 식각(over etch), 정확한 식각(just etch)을 보이는데, 박막(film)만 정확히 제거된 just etch를 전체 웨이퍼에서 항상 쉽게 얻기 위한 가장 유용한 조건은?**

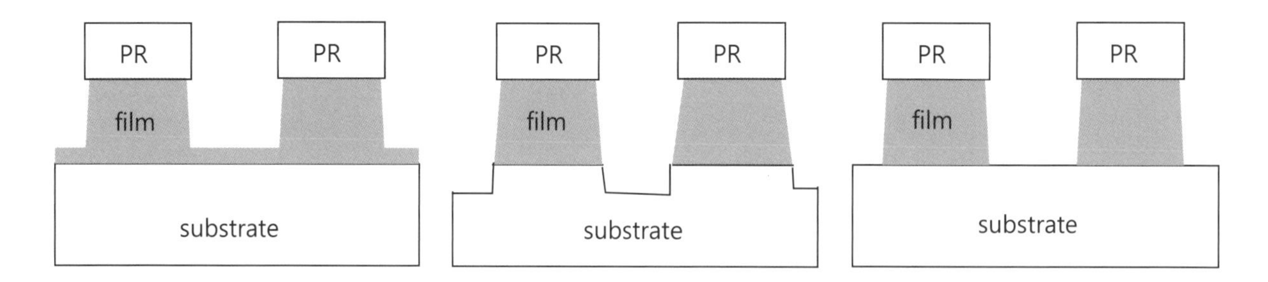

ⓐ 박막 대비 기판의 식각의 선택비가 무한대 정도로 큰 식각의 공정조건

ⓑ 감광제(PR)에 비교하여 빠른 박막의 식각속도

ⓒ 감광제(PR) 대비 박막의 높은 식각선택비의 식각공정조건

ⓓ 기판의 식각을 감지하는 센서의 적용

98 **Si/SiGe 적층(stack)에피를 사용하여 GAA(Gate All Around) 소자를 제작하는 과정에 있어서 그림과 같은 선택적 식각공정에 대한 정확한 표현은?**

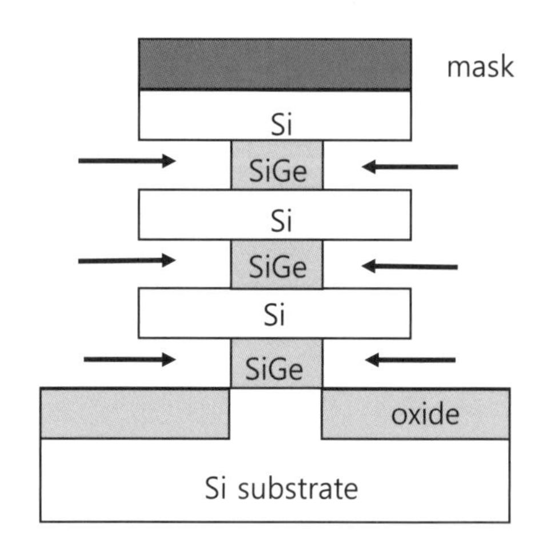

ⓐ SiGe 희생층의 수평방향 비등방성 식각

ⓑ SiGe 희생층의 선택적(S 〉 1000:1) 수평방향 등방성 식각

ⓒ Si 희생층의 선택적(S 〉 1000:1) 수직방향 비등방성 식각

ⓓ Si 희생층의 수직방향 등방성 식각

99 **다음의 습식식각 화학반응식 관련 표현 중에서 부적합한 것은? (단, ...는 복잡한 반응계를 의미함)**

ⓐ $3Si + (4HNO_3 + HF) \rightarrow \cdots \rightarrow 3SiO_2 + 18HF \rightarrow \cdots \rightarrow 3H_2SiF_6 \uparrow$

ⓑ $SiO_2 + 4HF \rightarrow SiF_4 \uparrow + 2H_2O$

ⓒ $SiO_2 + 4HCl \rightarrow SiCl_4 \uparrow + 2H_2O$

ⓓ $Si_3N_4 + (4H_3PO_4 + 10H_2O) \rightarrow \cdots \rightarrow Si\text{-}(OH)_3\text{-}H_2PO_4 \uparrow$

100 **반도체 식각에 있어서 식각속도를 제어하는 주요 기구(mechanism)에 해당하지 않는 것은?**

ⓐ 반응성 원자 및 분자의 흡착(adsorption)

ⓑ 반응로 생성된 물질의 기상(gas phase)에서의 재분포(redistribution)

ⓒ 흡착된 원자 및 분자와 식각물질의 반응(reaction)

ⓓ 반응에 의해 형성된 물질의 탈착(desorption)에 의한 제거

101 **실리콘 반도체의 ICP(Inductive Coupled Plasma) 극저온 식각(cryogenic etch) 기술에 대한 설명으로 부적합한 것은?**

ⓐ 기판의 온도를 -100℃ 정도로 낮추어 건식식각함

ⓑ 측면방향으로 화학반응에 의한 식각을 저지하여 HAR(High Aspect Ratio) 식각에 유용

ⓒ 로딩효과(loading effect)의 문제를 개선하여 좁고 깊은 트렌치 식각에 유용

ⓓ 식각과정에 측벽에 주름(scallop)이 많이 형성되어 수평방향의 식각한계를 제어함

102 **주기적(cyclic) 원자층식각(ALE: Atomic Layer Etching)을 이용하는 장점이 아닌 것은?**

ⓐ 빠른 식각 속도로 생산성을 높임

ⓑ 식각표면의 결정결함을 최소화

ⓒ 원자단위로 정밀한 식각

ⓓ 높은 선택비(selectivity)와 자발저지(self-limiting) 조건에 유리

103 **다음의 습식식각 화학반응식 관련 표현 중에서 부적합한 것은? (단, ...는 복잡한 반응계를 의미함)**

ⓐ $Ti + 4H_2O \rightarrow Ti(OH)_4 \uparrow + 2H_2$

ⓑ $Al + (H_3PO_4 + CH_3COOH + HNO_3 + H_2O) \rightarrow \cdots \rightarrow 6H^+ + 2Al \rightarrow 2Al^{3+} \uparrow + 3H_2$

ⓒ $W + H_2O_2 \rightarrow \cdots \rightarrow WO_2 \rightarrow \cdots \rightarrow WO_3 \rightarrow \cdots \rightarrow WO_4^{2-} \uparrow$

ⓓ $Ti + 4HF \rightarrow TiF_4 \uparrow + 2H_2$

104 **반응가스 CF_4를 이용하는 poly-Si 게이트의 식각공정에 있어서 산소(oxygen) 가스를 소량(10% 이내) 조절하여 추가하는 이유는?**

ⓐ 식각장비를 보호하는 환경을 유지하기 위함

ⓑ 식각속도를 감소시키고 게이트산화막과 poly-Si 사이의 선택비(selectivity)를 높임

ⓒ 식각속도를 높이고 게이트산화막과 poly-Si 사이의 selectivity를 높임

ⓓ 수직형의 비등방성 식각을 하기 위함

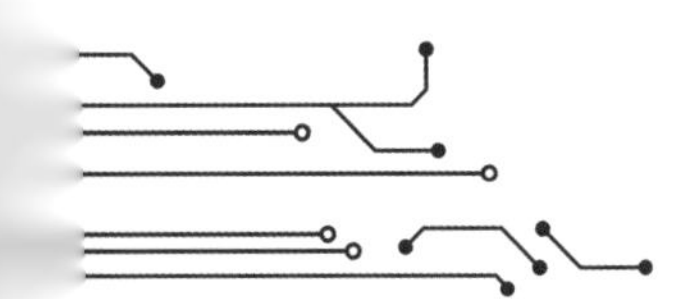

105 혼합가스(SF_6 +O_2)를 이용하여 극저온(<-100℃) 조건에서 ICP 식각(cryogenic etch)하는 반응기구(reaction mechanism)에 대한 설명으로 틀린 것은?

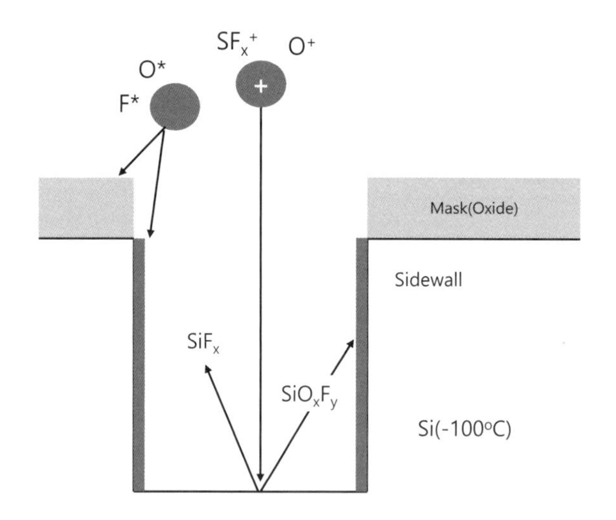

ⓐ 극저온에서 산화막과 F 래디칼의 화학반응이 감소하여 산화막 마스크층의 식각속도는 감소함

ⓑ 극저온에서 산화막 식각에 반응하는 소모가 적으므로 실리콘의 식각속도는 다소 증가함

ⓒ 생성된 SiO_xF_y가 트렌치의 측벽에 붙어서 비등방성 식각효과를 높임

ⓓ 산소(oxygen) 가스의 유량이 증가하면 실리콘 트렌치의 식각속도가 증가함

106 습식식각과 비교하여 건식식각의 장점에 해당하지 않는 것은?

ⓐ 화학용액을 사용하지 않고 안전성이 높음

ⓑ 산소와 알곤 가스를 사용하지 아니함

ⓒ 비등방성 식각 특성

ⓓ 재현성과 균일도가 높음

107 습식세정과 건식세정을 비교한 설명으로 바르지 않은 것은?

ⓐ 유기, 무기의 오염물 입자를 제거하는데 습식이 효율적임

ⓑ 습식세정은 표면장력의 문제로 미세 패턴에 결함을 발생시킴

ⓒ 건식세정은 화학물질 사용이 적고 안전도가 높음

ⓓ 건식세정은 중금속이나 전이금속을 제거하는 효율이 높음

108 반응성 가스를 이용하는 ICP 건식식각의 공정조건으로 가장 정확한 것은?

ⓐ 압력, 휘발성 가스, ICP power, bias RF power, 기판두께

ⓑ 압력, 반응성 가스, ICP power, Laser power, 기판두께

ⓒ 압력, 반응성 가스, ICP power, bias RF Power, 기판온도

ⓓ 압력, 반응성 가스, ICP power, Laser Power, 기판온도

109 hydrofloric acid, nitric acide, acetic acide의 삼원계(NHA) 습식식각 용액의 실리콘 식각속도에 대한 등식각 등고선(isoetch contour) 그림에서 HF: HNO_3: CH_3COOH =4:4:1 조건에 가장 부합하는 위치는?

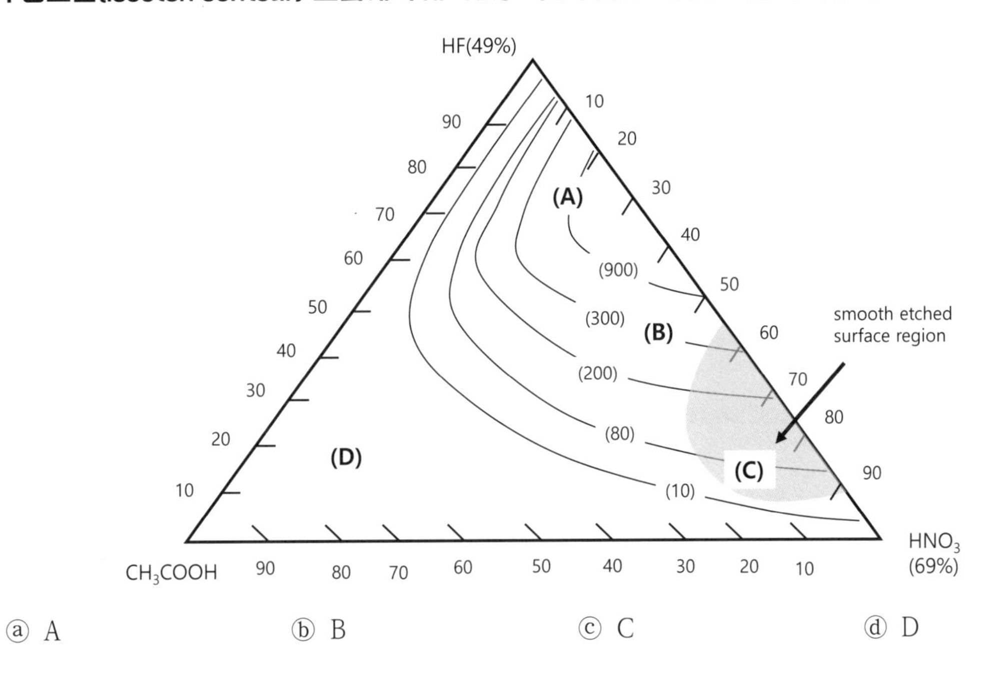

ⓐ A　　ⓑ B　　ⓒ C　　ⓓ D

110 원자층 식각(ALE: Atomic Layer Etching)에 대한 틀린 설명은?

ⓐ 크고 깊은 식각이 필요한 패턴을 고속으로 형성하는 용도로 적합함

ⓑ 나노스케일(nano-scale)의 HAR(high Aspect Ratio) 식각하는데 유용함

ⓒ 높은 선택비(S>1000:1)를 이용한 SAC(Self-Aligned Contact)의 형성에 유용함

ⓓ 공정조건에서 기판의 온도를 낮추면 선택적 ALE 식각에 유리함

111 플라즈마를 이용하는 건식식각의 반응가스에 대한 설명으로 부적합한 것은?

ⓐ CF_4, SF_6. BCl_3, Cl_2의 반응성 가스가 주요 식각가스임

ⓑ 반응성 식각가스만 이용해서는 건식식각을 할 수 없음

ⓒ O_2, N_2와 같은 첨가제성 가스는 선택적 식각을 조절하는데 유용함

ⓓ Ar, He와 같은 불활성 가스는 플라즈마를 안정화하는 용도로 유용함

112 PR(photoresist) 마스크 패턴을 이용한 등방성(isotropic)의 습식식각의 결과에 부합하는 단면 형태는?

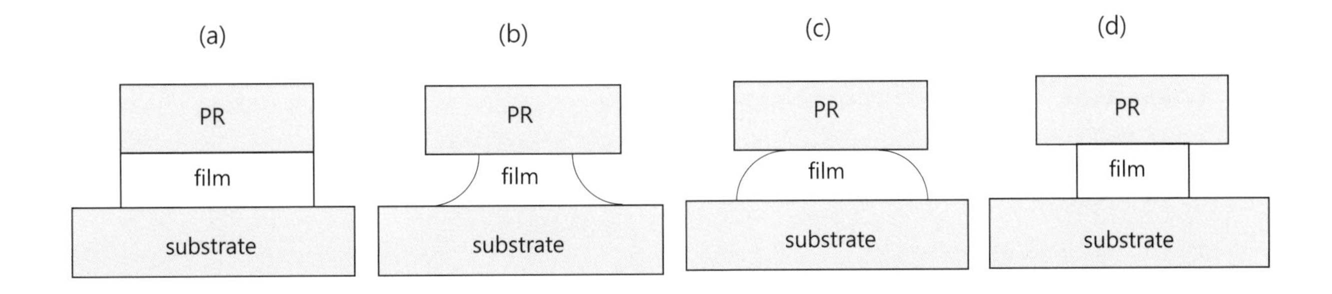

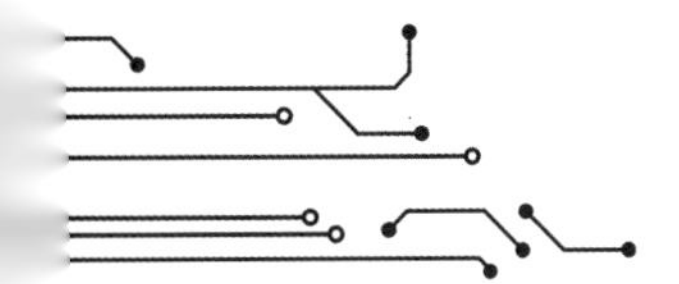

113 **그림과 같이 감광제(PR) 마스크 패턴을 이용하여 산화막을 등방성(isotropic)의 조건으로 습식식각하는 공정에서 50% 과잉식각을 한 경우 예상되는 A/B 는?**

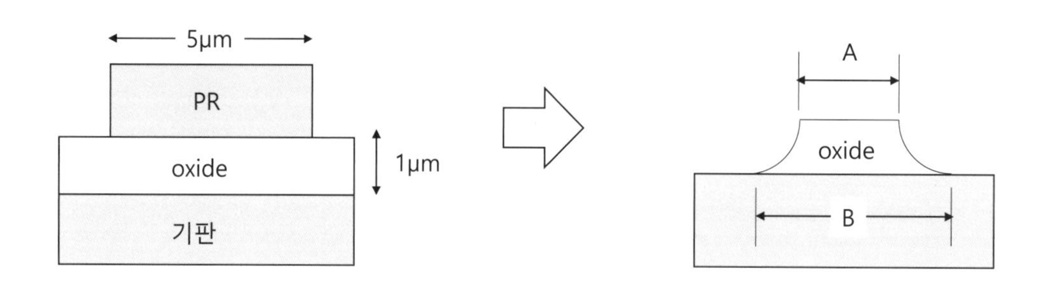

ⓐ 1 μm /2 μm　　ⓑ 2 μm /3 μm　　ⓒ 2 μm /4 μm　　ⓓ 4 μm /5 μm

114 **금속선 배선을 위하여 감광제(PR) 마스크 패턴을 이용하여 산화막을 등방성(isotropic)의 조건으로 절반을 습식식각하고 이어서 건식식각의 비등방성(anisotropic)으로 하단부의 금속선까지 남은 산화막을 식각한 경우 예상되는 단면구조는?**

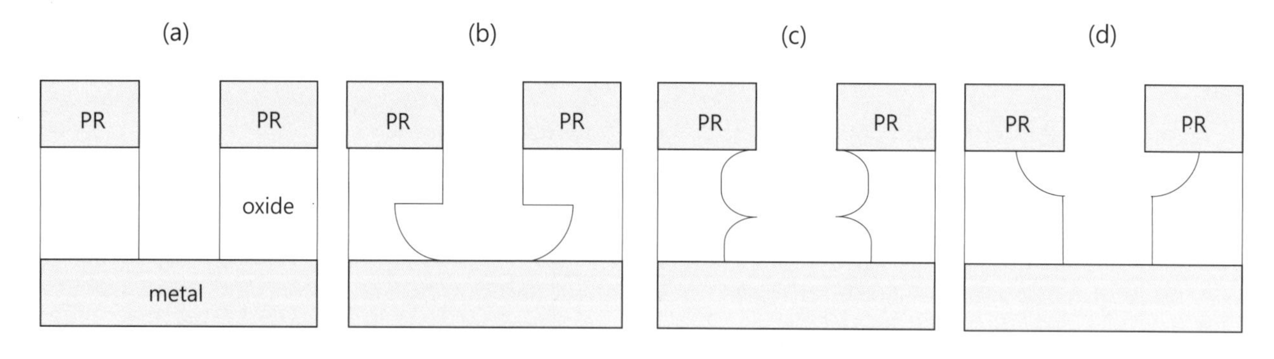

115 **건식세정에 대한 설명으로 부적합한 것은?**

ⓐ 가스류를 사용하여 습식세정에 비교하여 생산성(throughput)이 높음

ⓑ 회로선폭이 100 nm 이하로 미세공정화 되면서 건식세정이 더욱 필요함

ⓒ HAR(High Aspect Ration) 패턴에 습식용액은 침투가 어렵고 표면장력에 의한 결함 발생

ⓓ 반응성 가스나 플라즈마를 사용하므로 트렌치(trench) 바닥세정에 유용함

116 **건식세정을 위해 사용하는 에너지(방식)에 해당하지 않는 것은?**

ⓐ x-ray　　ⓑ 자외선　　ⓒ 플라즈마　　ⓓ 알곤에어로졸

117 **다음중 염기성의 화학용액만으로 구성된 것은?**

ⓐ H_2SO_4, HF, NaOH

ⓑ HCl, NaOH, KOH

ⓒ HF, NH_4F, KOH

ⓓ KOH, TMAH, NaOH

118 **다음의 습식식각 종류에 따라 용도가 틀리게 설명된 것은?**

ⓐ SC1 – ($NH_4OH/H_2O_2/H_2O$) – 파티클 제거

ⓑ SPM – (H_2SO_4/H_2O_2) – 유기물 제거

ⓒ BHF – ($NH_4F/HF/H_2O$) – 유기물 제거

ⓓ SC2 – ($HCl/H_2O_2/H_2O$) – 금속불순물 제거

119 **반응가스 CF_4를 이용하여 실리콘 기판을 ICP(Inductive Coupled Plasma) 식각 하는데 있어서 부적합한 내용은?**

ⓐ 대표적으로 반응으로 $CF_4^+ + e^- \rightarrow CF_3^+ + F + e^-$, $Si + 4F \rightarrow SiF_4$에 의해 식각함

ⓑ 플라즈마의 가속 전압에 의해 이온은 비등방 식각을 심화함

ⓒ 반응성이 높은 래디칼(F)은 등방성 식각을 심화함

ⓓ 불활성 알곤(Ar)을 추가하면 등방성 식각이 심하게 증가함

120 **플라즈마 식각, 반응성이온 식각, 스퍼터 식각을 비교한 아래의 표에서 빈칸(A, B, C, D, E)에 대해 차례대로 특징이 가장 적합한 것은?**

변수	Plasma Etching	RIE	Sputter Etching
압력(Torr)	0.1~10	0.01~0.1	0.01~0.1
전압(V)	25~100	250~500	500~1000
웨이퍼 위치	접지전극	(A)	전원전극
화학 반응	있음	있음	(B)
물리적 식각	없음	(C)	없음
선택비	아주 우수	(D)	나쁨
비등방성	나쁨	우수	(E)

ⓐ 전원전극 – 없음 – 있음 – 나쁨 – 나쁨

ⓑ 전원전극 – 없음 – 있음 – 우수 – 아주 우수

ⓒ 접지전극 – 없음 – 없음 – 우수 – 나쁨

ⓓ 접지전극 – 있음 – 있음 – 우수 – 아주 우수

121 **플라즈마를 사용하는 반응성이온식각(RIE) 식각에서 발생하는 현상들에 대한 설명으로 틀린 것은?**

ⓐ 플라즈마 고에너지 이온의 충돌 등으로 인해 기판에 열이 발생함

ⓑ 기판의 도핑이 N^+, intrinsic, P^+인 순서로 식각 속도가 감소함

ⓒ 기판의 온도를 낮추면 이온충돌이 심해져서 식각속도가 증가함

ⓓ 기판이 놓인 전극에 인가된 RF 전력에 비례하여 식각속도가 증가함

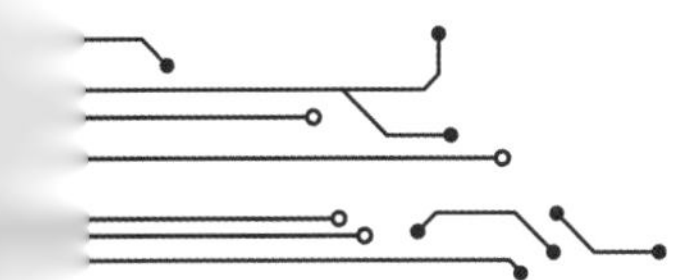

122 그림과 같이 1차와 2차의 식각으로 원하는 식각단면의 형태를 만들기 위해 습식용액으로 가장 유용한 조합은?

식각용액/ 식각률(Å/min)	A 식각	B 식각	C 식각
	NH_4F:HF (7:1)	H_2O:HF(10:1)	H_3PO_4(155℃)
열산화막	800	300	2
CVD 산화막	1500	500	3
실리콘 질화막	20	15	40

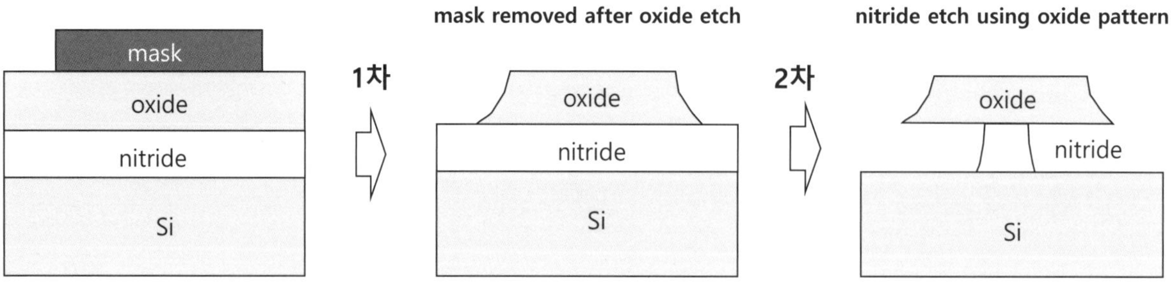

mask
oxide
nitride
Si
1차
mask removed after oxide etch
oxide
nitride
Si
2차
nitride etch using oxide pattern
oxide
nitride
Si

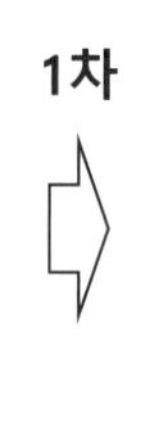

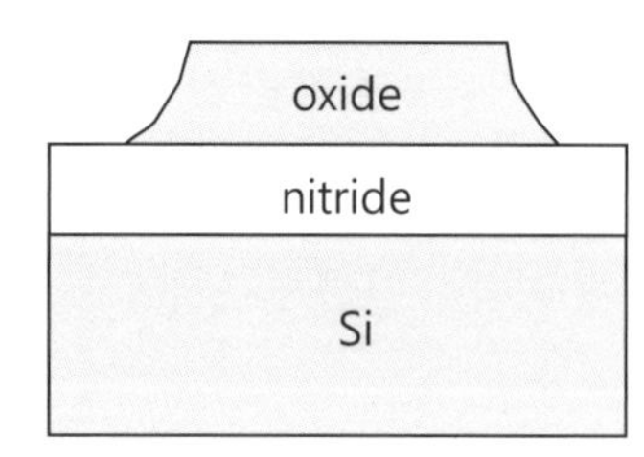

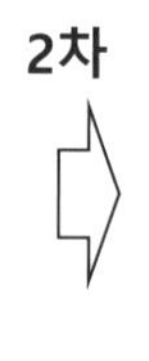

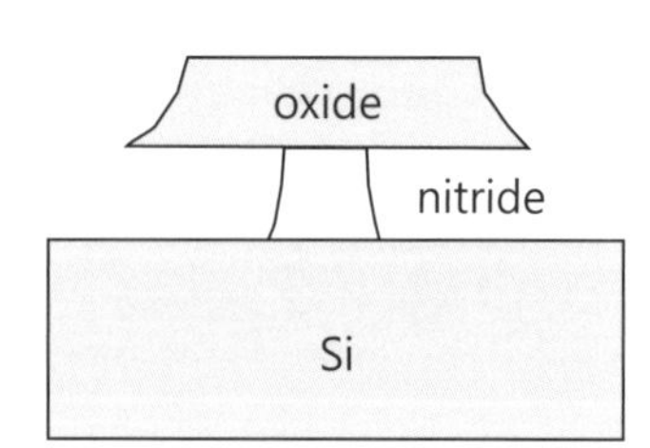

ⓐ 1차 A 식각, 2차 C 식각 ⓑ 1차 C 식각, 2차 A 식각
ⓒ 1차 A 식각, 2차 A 식각 ⓓ 1차 B 식각, 2차 B 식각

[123-124] 다음 그림을 보고 물음에 답하시오

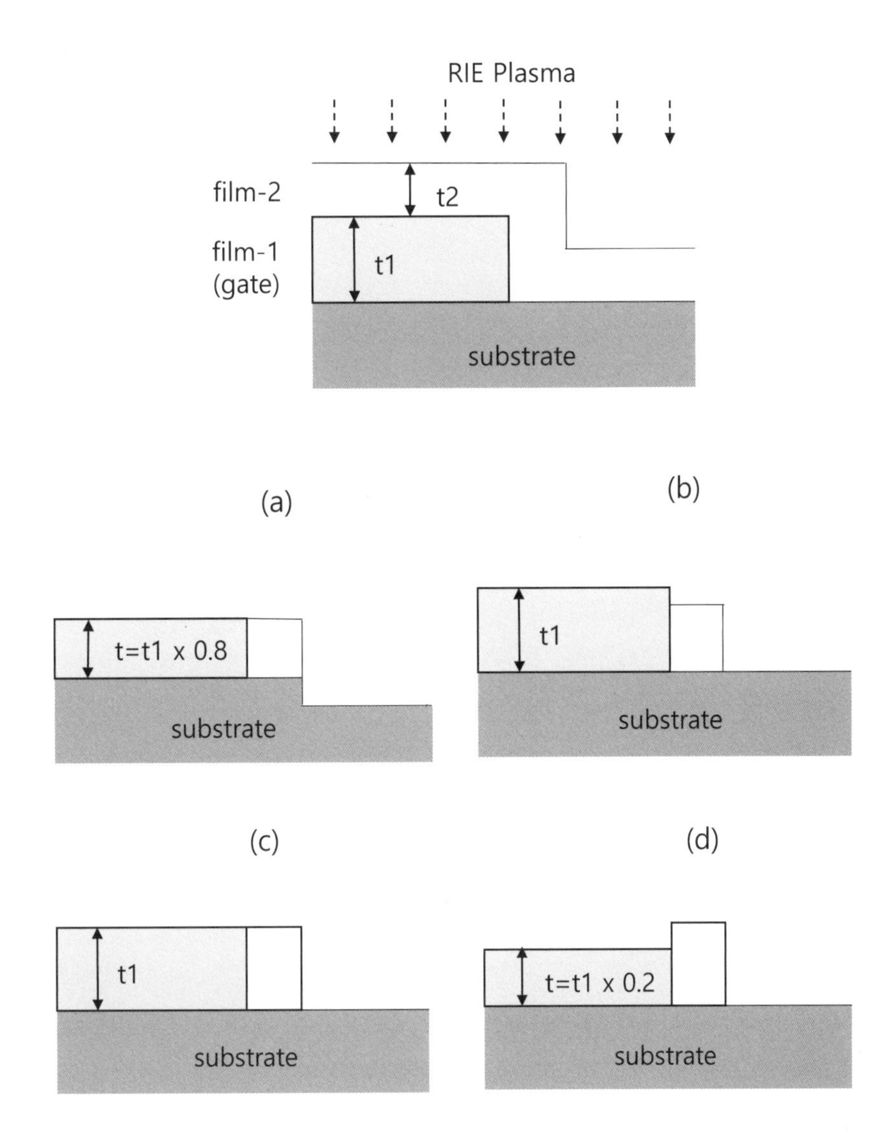

123 위 그림과 같이 기판에 두께(t1, t2)의 박막-1과 박막-2가 증착된 형태에 있어서 RIE 건식식각을 하는식각조건에 따르면 박막-1, 박막-2, 기판이 모두 상호간에 선택비(selectivity)가 1이고, 측면식각은 무시할만 하다. 이 상태에서 전면을 박막-2의 두께 대비 20% 과잉식각(over etch)한 경우 식각후 얻어지는 단면구조에 해당하는 것은?

124 위 그림과 같이 기판에 두께(t1, t2)의 박막-1과 박막-2가 증착된 형태에 있어서 RIE 건식식각을 하는식각조건에 따르면 박막-2는 산화막으로 박막-1(다결정실리콘)과 기판(단결정 실리콘)에 비해 식각이 빨라서 모두 선택비(selectivity)가 100 이상이고, 측면식각은 무시할만 하다. 이 상태에서 전면을 박막-2의 두께 대비 20% 과잉식각(over etch)한 경우 식각후 얻어지는 단면구조에 해당하는 것은?

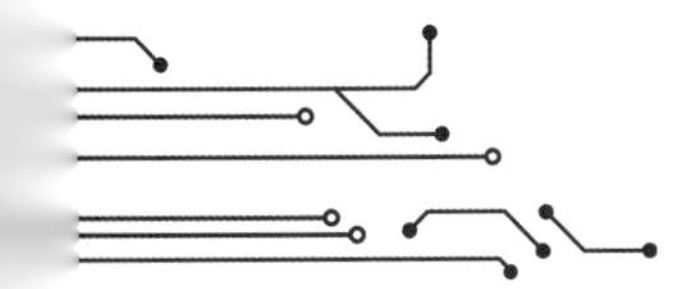

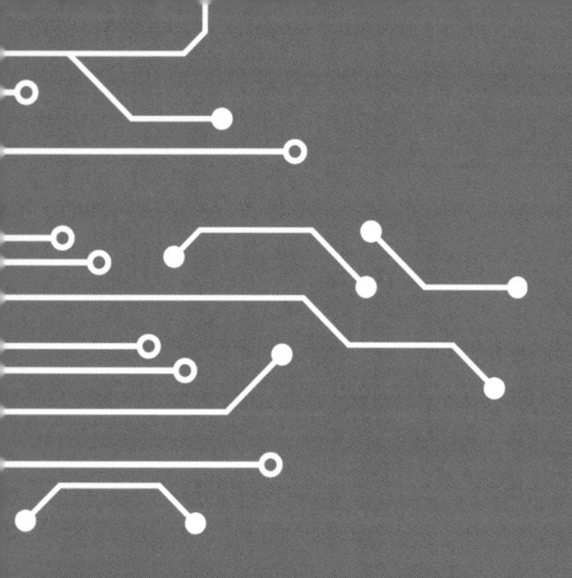

제 8 장

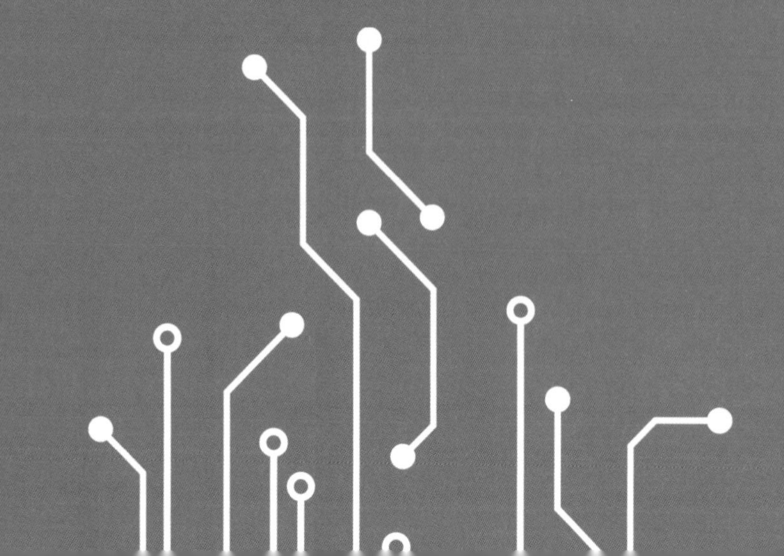

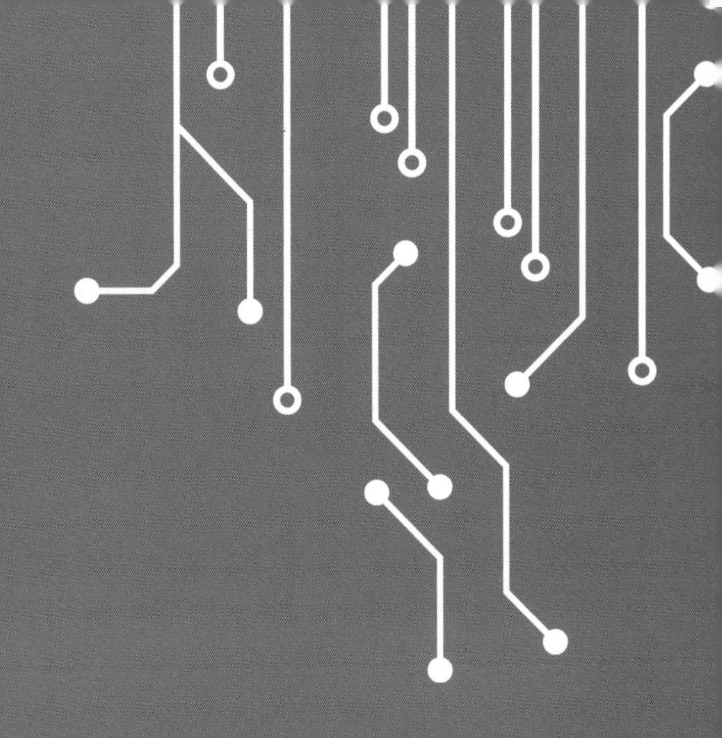

금속배선

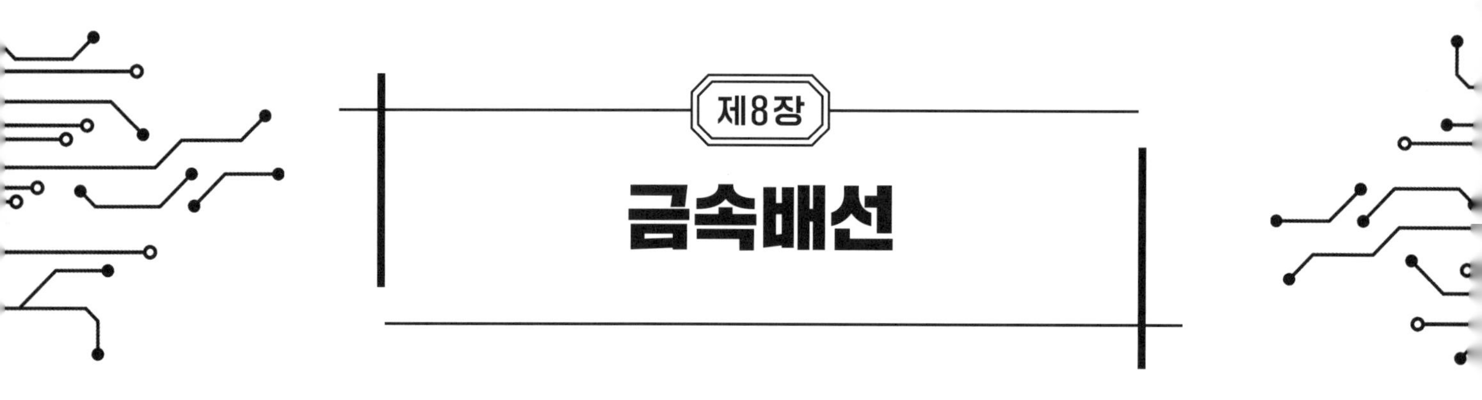

01 비저항이 Ag, Cu, Au, Al 순서로 커지는 물리적 특성이 있음에도 불구하고, 집적회로 제작공정의 금속배선에서는 Al를 주로 사용한다. 관련 설명으로 부적합한 것은?

ⓐ Cu나 Au에 비해 비저항이 크지만 Al은 식각 등 공정이 간단함

ⓑ Al은 가격이 저렴하고 산화막과 접합면이 안정함

ⓒ 전기도금(electroplating)으로 형성한 Al 박막을 금속배선에 주로 사용함

ⓓ Al에 Cu(4%)을 첨가하여 사용하여 전자이탈(electromigration)에 대해 안정화함

02 MOSFET의 소스, 드레인, 게이트에 Ti 금속박막을 증착하여 샐리사이드(salicide)화 함으로써 MOSFET 소자의 외부저항을 크게 감소시킬 수 있다. 이런 Ti-salicide의 제작공정과 관련한 설명으로 부정확한 것은?

ⓐ 1차 저온 열처리로 실리사이드($TiSi_2$)는 C49상으로 형성됨

ⓑ 1차 열처리후 반응하지 않은 Ti은 습식식각 공정으로 제거함

ⓒ 2차 열처리는 산소분위기이며 1차 열처리보다 낮은 온도의 조건을 이용함

ⓓ 2차 고온 열처리로 실리사이드($TiSi_2$)는 C54로 변형되어 비저항이 감소함

03 비저항이 Ag, Cu, Au, Al 순서로 커지는 물리적 특성이 있음에도 불구하고, 집적회로 제작공정의 금속배선에서는 Al를 주로 사용되었다. 관련 설명으로 부적합한 것은?

ⓐ Al은 가격이 저렴하고 산화막과 접합면이 안정함

ⓑ Al에 Cu(4%)을 첨가하여 사용하여 전자이탈(electromigration)에 대해 안정화함

ⓒ Al에 Si(1%)을 첨가하여 사용하여 스파이크(spike) 문제를 해소함

ⓓ 저가의 전기도금 방식으로 형성한 Al 박막을 금속배선에 주로 사용함

04 비저항이 2.65×10^{-6} ohm cm인 Al을 이용하는 금속배선에서 최대 허용전류밀도는 10 mA/μm^2이고, 금속배선의 폭(W_m)은 10 μm으로 고정한다. 금속배선에 최대 10 mA의 전류를 사용하는 조건으로 Al 배선의 최소 두께($t_{m,\ min}$)를 정하여 금속배선을 사용하는 경우, 면저항은?

ⓐ 2.65 Ω/□ ⓑ 26.5 Ω/□ ⓒ 2.65 kΩ/□ ⓓ 26.5 kΩ/□

05 **MOSFET의 소스, 드레인, 게이트에 Ti 금속박막을 증착하여 Salicide화 함으로써 MOSFET 소자의 외부 저항을 크게 감소시킬 수 있다. 이런 Ti-salicide의 제작공정과 관련한 설명으로 부정확한 것은?**

ⓐ Ti/TiN의 이중박막을 사용하여 TiN는 Ti의 산화를 방지함

ⓑ 2차 열처리는 산소분위기이며 1차 열처리보다 낮은 온도의 조건을 이용함

ⓒ 1차 저온 열처리로 실리사이드($TiSi_2$)는 C49상으로 형성됨

ⓓ 1차 저온 열처리후 반응하지 않은 Ti은 습식식각 공정으로 제거함

06 **Al을 이용하는 금속배선에서 최대 허용전류밀도는 10 mA/μm^2이고, 금속배선의 폭(W_m)은 10 μm으로 고정한다. 금속배선에 최대 10 mA의 전류를 사용하고자 할 때, Al 배선의 최소 두께($t_{m,\ min}$)는?**

ⓐ 0.1 nm　　ⓑ 10 nm　　ⓒ 0.1 μm　　ⓓ 10 μm

07 **비저항이 2.65x10^{-6} ohm·cm인 Al을 이용하는 금속배선에서 최대 허용전류밀도는 10 mA/μm^2이고, 금속배선의 폭(W_m)은 10 μm으로 고정한다. 금속배선에 최대 10 mA의 전류를 사용하는 조건으로 Al 배선의 최소 두께($t_{m,\ min}$)를 정하여 금속배선을 사용하며 금속배선 사이 거리는 t_{ox}=1 μm이다. 이웃한 두 금속배선 사이에 인가되는 단위 길이당 정전용량(capacitance)은? (ε_0=8.854x10^{-12} F/m, $\varepsilon_{r,SiO2}$=3.9)**

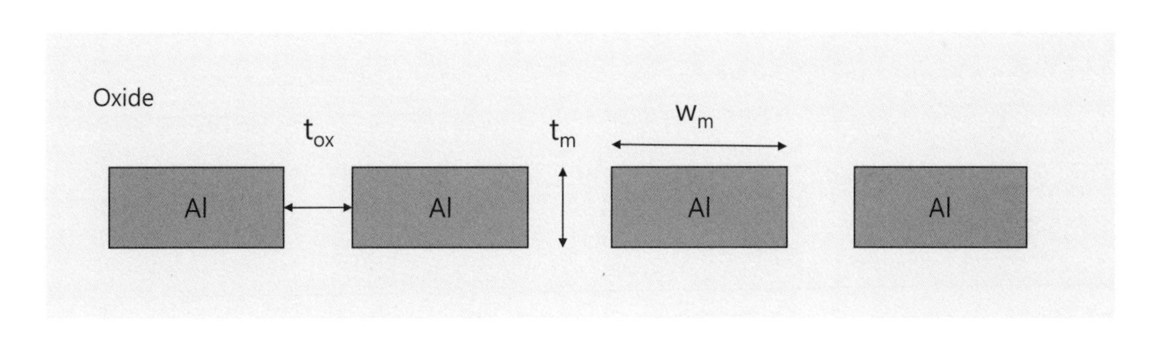

ⓐ 3.45 fF/mm　　ⓑ 34.5 fF/mm　　ⓒ 88.54 fF/mm　　ⓓ 885.4 fF/mm

08 **금속배선에 있어서 RC 지연시간(delay time)을 감소시키기 위한 방안에 해당하지 않는 것은?**

ⓐ 금속층을 비정질화 하여 사용함

ⓑ 기공이 내포된 porous low-k 유전체를 사용함

ⓒ 금속배선 사이에 air gap을 삽입함

ⓓ 낮은 비저항의 금속을 사용함

09 **금속배선에 있어서 RC 지연시간(delay time)을 감소시키기 위한 방안에 해당하지 않는 것은?**

ⓐ ferroelectric 유전체를 절연막으로 사용함

ⓑ porous low-k 유전체를 사용함

ⓒ 낮은 비저항의 금속을 사용함

ⓓ 다층의 금속배선 구조를 사용함

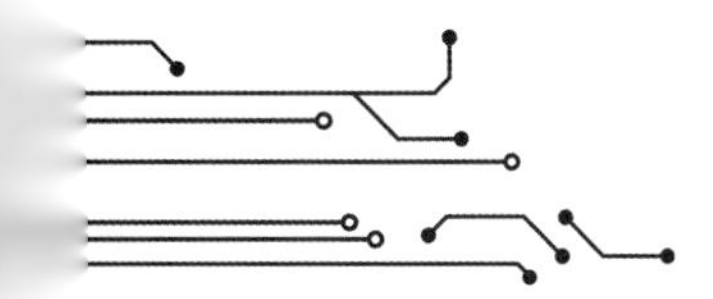

10 비저항이 2.65×10^{-6} ohm cm인 Al을 이용하는 금속배선에서 최대 허용전류밀도는 10 mA/μm^2이고, 금속배선의 폭(W_m)은 10 μm으로 고정한다. 금속배선에 최대 10 mA의 전류를 사용하는 조건으로 Al 배선의 최소 두께($t_{m,min}$)를 정하여 금속배선을 사용하며 기찻길과 같이 평형으로 배치된 금속배선 사이 거리는 t_{ox}=1 μm이다. ($\varepsilon_0 = 8.854 \times 10^{-12}$ F/m, $\varepsilon_{r,SiO2}$=3.9). 금속선의 길이가 1 mm이고 양 측면 금속선과의 정전용량만을 고려하는 경우, RC 지연시간(delay time)?

ⓐ 18.3 psec ⓑ 183 psec ⓒ 18.3 nsec ⓓ 183 nsec

11 반도체와 오믹금속 접합에서 접촉비저항(ρ_c)이 10^{-6} $\Omega \cdot cm^2$인데, 오믹접합의 크기가 10 μm x 10 μm 이고, 10^9개가 있는 집적되어 있는 집적회로칩에서 지속하여 모든 접합으로 1 mA씩 DC 전류가 흐른다고 하면 오믹저항에 의한 전력소모는?

ⓐ 1 W ⓑ 10 W ⓒ 100 W ⓓ 1 kW

12 오믹접합을 위한 n-type 실리콘 반도체와 금속의 접합에 대한 설명으로 부적합한 것은?

ⓐ Si에 n-type 불순물 농도가 낮으면 주로 thermal emission에 의해 금속-반도체 전류가 흐름

ⓑ Si에 n-type 불순물 농도가 매우 높으면 주로 tunneling emission에 의해 금속-반도체 전류가 흐름

ⓒ 금속의 일함수(work function)가 크면 오믹접합 특성을 얻을 수 없음

ⓓ 금속의 work function이 작을수록 오믹접합의 형성에 유리함

13 상온(300K)에서 Al 금속배선의 MTTF 가 10년 이상되려면 최대 사용되는 전류밀도는?

$$MTTF(hr) = 8x10^{13} \cdot J^{-2} \, exp\left(\frac{E_a}{kT}\right), \quad E_a = 0.44eV, \quad J\left(currentdensity, \frac{A}{cm^2}\right)$$

ⓐ 0.212 A/cm^2 ⓑ 2.12 A/cm^2 ⓒ 21.2 A/cm^2 ⓓ 212 A/cm^2

14 오믹(ohmic) 접합을 위한 n-type 실리콘 반도체와 금속의 접합에 대한 설명으로 부적합한 것은?

ⓐ 금속의 일함수(work function)가 크면 오믹접합 특성을 얻기 불가능 함

ⓑ 밴드구조에서 이상적인 오믹접합을 위한 최적의 금속이 존재하지 않음

ⓒ Si에 n-type 불순물 농도가 높지 않으면 주로 thermal emission에 의해 금속-반도체 전류가 흐름

ⓓ Si에 n-type 불순물 농도가 매우 높으면 주로 tunneling emission에 의해 금속-반도체 전류가 흐름

15 금속배선(metal interconnection) 공정에서 절연층의 평탄화(planarization)가 필요한 이유에 해당하지 않는 것은?

ⓐ 식각후 side wall과 같은 원리로 발생하는 잔유물(residue)의 문제

ⓑ 얇게 photoresist를 사용해서 높은 해상도 유지

ⓒ 웨이퍼의 열처리시 불균일한 온도의 분포문제

ⓓ 배선금속이 굴곡지면 전자이탈(electromigation)에 약해지는 문제

16 **실리콘 반도체와 금속의 오믹접합에서 접촉비저항(ρ_c)이 10^{-6} ohm·cm^{2}의 오믹접합을 이용할 때, 접촉 면적이 10 x 10 nm^{2}인 경우 접촉저항(R_c)은?**

ⓐ 1 kΩ　　ⓑ 10 kΩ

ⓒ 1 MΩ　　ⓓ 10 MΩ

17 **금속배선(metal interconnection) 공정에서 절연층의 평탄화(planarization)가 필요한 이유에 해당하지 않는 것은?**

ⓐ 리소그래피의 초점심도에 의한 패턴정밀도 문제

ⓑ 금속배선을 상하 굴곡 없이 일정한 두께로 균일하게 형성

ⓒ 웨이퍼의 세정공정에서 불균일한 세척효과의 문제

ⓓ 얇은 photoresist를 사용하여 높은 해상를 얻는데 유리

18 **구리(Cu)를 이용하는 이중상감(dual-damascene) 공정에 있어서 부정확한 설명은?**

ⓐ Cu 금속은 식각이 어려워 배선(interconnection)에 상감(damascene)기법을 사용함

ⓑ ECD(Electrochemical deposition)를 위해 금속의 씨앗층(seed layer) 사용함

ⓒ Al 금속배선에 비하여 저비용으로 저저항 금속배선하는 기술임

ⓓ Cu 금속원자가 산화막으로 확산하는 현상을 저지하는 확산방지층(Ta, TaN) 사용함

19 **금속배선(metal interconnection)에 있어서 사용되는 유전체가 지녀야 하는 물리적 특성으로 부적합한 것은?**

ⓐ 유전체의 유전상수가 낮아야 함

ⓑ 반도체와 같이 운반자의 이동도가 높아야 함

ⓒ 절연파괴 강도(Ec 〉 5MV/cm)가 높아야 함

ⓓ 비저항(〉10^{15} Ω·cm)이 높아야 함

20 **반도체 소자의 신뢰성을 평가하는 방식에 해당하지 않는 것은?**

ⓐ HST　　ⓑ PGA

ⓒ EOS　　ⓓ HTRB

21 **금속배선(metal interconnection)에 있어서 사용되는 유전체가 지녀야 하는 물리적 특성으로 부적합한 것은?**

ⓐ 비저항(〉10^{15} Ω·cm)이 높아야 함

ⓑ 최상부의 마지막 유전체 박막으로 SiO_2 보다 Si_3N_4를 주로 사용함

ⓒ 유전상수가 가능한 높은 절연막을 사용함

ⓓ 절연파괴 강도(E_c 〉 5MV/cm)가 높아야 함

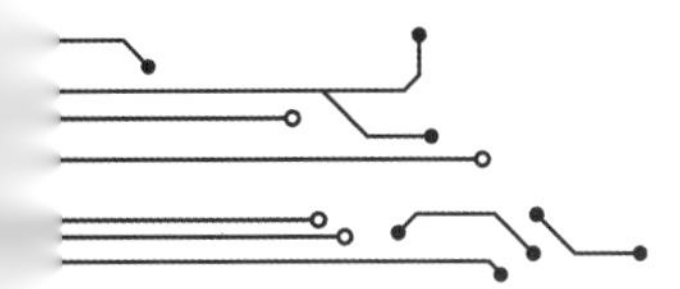

22 **Ti와 Co의 경우, 여러 상(phase)의 실리사이드가 형성되는 상태와 관련한 설명으로 부적합한 것은?**

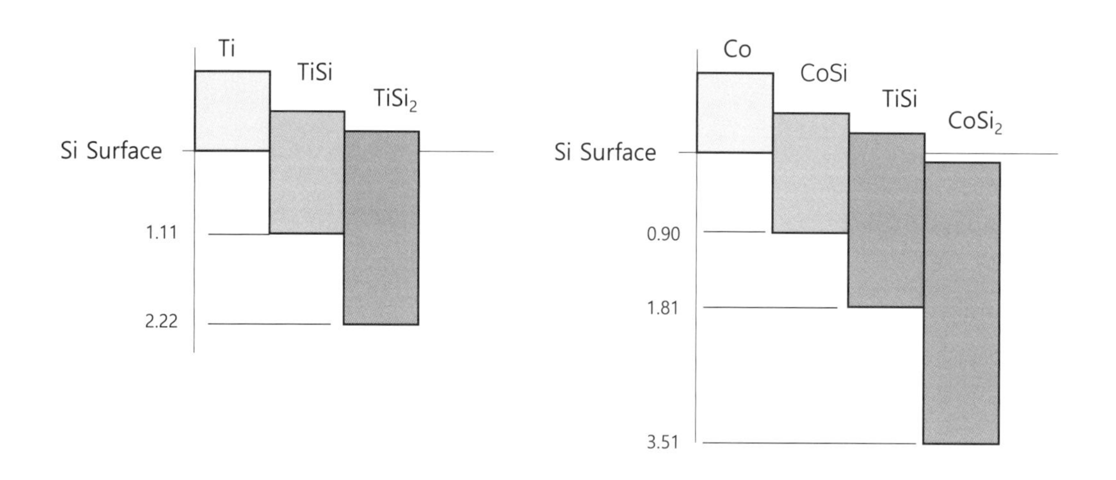

ⓐ 산소분위기에서 열처리하면 실리사이드를 형성하여 표면을 보호함

ⓑ 실리사이드 원자밀도의 차이로 부피변화(volume change) 현상이 발생함

ⓒ Ti와 Co 중에 얕은 접합(shallow junction)용 오믹접합에 Ti가 유리함

ⓓ 실리사이드 상(phase)을 형성하기 위해서 열처리 온도와 시간이 중요함

23 **반도체 소자의 신뢰성을 평가하는 측정법에 해당하지 않는 것은?**

ⓐ FPPT(Four Point Probe Test)

ⓑ HST(High Temperature Storage Test)

ⓒ HAST(Highly Accelerated Stress Test)

ⓓ HTRB(High Temperature Reverse Breakdown)

24 **IMD(Inter Metal Dielectric) 유전체 박막이 지녀야 할 특성과 관련 없는 것은?**

ⓐ 가능한 낮은 전하 및 쌍극자의 농도

ⓑ 열팽창계수의 차이에 의한 높은 응력(stress)

ⓒ 두께 균일도

ⓓ 금속과의 접착 특성

25 **n-형 Si 반도체에 쇼트키접합(Schottky contact)을 형성하는 공정에서 이론적 일함수(work function)만 고려할 때, 테이블의 금속 중에서 장벽높이(barrier height)가 가장 커서 정류특성에 유리한 용도의 물질은 어느 것?**

소재	Al	Ni	Ag	Au	Pt	Ti	Mo	Cr	Fe	Cu	Co
일함수(eV)	4.3	5.1	4.3	5.1	5.3	4.3	4.4	4.5	4.7	4.6	5.0

ⓐ Ti　　ⓑ Al　　ⓒ Ni　　ⓓ Pt

[26-27] 다음 그림을 보고 물음에 답하시오.

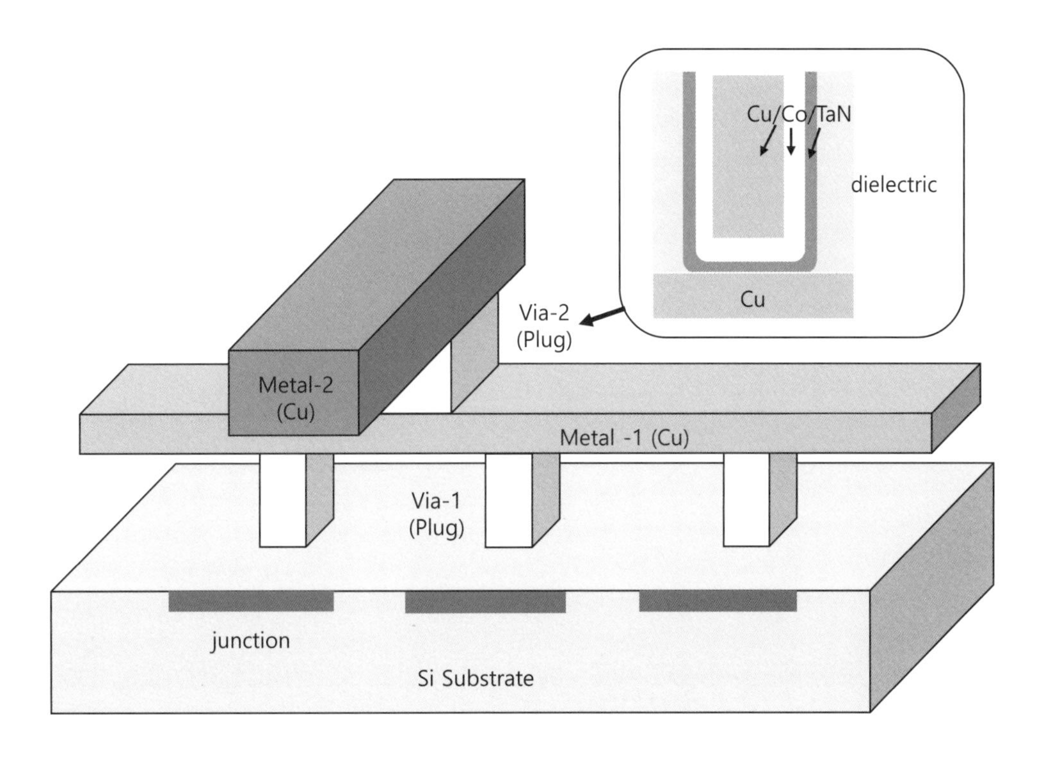

26 **위 금속배선(interconnection) 그림과 관련하여 부적합한 설명은?**

ⓐ 유연체(dielectric) 박막은 안정한 절연체체임

ⓑ 구리(Cu) 금속선은 습식식각의 공정으로 식각하여 패턴을 형성함

ⓒ via는 상단과 하단의 금속선이 연결되는 통로

ⓓ Cu와 절연체의 CMP 공정이 필요함

27 **위 금속배선(interconnection) 그림과 관련하여 부적합한 설명은?**

ⓐ TaN은 장벽박막(barrier film)로서 Cu 원자의 확산을 저지함

ⓑ Co는 라이너(liner)로서 Cu의 접착을 향상시킴

ⓒ Cu 금속선은 건식식각의 공정으로 식각하여 패턴을 형성함

ⓓ Cu는 전도금속(conductor metal)로서 낮은 비저항으로 전기전도도를 높임

28 **IMD(Inter Metal Dielectric) 유전체 박막이 지녀야 할 특성과 관련 없는 것은?**

ⓐ 높은 응력(stress)과 열적 팽창계수

ⓑ 높은 비저항(〉 10^{15} ohm·cm)

ⓒ 습기 비흡수성

ⓓ 전하 및 쌍극자 없어야 함

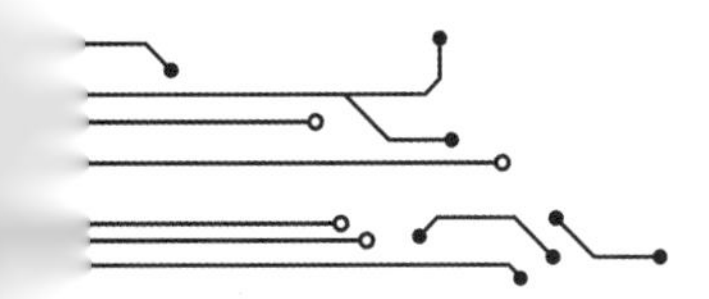

[29-30] 다음 그림을 보고 물음에 답하시오.

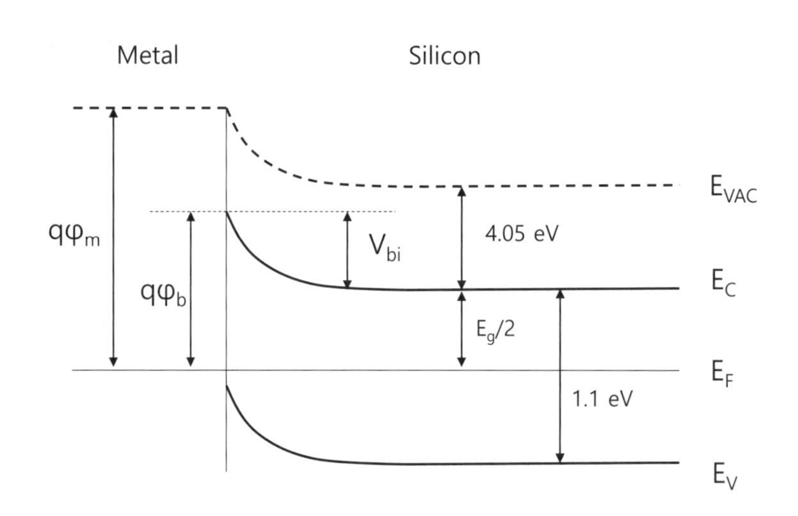

29 **진성(Intrinsic) Si 반도체(전자친화도=4.05 eV, Eg=1.1 eV)에 쇼트키접합(Schottky contact)을 형성하는 구조에서 Pt의 일함수(5.3 eV)만 고려할 때, 이론적인 빌트인전압(built-in potential)은?**

ⓐ 0.7 eV　　ⓑ 1.0 eV　　ⓒ 1.4 eV　　ⓓ 1.5 eV

30 **진성(intrinsic) Si 반도체(전자친화도=4.05 eV, Eg=1.1 eV)에 쇼트키접합(Schottky contact)을 형성하는 구조에서 Pt의 일함수(5.3 eV)만 고려할 때, 이론적인 장벽높이(barrier height)는?**

ⓐ 1.2 eV　　ⓑ 2.2 eV　　ⓒ 3.2 eV　　ⓓ 4.2 eV

31 **금속배선 공정에서 유전체 박막의 평탄화에 대한 설명으로 부적합한 것은?**

ⓐ 고온의 열흐름에 의한 평탄화는 IMD(Inter Metal Dielectric)에 부적합함

ⓑ 패턴 크기가 0.25 μm 이하로 감소하면서 CMP(Chemical Mechanical Polishing)가 필요함

ⓒ IMD 평탄화에 유전체막, photoresist, SOG를 이용하는 평탄화 식각법이 유용함

ⓓ IMD 박막의 평탄화 식각법에서 선택비를 최대한 높여야 함

32 **IMD(Inter Metal Dielectric) 유전체 박막이 지녀야 할 특성과 관련 없는 것은?**

ⓐ 상하의 물질과 사이에 발생하는 응력의 최소화

ⓑ 금속과의 접착 특성

ⓒ 고온(500℃) 안정성

ⓓ 증착조건에 따른 내부 응력의 축적

33 Ti을 이용한 샐리사이드(자기정렬 실리사이드) 공정에 대한 설명으로 부적합한 것은?

ⓐ 샐리사이드는 진성반도체인 i-Si에도 오믹접합을 형성함

ⓑ 2차 열처리로 800~900℃의 급속열처리에서 C54상의 $TiSi_2$가 형성됨

ⓒ 열처리시 O_2로 인한 TiO_x의 생성은 방지해야 함

ⓓ C54 상의 비저항이 C49상보다 작음

34 구리(Cu) 이중상감(dual damascene) 공정에 대한 설명으로 부적합한 것은?

ⓐ 도금으로 형성된 과잉 Cu의 평탄화에는 스퍼터링을 사용하면 최적임

ⓑ Cu 금속은 식각이 난해하여 상감(다마신) 공정이 유용함

ⓒ Cu는 실리콘산호막으로 확산이 빨라 회로를 단락시킬 수 있음

ⓓ Cu 확산을 방지하기 위해 TaN과 같은 방지막이 필요함

35 금속배선 공정에서 유전체 박막의 평탄화에 대한 설명으로 부적합한 것은?

ⓐ 평탄화는 리소그래피에서 촛점심도(DOF: depth of focus) 문제를 완화시켜줌

ⓑ 금속배선의 상하 굴곡을 줄여서 전자이탈(electromigration)을 감소시킴

ⓒ 금속배선의 단차 피복성을 개량함

ⓓ 금속간절연체(IMD: inter metal dielectric)) 박막의 평탄화 식각법에서 선택비를 최대로 높여야 함

36 MD(Inter Metal Dielectric) 유전체 박막이 지녀야 할 특성과 관련 없는 것은?

ⓐ 높은 절연파괴 전계강도(〉 5 MV/cm)

ⓑ 유전체 내부에 전하 및 쌍극자 없어야 함

ⓒ 금속선과의 높은 응력(stress)과 열팽창계수

ⓓ 우수한 단차 피복성(step coverage)

37 실리콘 반도체에 Al 금속을 접합시켜 열처리하는 소결(sintering)에 대한 설명중 부적합한 것은?

ⓐ 신터링은 450~500℃의 온도에서 10~30분 열처리로 됨

ⓑ Al이 반도체 표면의 자연산화막을 통과해 오믹접합 특성이 개량됨

ⓒ Al 금속에 Cu를 1wt% 넣어서 스파이크 현상을 억제함

ⓓ Al 금속의 원자밀도가 증가하여 치밀해짐

38 IMD(Inter Metal Dielectric) 유전체 박막이 지녀야 하는 특성과 관련 없는 것은?

ⓐ 높은 절연파괴 전계강도(〉 5 MV/cm)

ⓑ 우수한 단차 피복성

ⓒ 전하 및 쌍극자 없어야 함

ⓓ 높은 열전도 및 전기전도도

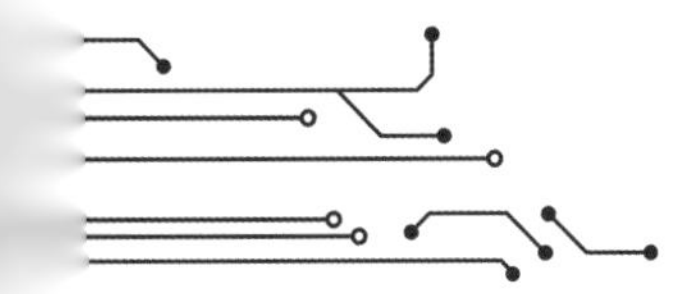

39 **Ti을 이용한 샐리사이드(자기정렬 실리사이드) 공정에 대한 설명으로 부적합한 것은?**

ⓐ 1차 열처리로 600~800℃의 급속열처리에서 Si위의 Ti는 반응해 C49상의 $TiSi_x$ 상을 형성함

ⓑ 2차 열처리로 형성되는 C54상의 비저항이 C49상보다 큼

ⓒ 1차 열처리후 남은 Ti 금속은 NH_4OH: H_2O_2: H_2O 용액으로 제거함

ⓓ 열처리시 O_2와 산화에 의해 TiO_x가 생성되지 않도록 방지해야 함

40 **금속배선 공정에서 유전체 박막의 평탄화에 대한 설명으로 부적합한 설명은?**

ⓐ 금속배선의 단차 피복성을 개량함

ⓑ 금속배선의 전자이탈(electromigration)을 심하게 증가시킴

ⓒ 열흐름에 의한 평탄화는 BPSG를 이용하되 접합의 확산 문제가 있음

ⓓ 고온의 열흐름에 의한 평탄화는 IMD(Inter Metal Dielectric)에 부적합함

41 **다음의 금속재료중 전기전도도가 가장 높은 것은?**

ⓐ Al

ⓑ Cu

ⓒ Ag

ⓓ Au

42 **실리콘 반도체에 Al 금속을 접합시켜 열처리하는 소결(sintering)에 대한 설명중 부적합한 것은?**

ⓐ Al의 용융점인 660℃까지 신터링 온도로 열처리할 수 있음

ⓑ 접합하는 반도체가 shallow junction인 경우 spike 현상에 유의해야 함

ⓒ Ti를 Al 금속과 실리콘 사이에 증착하면 스파이크 현상이 억제됨

ⓓ Al 금속에 Si을 1wt% 넣으면 스파이크 현상이 억제됨

43 **실리콘 반도체 공정에서 Al 금속배선의 전자이탈(electromigration)에 대한 설명으로 부적합한 것은?**

ⓐ Al 결정립 계면에 존재하는 Cu는 전자충격을 감소시킴

ⓑ 이동한 Al 원자는 빈공간(단락)이나 힐록(hillock)을 발생시킴

ⓒ Al 금속배선이 미세해지면 전자충돌이 감소하여 전자이탈 현상이 완화됨

ⓓ Al에 Cu를 0.5~4 wt% 첨가하여 전자이탈(elecromigration) 현상을 억제함

44 **금속배선을 위한 평탄화 공정기법에 해당하지 않는 것은?**

ⓐ PR coating and etchback

ⓑ ALD

ⓒ PECVD etchback

ⓓ CMP

45 통상적인 Al 금속배선의 전자이탈(electromigration)에 대한 설명으로 부적합한 것은?

ⓐ Al에 Au를 4wt% 첨가하여 전자이탈 현상을 억제함

ⓑ Al 금속배선은 결정립이 많은 다결정 구조이며 전자의 충돌로 발생함

ⓒ 전류밀도가 높은 부분에 온도가 오르고 Al원자의 이동(migration)이 발생함

ⓓ 높은 전계로 인해 이동한 Al 원자는 빈공간(단락)이과 힐록(hillock)을 발생시킴

46 구리(Cu) 이중다마신(dual damascene) 공정에 대한 설명으로 부적합한 것은?

ⓐ Cu의 도금을 위해 Ta/TaN과 같은 배리어층을 사용함

ⓑ 도금으로 형성된 과잉 Cu의 평탄화에는 스퍼터링을 사용함

ⓒ Al 금속배선에 비해 공정 단계가 감소하여 경제적임

ⓓ ALD는 배리어층의 형성에 있어서 단차 피복성(step coverage)을 높게 함

47 금속배선 공정에 있어서 평탄화 기법으로 가장 완벽하여 널리 사용되는 공정방식은?

ⓐ deposition and etchback

ⓑ SOG

ⓒ BPSG reflow

ⓓ CMP

48 CMP(Chemical Mechanical Polishing) 기술과 관련이 없는 것은?

ⓐ 슬러리 ⓑ dishing 효과 ⓒ 평탄화 ⓓ hillock

49 반도체의 평탄화를 위해 사용하는 공정기법에 해당하지 않는 것은?

ⓐ SOG(Spin on Glass)

ⓑ BPSG(Boro-Phosphor-Silicate Glass) reflow

ⓒ ALD(Atomic Layer Deposition)

ⓓ CMP(Chemical Mechanical Polishing)

50 반도체 기술수준이 0.25 μm 대에서 소자격리의 방식이 LOCOS 격리(isolation)로부터 얕은 트렌치 격리(shallow trench isolation) 방식으로 변경되었는데 그 이유와 무관한 것은?

ⓐ 채널스톱(channel stop)이 확산하여 임계전압(V_{th})이 변화되는 문제 해결

ⓑ 액티브 영역(active area)의 측면이 감소하는 문제 해결

ⓒ 게이트 산화막의 품질 향상

ⓓ 게이트 리소그래피 패턴의 해상도 향상

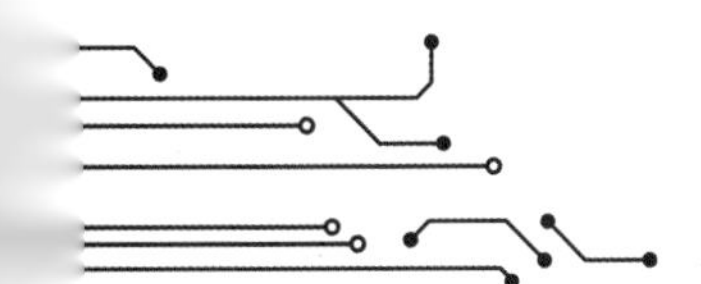

51 **평탄화 기법중에서 공정비용은 높지만 가장 완벽하여 최근 금속배선공정으로 사용되는 공정 방식은?**

ⓐ PR coating and etchback

ⓑ SOG(Spin on Glass)

ⓒ BPSG reflow

ⓓ CMP(Chemical Mechanical Polishing)

52 **집적회로(IC) 공정의 최종단계로 final baking(alloy)과 관련 없는 설명은?**

ⓐ 400℃ 부근의 온도에서 열처리하여 계면결함이 감소함

ⓑ 금속배선 사이의 접촉성이 개량됨

ⓒ 불순물이 대폭 확산하여 접합(junction)이 깊어짐

ⓓ 전기전도도와 신뢰성이 향상됨

53 **집적회로(IC) 제조공정의 마지막 단계에서 차폐(passivation) 절연막을 형성하는 목적이 아닌 것은?**

ⓐ 습도 방지

ⓑ 전극의 전도도 개량

ⓒ 긁힘 방지

ⓓ 오염 방지

54 **구리(Cu) 금속의 CMP(Chemical Mechanical Polishing) 공정에 대한 설명으로 부적합한 것은?**

ⓐ PH는 1로 낮추어 가능한 부식성(corrosive)의 조건을 사용

ⓑ 마모제로 알루미나를 사용

ⓒ 첨가제로 NH_3, NH_4OH, 에탄올 사용 가능

ⓓ Cu와 Ta 확산방지막을 위해 2중 슬러리 사용

55 **CMP(Chemical Mechanical Polishing) 공정에서 고려할 특성에 해당하지 않는 것은?**

ⓐ 제거속도(removal rate)

ⓑ 균일도(uniformity)

ⓒ 열전도도(thermal conductivity)

ⓓ 패임(dishing)

56 **얕은 트렌치 격리(shallow trench isolation)을 형성하는 주요 공정 순서로 가장 적합한 것은?**

ⓐ 질화막 증착 – 산화막 성장 – STI 패터닝 – STI 식각 – liner 산화 – CMP – 산화막 증착 – 질화막 제거

ⓑ 산화막 성장 – 질화막 증착 – STI 패터닝 – STI 식각 – liner 산화 – 산화막 증착 – CMP – 질화막 제거

ⓒ 산화막 성장 – 질화막 증착 – STI 패터닝 – STI 식각 – 산화막 증착 – liner 산화 – CMP – 질화막 제거

ⓓ 질화막 증착 – STI 패터닝 – 산화막 성장 – STI 식각 – liner 산화 – 산화막 증착 – CMP – 질화막 제거

57 **CMP(Chemical Mechanical Polishing)에서 종료점을 감지하는 방식에 해당하지 않는 것은?**

ⓐ 마찰력에 따른 모터전류 변화

ⓑ 웨이퍼 기판의 무게 변화

ⓒ 단일파장 광의 반사도에 대한 간섭현상(절연막)

ⓓ 광대역 광을 이용한 광 반사도 변화(금속류)

58 **CMP(Chemical Mechanical Polishing)용 슬러리로서 고려할 요소가 아닌 것은?**

ⓐ 열전도도 ⓑ PH ⓒ oxidant ⓓ suspension

59 **텅스텐(W) 금속의 CMP(Chemical Mechanical Polishing) 공정에 대한 설명으로 부적합한 것은?**

ⓐ 마모제로 알루미나 가루를 사용

ⓑ $Fe(NO_3)_3$, H_2O_2를 시각 및 산화제로 사용

ⓒ KH_2PO_4를 첨가제로 하여 PH를 14정도로 사용

ⓓ W 금속과 Ti/TiN 배리어를 위해 2단계 CMP 적용

60 **구리(Cu) 금속의 CMP(Chemical Mechanical Polishing) 공정에 대한 설명으로 부적합한 것은?**

ⓐ H_2O_2 또는 HNO_4를 산화제로 사용

ⓑ 마모제로 알루미나를 사용

ⓒ PH는 14로 높여서 가능한 corrosive한 조건을 사용

ⓓ 첨가제로 NH_3, NH_4OH, 에탄올 사용 가능

61 **텅스텐(W) 금속의 CMP(Chemical Mechanical Polishing) 공정에 대한 설명으로 부적합한 것은?**

ⓐ $Fe(NO_3)_3$, H_2O_2를 식각 및 산화제로 사용

ⓑ PH는 14로 높여서 가능한 corrosive한 조건을 사용

ⓒ KH_2PO_4를 첨가제로 하여 PH를 7정도로 사용

ⓓ W 금속과 Ti/TiN 배리어를 위해 2단계 CMP 적용

62 **CMP(Chemical Mechanical Polishing) 슬러리로서 고려할 요소가 아닌 것은?**

ⓐ 전기전도도 ⓑ 산화제(Oxidant) ⓒ 마모제 ⓓ PH

63 **CMP(Chemical Mechanical Polishing) 공정에서 고려할 사항에 해당하지 않는 것은?**

ⓐ 제거속도(removal rate) ⓑ 균일도(uniformity)

ⓒ 선택도(selectivity) ⓓ 열전도도(thermal conductivity)

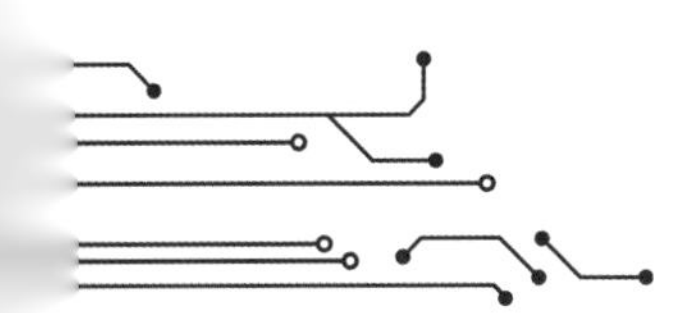

64 금속을 반도체 접합과 배선공정에 사용할 때, 발생하는 문제점과 무관한 것은?

ⓐ junction spike　ⓑ crack　ⓒ hillock　ⓓ electromigration

65 금속선의 전류흐름과 결함의 발생에 대한 그림에서 A-to-E 순서로 정확한 명칭은?

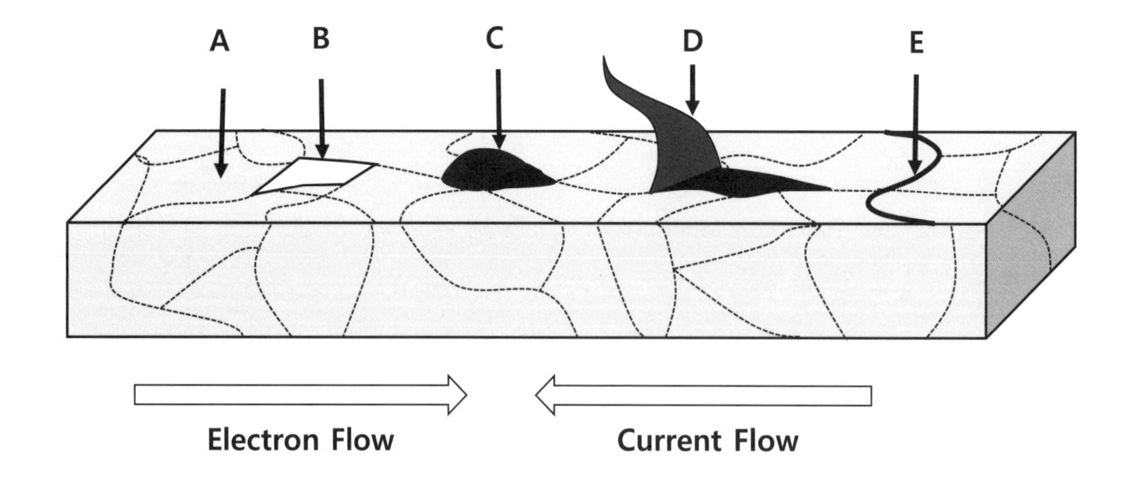

ⓐ grain – void – hillock – whisker – grain boundary

ⓑ grain – void – hillock – grain Boundary – whisker

ⓒ grain – whisker – void – hillock – grain boundary

ⓓ grain – hillock – whisker – void – grain boundary

66 두꺼운 금속박막의 패턴을 형성하는 용도의 PCM(Process Control Monitor)법에 해당하지 않는 것은?

ⓐ four point probe (면저항)

ⓑ ellipsometer (두께)

ⓒ energy dispersive spectrometer (조성)

ⓓ α-step (step height)

67 CMP(Chemical Mechanical Polishing)에서 불완전한 공정으로 인한 문제점의 종류가 아닌 것은?

ⓐ dielectric erosion　ⓑ edge erosion　ⓒ residue particle　ⓓ vacancy

68 감광막(PR) 패턴을 마스크로 이용한 Si 트렌치의 건식식각에 있어서 식각선택비가 10:1(Si:PR)인 레시피 공정조건을 이용하는 경우 PR의 두께가 1 ㎛이면 형성할 수 있는 트렌치의 최대 깊이는 얼마인가?

ⓐ 10　ⓑ 20　ⓒ 30　ⓓ 40

69 Al 금속배선(비저항=2.8x10^{-8} Ω m)의 설계규칙 표에서 빈칸의 R_s (A, B, C) 이론치는?

Layer	최소폭: Min. width (㎛)	두께: thickness (㎛)	R_s (Ω/□)
M1, M2	0.3	0.3	(A)
M3,4,5,6	0.4	0.45	(B)
M7	1.0	1.2	(C)

ⓐ 0.093/0.062/0.23 ⓑ 0.93/0.62/0.23 ⓒ 9.3/6.2/2.3 ⓓ 93/62/23

70 CMP(Chemical Mechanical Polishing) 장치를 구성하는 주요 요소(기능)가 아닌 것은?

ⓐ pad ⓑ platen(table) ⓒ ionizer ⓓ conditioner

71 BEOL(Back End Of Line)의 단계에 해당하지 않는 것은?

ⓐ via ⓑ CMP ⓒ electroplating ⓓ implantation

72 반도체 공정에서 Titanium (Ti) 금속재료의 용도에 해당하지 않는 것은?

ⓐ lithography mask ⓑ TiN barrier ⓒ adhesion layer ⓓ silicidation

73 실리콘 반도체 집적회로에서 광역배선(global interconnection)에 가장 널리 사용되는 금속은?

ⓐ Al ⓑ Au ⓒ Ag ⓓ Cu

74 CMP(Chemical Mechanical Polishing)에서 불완전한 공정으로 인해 웨이퍼에서 발견될 수 있는 결함의 종류에 해당하지 않는 것은?

ⓐ dishing ⓑ hillock ⓒ delamination ⓓ scratch

75 금속 박막의 패턴을 정확하게 형성하기 위해 평가하는 PCM(Process Control Monitor)법에 해당하지 않는 것은?

ⓐ four point probe (면저항)

ⓑ van der Pauw (면저항)

ⓒ ellipsometer (굴절률)

ⓓ α-step (step height)

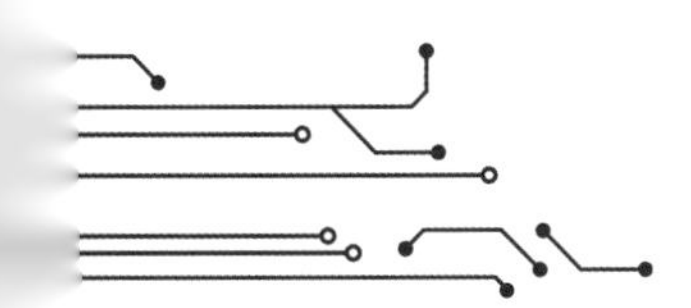

76 다음의 집적회로 단면 구조에 해당하는 CMP 공정의 횟수는?

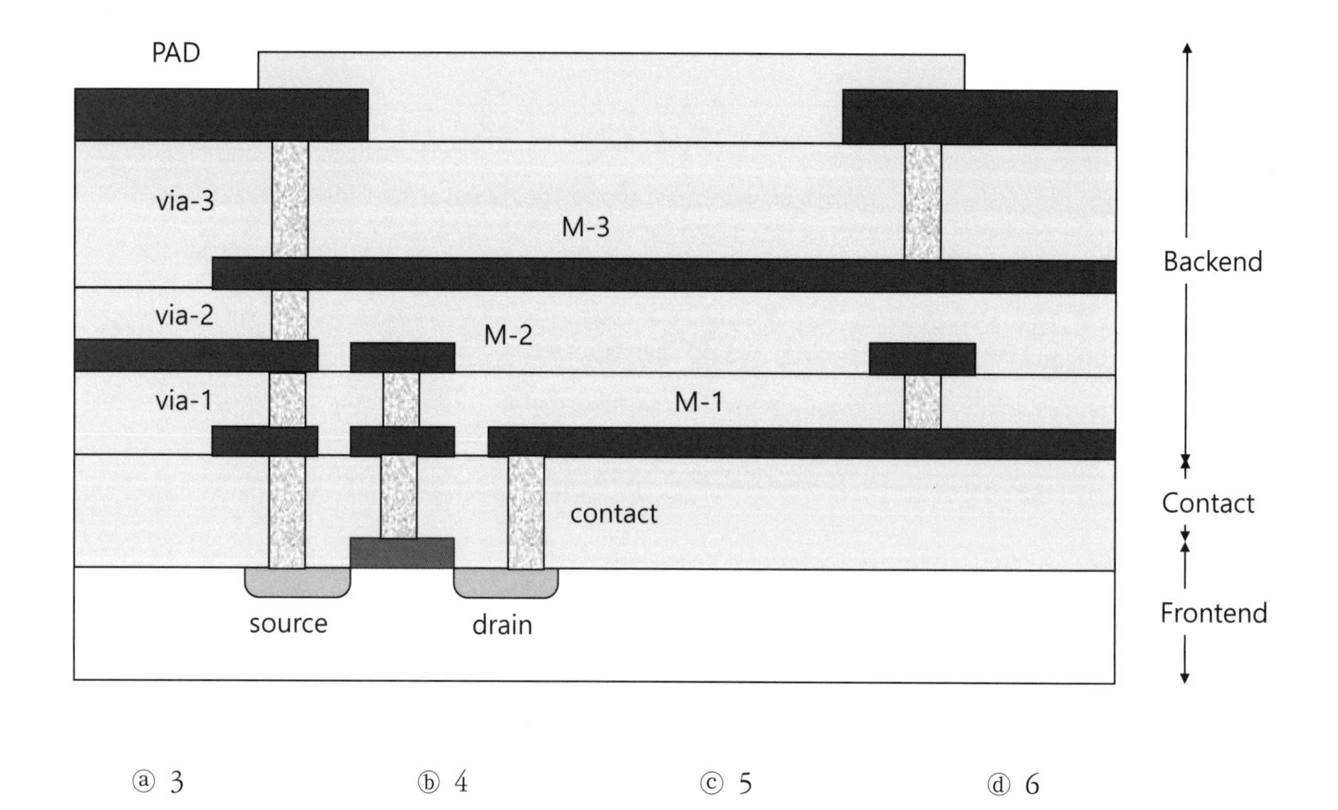

ⓐ 3　　ⓑ 4　　ⓒ 5　　ⓓ 6

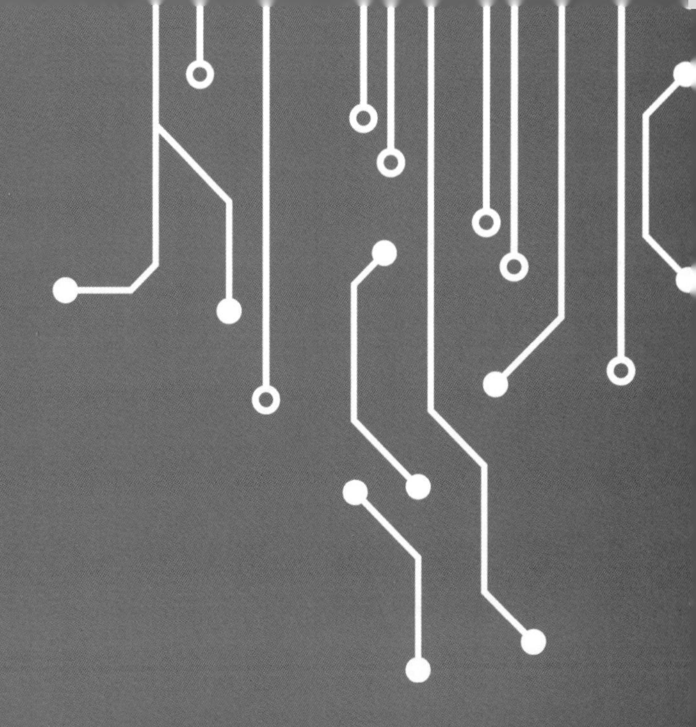

제 9 장

소자 공정

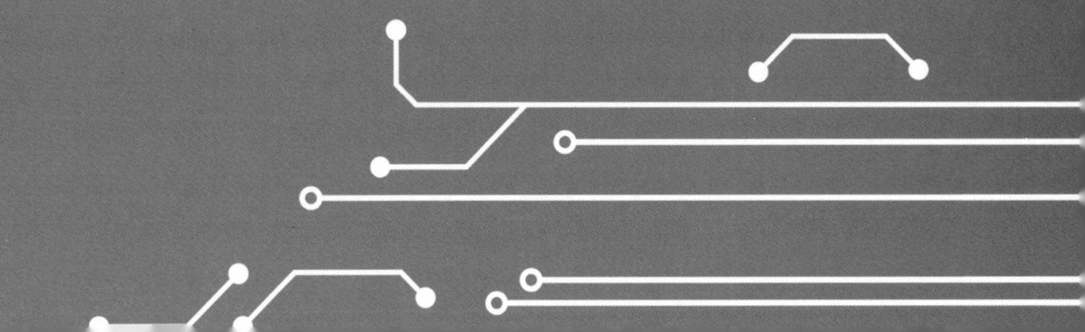

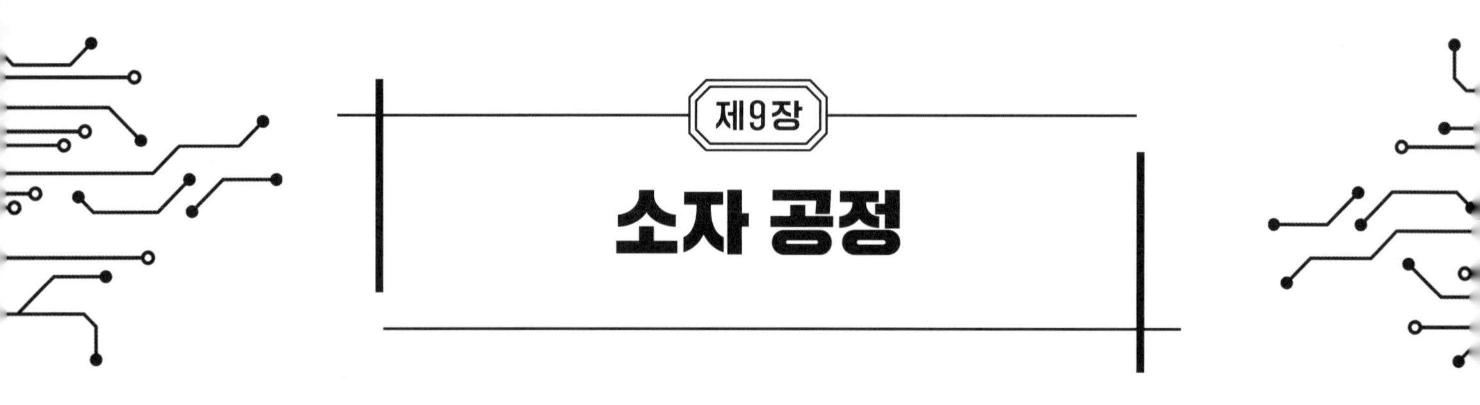

01 **CMOS 집적회로의 제작공정에 있어서 단채널효과(schort channel effect)를 경감하기 위한 공정법에 해당하는 것은?**

ⓐ LDD(Lightly Doped Drain), halo implantation

ⓑ field ion implantation

ⓒ LOCOS

ⓓ deep trench

02 **Si 집적회로의 제작공정에 있어서, 소자 격리(isolation)의 방식과 관련한 기술이 아닌 것은?**

ⓐ mesa ⓑ via ⓒ trench ⓓ junction isolation

03 **CMOS 집적회로의 제작공정에서 채널스톱(channel stop) 이온주입 사례에 대한 가장 적합한 설명은?**

ⓐ segregation coefficient 가 1보다 작은 phosphorous가 산화막 외부로 확산해 계면의 실리콘에 누설전류 채널이 발생하는 문제를 해결하기 위해 미리 phosphorous를 이온주입하여 보강해주는 방법

ⓑ segregation coefficient 가 1보다 큰 boron이 산화막 외부로 확산해 계면의 실리콘에 누설전류 채널이 발생하는 문제를 해결하기 위해 미리 boron을 이온주입하여 보강해주는 방법

ⓒ segregation coefficient 가 1보다 작은 boron이 산화막 외부로 확산해 계면의 실리콘에 누설전류 채널이 발생하는 문제를 해결하기 위해 미리 boron을 이온주입하여 보강해주는 방법

ⓓ segregation coefficient 가 1보다 큰 phosphorous가 산화막 외부로 확산해 계면의 실리콘에 누설전류 채널이 발생하는 문제를 해결하기 위해 미리 phosphorous를 이온주입하여 보강해주는 방법

04 **게이트 전압(V_G)을 9 V까지 사용하는 MOSFET 소자의 경우 SiO_2 게이트 산화막(E_c=9 MV/cm, k=3.9, ε_0=8.85x10^{-12} F/m)의 최소 필요한 산화막 두께?**

ⓐ 10 nm ⓑ 100 nm ⓒ 10 μm ⓓ 100 μm

05 **게이트 전압(V_G)을 9V까지 사용하는 MOSFET 소자의 경우 SiO_2 게이트 산화막(E_c=9 MV/cm, k=3.9, ε_0 =8.85x10^{-12} F/m)을 최소 필요한 산화막 두께의 2배로 사용하는 경우, 게이트에 인가되는 oxide capacitance(C_{ox})는?**

ⓐ 1.7x0^{-9} F/cm^2 ⓑ 1.7x0^{-7} F/cm^2 ⓒ 1.7x0^{-5} F/cm^2 ⓓ 1.7x0^{-3} F/nm^2

06 **NPN-BJT(Bipolar Junction Transistor) 소자를 제작하는 그림의 공정단계에서 n^+-형 sub-collector를 형성하기 위한 As 이온주입 공정조건에 대한 설명으로 가장 부합하는 것은?**

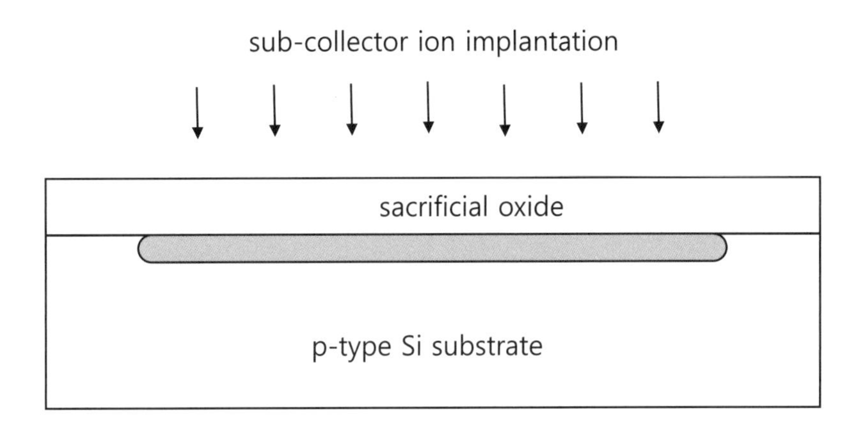

ⓐ 고용도가 높아 n+형에 유리하고 확산계수가 높은 As를 주로 이온주입하여 사용함

ⓑ 고용도가 낮아 n+형에 유리하고 확산계수가 작은 As를 주로 이온주입하여 사용함

ⓒ 고용도가 낮아 n+형에 유리하고 확산계수가 높은 As를 주로 이온주입하여 사용함

ⓓ 고용도가 높아 n+형에 유리하고 확산계수가 작은 As를 주로 이온주입하여 사용함

07 **NPN-BJT(Bipolar Junction Transistor) 소자를 제작하는 그림의 공정단계에서 n^- 에피층을 성장하는 과정에 발생하는 out-diffusion과 auto-doping에 가장 적합한 설명은?**

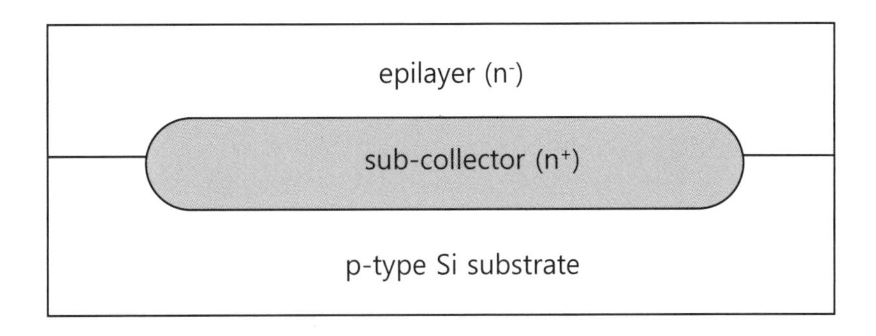

ⓐ 이온주입된 불순물은 auto-doping 하고, 기판의 p-type 불순물은 out-diffusion 함

ⓑ 이온주입된 불순물과 기판의 p-type 불순물은 out-diffusion함

ⓒ 이온주입된 불순물과 기판의 p-type 불순물은 auto-doping 함

ⓓ 이온주입된 불순물은 out-diffusion하고, 기판의 p-type 불순물은 auto-doping 함

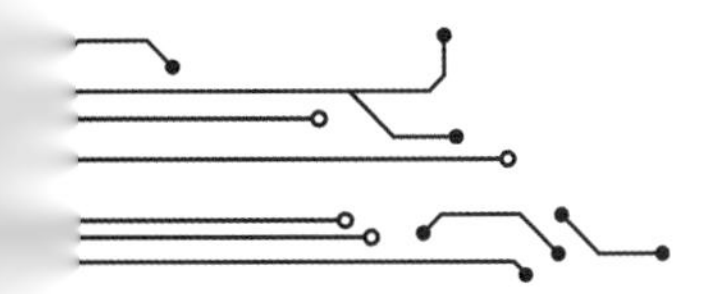

08 NPN-BJT(Bipolar Junction Transistor) 소자를 제작하는 그림의 공정단계에서 사용되는 소자 격리에 대한 가장 정확한 설명은?

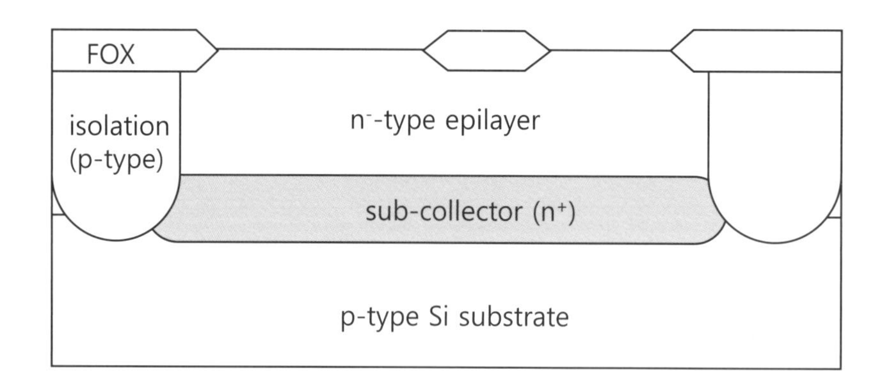

ⓐ LOCOS 공정전에 이온주입된 boron은 LOCOS 공정 단계에서 sub-collectoer와 만나야 함
ⓑ plug 이온주입된 phosphorous는 LOCOS 공정 단계에서 sub-collectoer와 만나야 함
ⓒ LOCOS 공정전에 이온주입된 boron은 LOCOS 공정 단계에서 p-type 기판과 만나야 함
ⓓ LOCOS 공정전에 이온주입된 phosphorous는 LOCOS 공정 단계에서 sub-collectoer와 만나야 함

09 NPN-BJT(Bipolar Junction Transistor) 소자를 제작하는 그림의 공정단계에서 p-type base junction을 매우 shallow하게 형성해서 게인이 높은 소자를 형성하고자 할 때, 동일한 이온주입에너지라면 가장 유용한 이온인 것은?

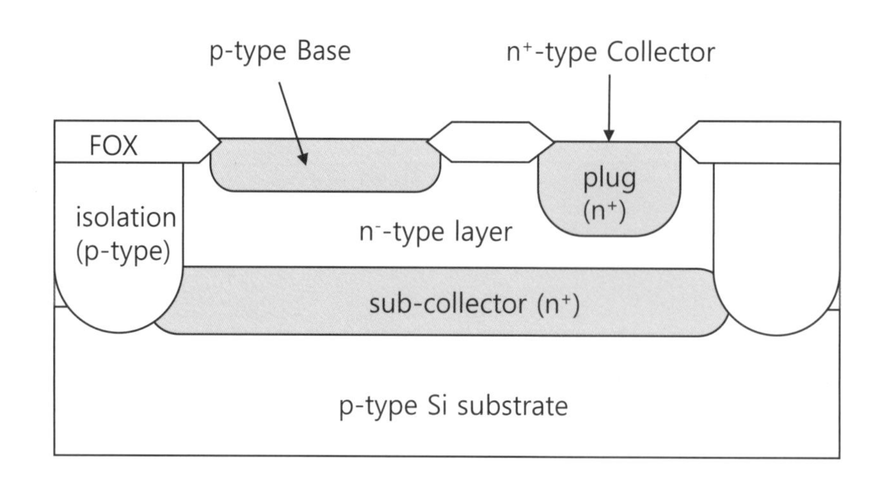

ⓐ B^{++}　　ⓑ BF_2^+　　ⓒ BF^+　　ⓓ B^+

10 NPN-BJT(Bipolar Junction Transistor) 소자를 제작하는 그림의 공정단계에서 도핑농도가 >10^{19} cm^{-3} 대로 높은 n^+ poly-Si을 에미터로 사용하는 가장 정확한 이유는?

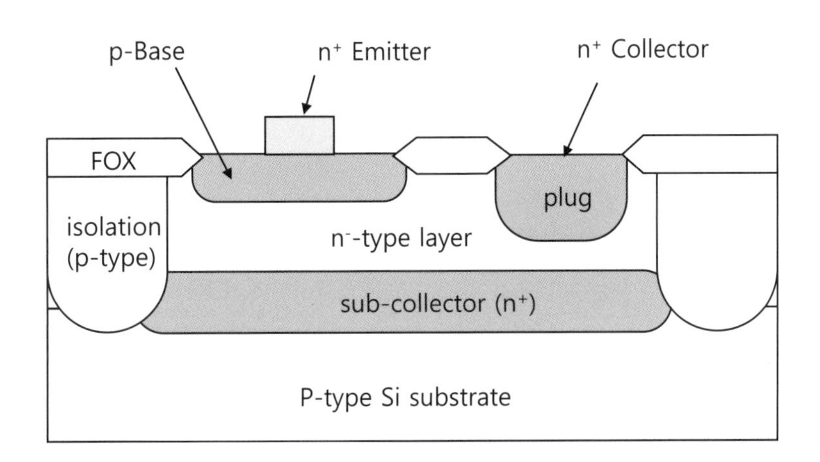

ⓐ 비저항이 작고 베이스측으로 전자주입 효율이 높으며 주입된 정공의 재결합이 빠름
ⓑ 비저항이 크고 베이스측으로 정공주입 효율이 높으며 주입된 정공의 재결합이 빠름
ⓒ 비저항이 크고 베이스측으로 전자주입 효율이 높으며 주입된 전자의 재결합이 느림
ⓓ 비저항이 작고 베이스측으로 전자주입 효율이 높으며 주입된 정공의 재결합이 느림

11 두 종류의 소자의 단면도 그림에 대한 소자의 명칭으로 가장 부합하는 것은?

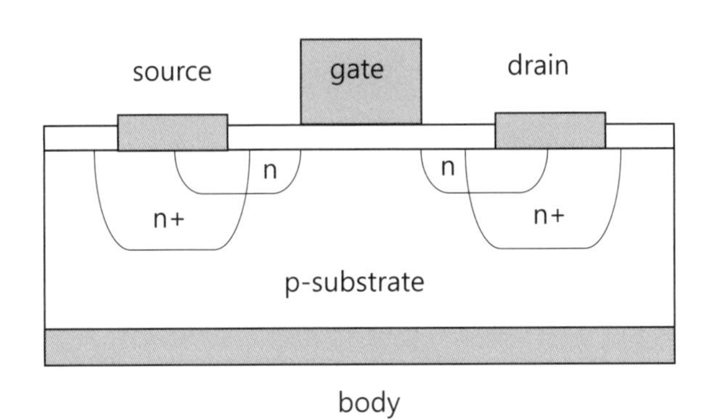

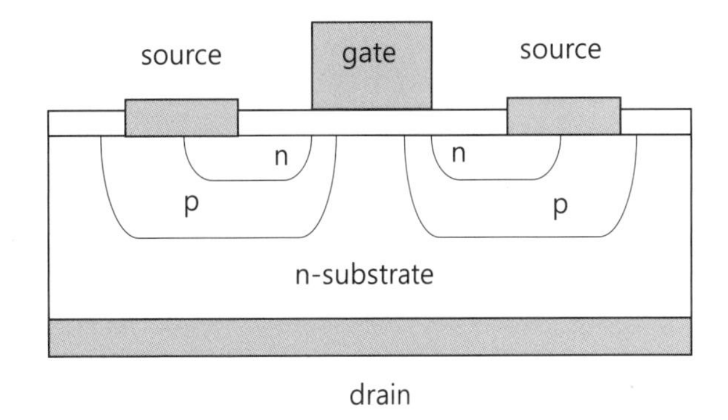

ⓐ p-MOSFET, p-VDMOS
ⓑ n-MOSFET, n-VDMOS
ⓒ n-MOSFET, IGBT
ⓓ p-MOSFET, IGBT

12 실리콘 기판의 접합으로 제작할 수 있는 커패시터의 구조에 해당하지 않는 것은?

ⓐ MOS ⓑ p-n Junction ⓒ Schottky contact ⓓ MIM

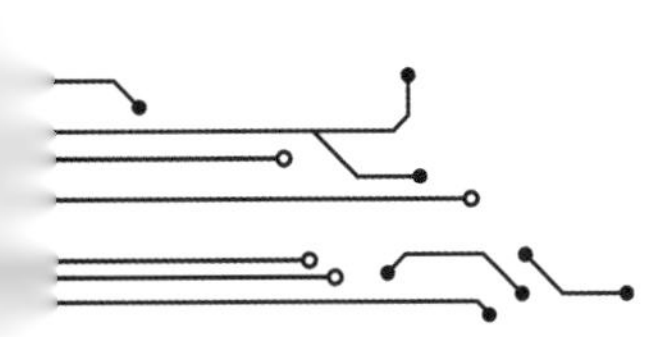

[13-16] 다음 그림을 보고 물음에 답하시오.

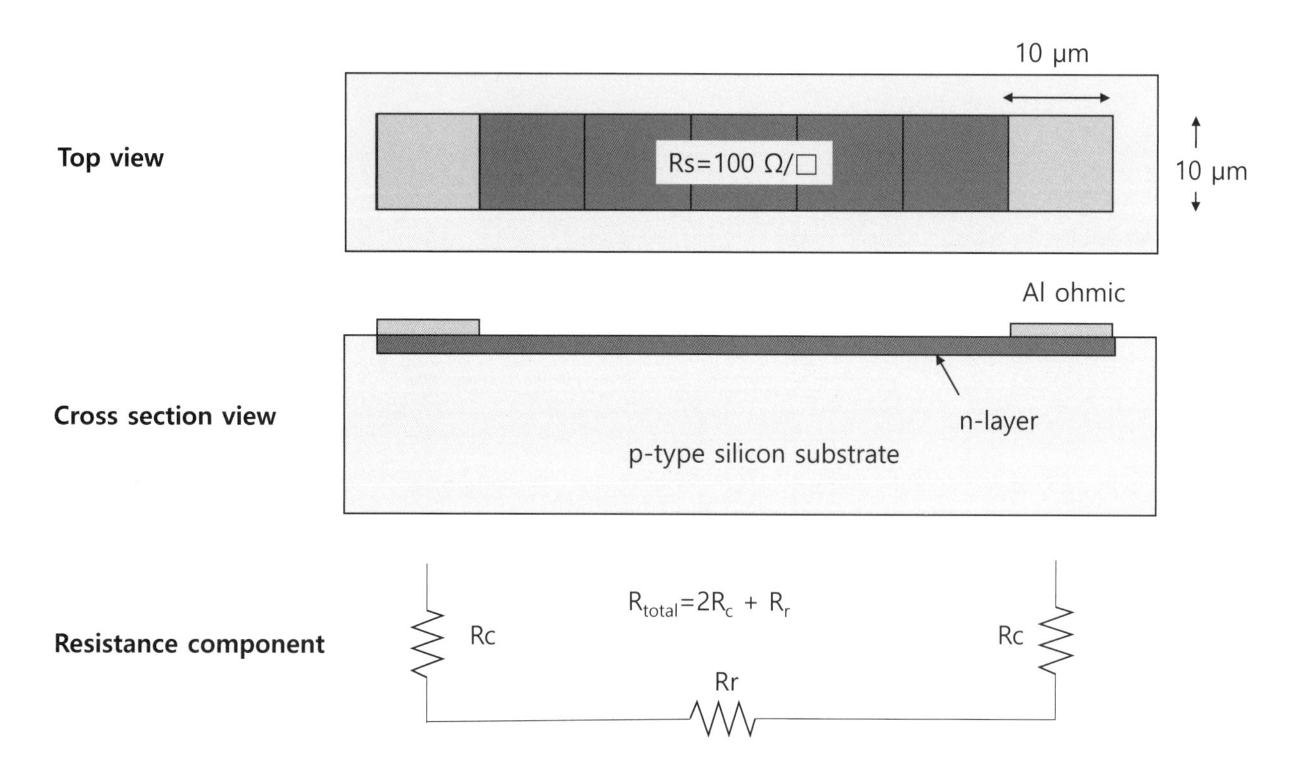

13 그림은 고저항 p-type Si 기판에 n-type 불순물을 주입하여 저항(resistor)를 제작하는 단면, top view, 저항성분을 보여준다. 단, 레지스터 면저항의 계산에 있어서 기판 내부의 p-type 불순물 농도는 매우 낮으므로 무시된다. n-type 레지스터의 면저항 R_s=100 Ω/□이고, 오믹접합의 접촉비저항 ρ_c는 10^{-3} $\Omega \cdot cm^2$이며, Al 금속접합 부분은 오믹저항의 성분(R_c)만 고려한다. 전체 저항 R_{total} 은?

ⓐ 2.5 Ω　　ⓑ 25 Ω　　ⓒ 2.5 kΩ　　ⓓ 25 kΩ

14 그림은 고저항 p-type Si 기판에 n-type 불순물을 주입하여 저항(resistor)를 제작하는 단면, top view, 저항성분을 보여준다. 단, 레지스터 면저항의 계산에 있어서 기판 내부의 p-type 불순물 농도는 매우 낮으므로 무시하고 이온주입된 n-type 불순물의 영향만 고려한다. Hall 이동도가 1,000 cm^2/Vs인 N-type 저항층의 형성하기 위해 P^+이온을 주입하는 경우 R_s=100 Ω/□를 맞추기 위한 dose(이온주입량)은?

ⓐ $7.1x10^{12}$ ion/cm^2　　ⓑ $7.1x10^{13}$ ion/cm^2　　ⓒ $7.1x10^{14}$ ion/cm^2　　ⓓ $7.1x10^{15}$ ion/cm^2

15 그림은 p-type($2x10^{16}$ cm^{-3}) 실리콘 기판에 n-type 불순물을 주입하여 저항(resistor)를 제작하는 단면과 top view, 저항성분을 보여준다. 저항의 부분에 P^+ 이온을 100 keV(R_p=0.13 μm , ΔR_p=0.45 μm), Q=$2x10^{15}$ cm^{-2}의 조건으로 이온주입한 경우 가우시안 분포($N = \frac{Q}{\sqrt{2\pi}\Delta Rp} e^{-\frac{(x-Rp)^2}{2\Delta Rp^2}}$)를 적용하여 형성된 p-n 접합의 metallic(p형과 p형 불순물의 농도가 동일한 위치) 접합의 깊이는?

ⓐ 0.019 μm　　ⓑ 0.19 μm　　ⓒ 1.9 μm　　ⓓ 19 μm

16 그림은 고저항 p-type($1x10^{13}$ cm^{-3}) 실리콘 기판에 n-type 불순물을 주입하여 저항(resistor)를 제작하는 단면, top view, 저항성분을 보여준다. 저항의 부분에 P^{+} 이온을 $Q=2x10^{15}$ cm^{-2} 이온주입하여 형성한 n-layer의 면저항(R_s)은? 단, 간단한 계산을 위해 이동도 100 cm^2/V sec, 주입된 이온만이 저항성분에 기여한다고 봄.

ⓐ 0.3125 Ω/□　　ⓑ 3.125 Ω/□　　ⓒ 31.25 Ω/□　　ⓓ 312.5 Ω/□

17 일반적인 NPN-BJT 소자의 평면도와 단면도에 있어서 그림과 같이 에미터 하단부의 깊이방향으로 형성된 불순물의 농도분포로 가장 부합하는 그림은?

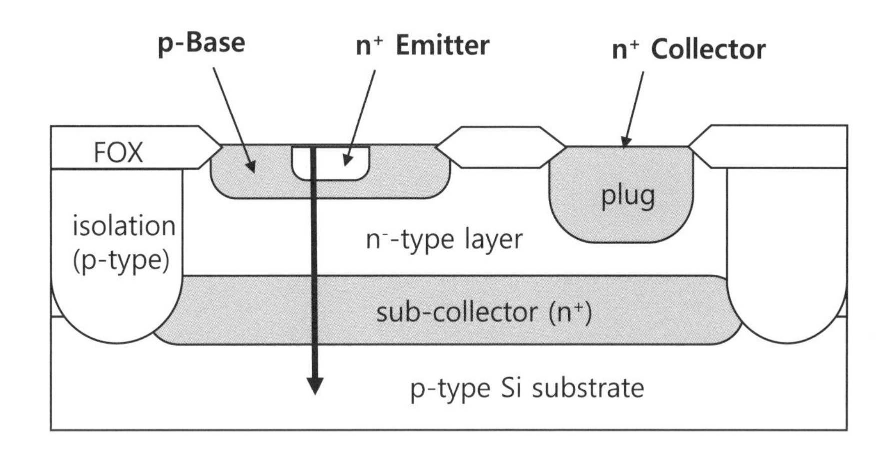

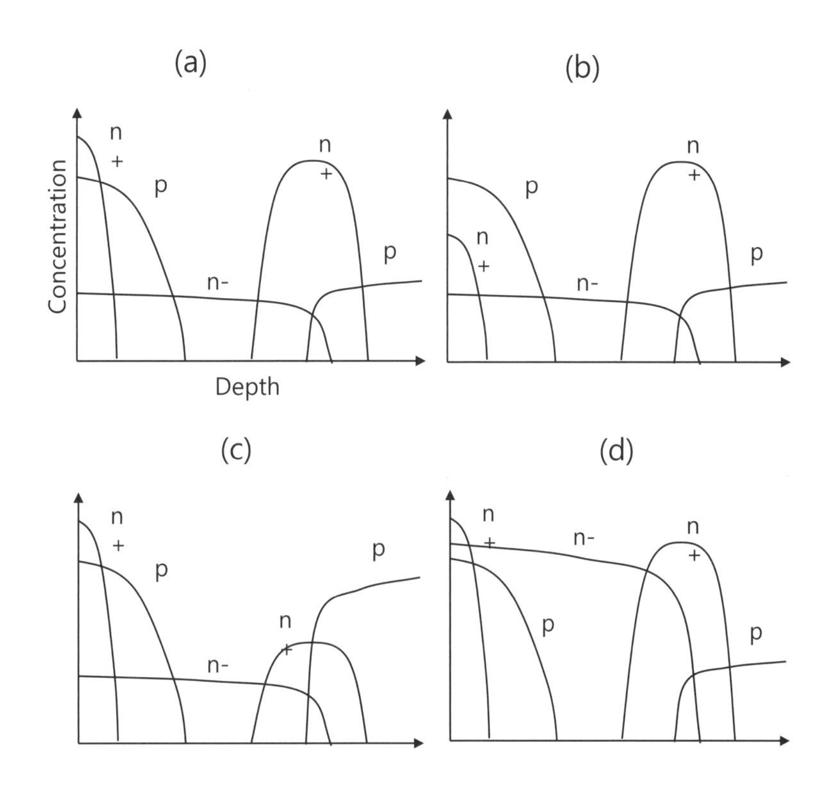

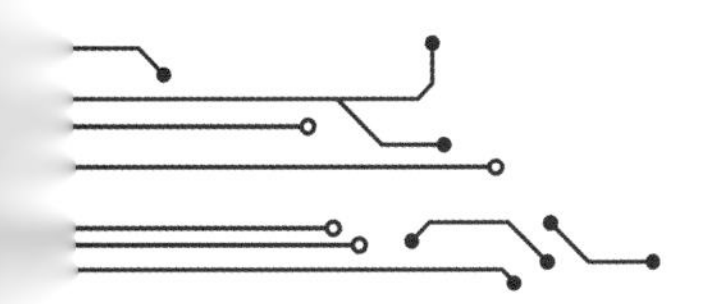

18 CMOS 공정단계에서 Ti/Al(Cu)/TiN 형태의 Metal-1 interconnection 공정과 관련한 설명으로 부적합한 것은?

ⓐ Al은 단결정 상태를 유지함

ⓑ Ti는 하층부의 물질과 접촉성을 높임

ⓒ Cu는 Al의 electromigration 현상을 개량함

ⓓ TiN은 Al 표면을 강화하여 안정화함

19 Si 반도체공정에서 자주 사용하는 희생산화막에 대한 설명으로 가장 적합한 것은?

ⓐ 실리콘 표면에 산화막을 1 μm 이상으로 최대한 두껍게 형성하여 이용함

ⓑ 실리콘 표면에 PECVD로 증착하여 공정중에 표면을 안정화함

ⓒ 실리콘 표면에 LPCVD로 증착하여 공정중에 불순물의 인입을 방지함

ⓓ 실리콘 표면을 산화하여 성장하며 공정중에 불순물의 인입이나 부착을 방지함

20 MOSFET의 단채널효과(short channel effect)를 경감하는 방법과 무관한 것은?

ⓐ side wall

ⓑ LDD

ⓒ halo(pocket) implantation

ⓓ LOCOS

21 전극이 2개인 아래의 단면구조에 해당하는 소자의 적합한 명칭은?

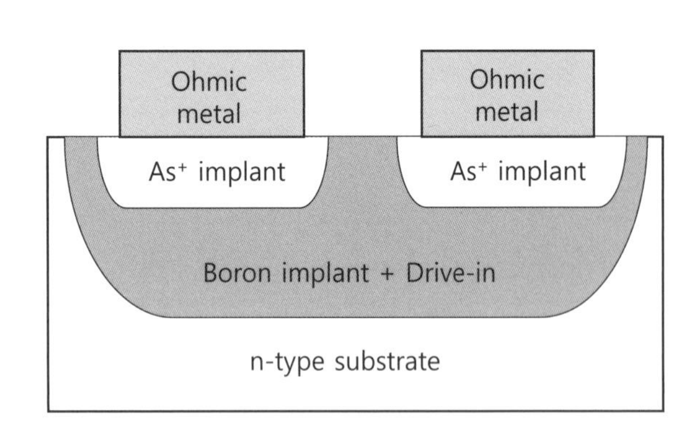

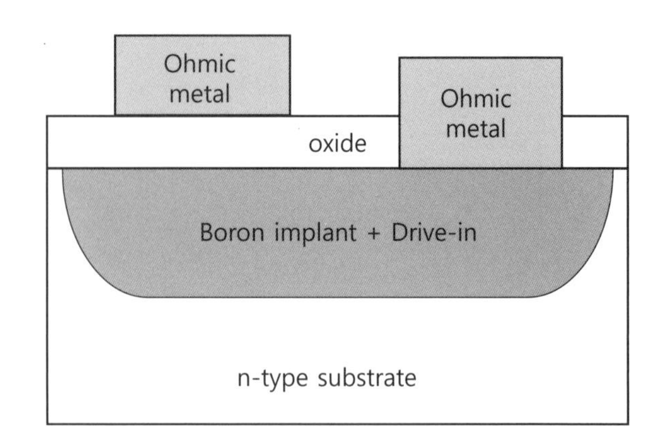

ⓐ NPN BJT, MOSFET

ⓑ NPN diode, MOSFET

ⓒ NPN diode, MOS capacitor

ⓓ NPN BJT, MOS capacitor

22 전극이 2개로 제작되는 아래의 단면구조에 해당하는 소자의 적합한 명칭은?

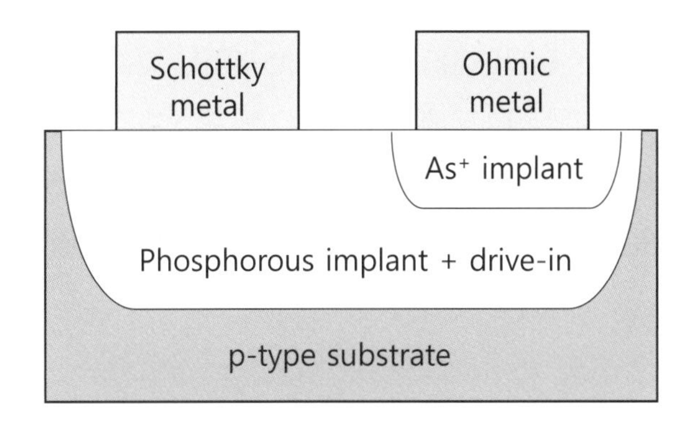

Ohmic metal / Ohmic metal / As⁺ implant / As⁺ implant / Phosphorous implant + drive-in / p-type substrate

ⓐ inductor, resistor　　ⓑ Schottky diode, resistor

ⓒ Schottky diode, NPN diode　　ⓓ inductor, NPN diode

23 N-MOSFET 소자의 단면구조에서 A 커트라인에 가장 일치하는 도핑형태는?

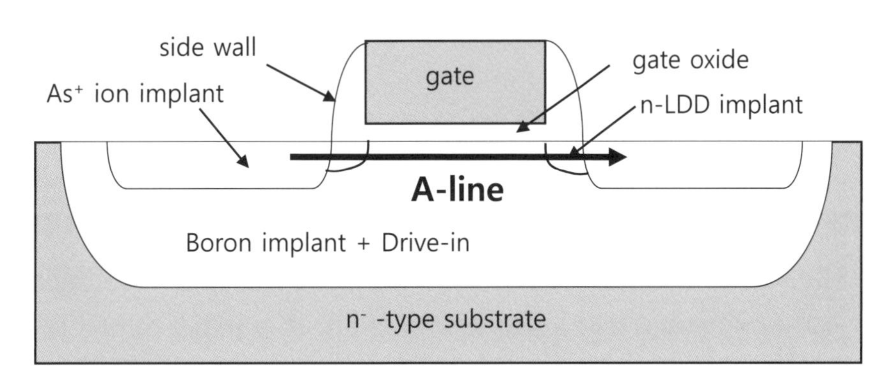

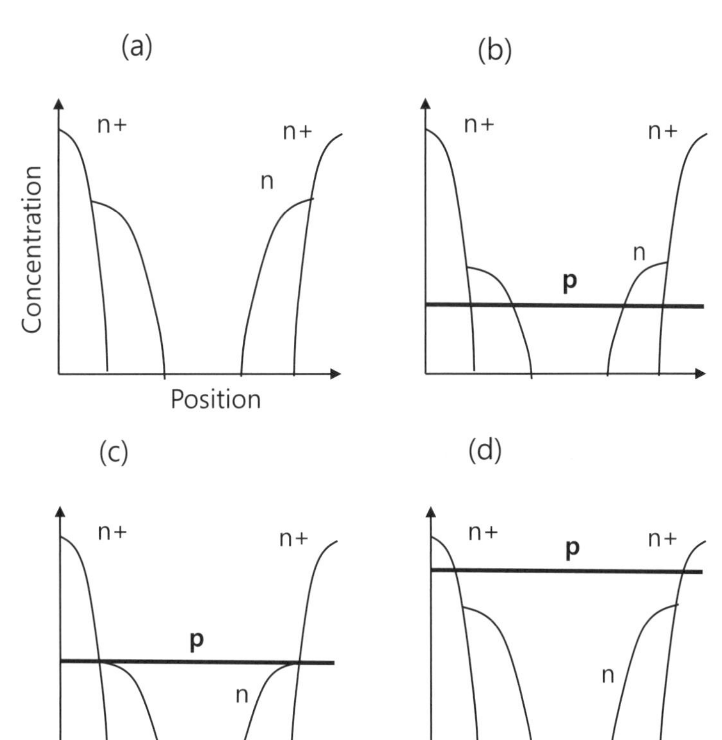

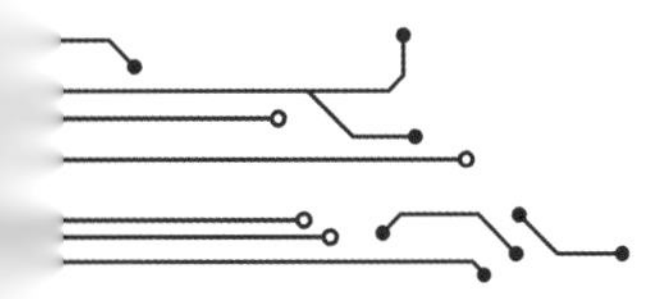

24 Si MOSFET 제조공정중 LOCOS 산화막을 형성하는 스텝에 있어서 field implantation 공정인데, 두꺼운 Si_3N_4(실리콘질화막)을 마스크로 차폐하여 국부적으로 boron을 이온주입하는 과정이다. 보론빔의 이온주입 에너지와 함량(dose)가 각각40 keV 과 $1x10^{13}$ cm^{-2} 이라면 MOSFET active 영역(소자가 만들어질 부분)에 영향을 주지 않기 위해 필요한 실리콘 질화막의 최소두께는? 단, 여기에서 산화막의 두께는 20 nm이며, 간단한 계산을 위해 99.99% 차폐를 위한 두께는 $d=R_p+3.96 \cdot \Delta R_p$이고, 질화막과 산화막에서 이온주입되는 보론의 R_p, ΔR_p는 Si으로의 이온주입에 대한 R_p, ΔR_p와 동일하다고 간주하며, boron은 40 keV에서 R_p=130 nm, ΔR_p=70 nm임

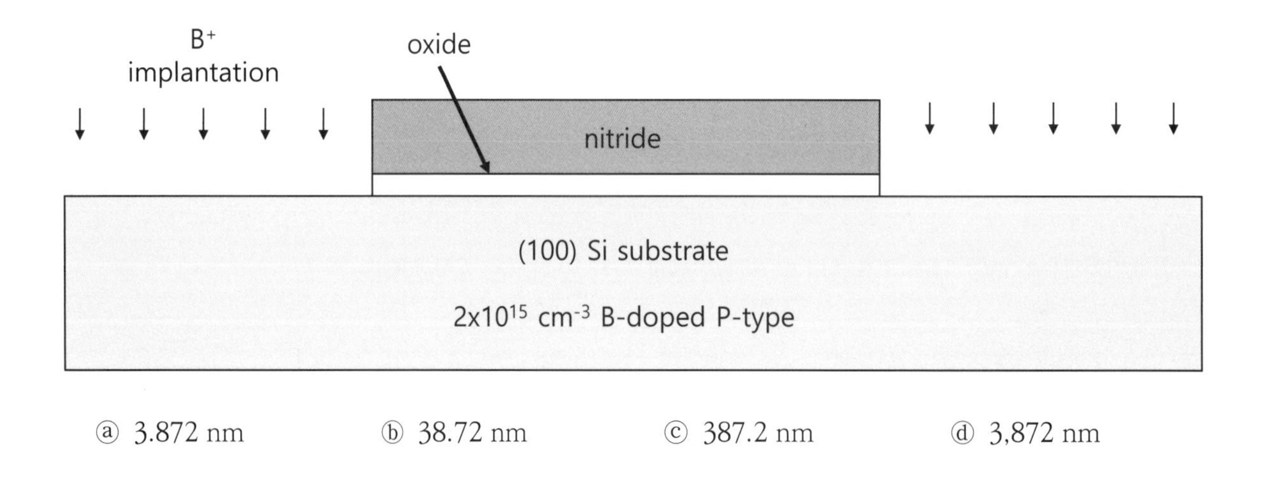

ⓐ 3.872 nm ⓑ 38.72 nm ⓒ 387.2 nm ⓓ 3,872 nm

25 Si MOSFET 제조공정중 wet oxidation으로 1000℃ 온도에서 600 nm 두께의 LOCOS를 형성하는 경우 산화에 소요되는 시간은? 단, 산화에 대해 아래 주어진 성장률 수식과 상수를 이용하되 τ=0으로 간주하며, $k=8.6x10^{-5}$ eV/K), 산화에 대한 성장률 수식 및 상수(B, B/A) 데이터 상수는 $D_oExp(-E_a/kT)$

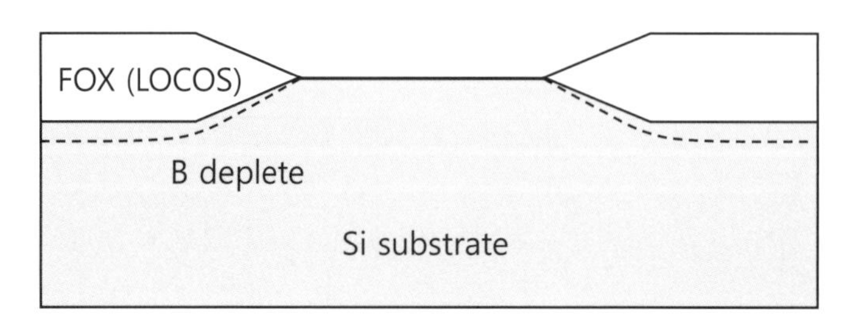

Oxidation time (t) $t = \frac{x^2}{B} + \frac{x}{B/A} - \tau$		Wet Oxidation (xi=0nm)		Dry Oxidation (xi=25 nm)	
		Do	Ea	Do	Ea
Si <100>	Linear(B/A)	$9.7x10^7$ um/hr	2.05 eV	$3.71x10^6$ um/hr	2.00 eV
	Parabolic (B)	386 um^2/hr	0.78 eV	772 um^2/hr	1.23 eV
Si <111>	Linear(B/A)	$1.63x10^8$ um/hr	2.05 eV	$6.23x10^6$ um/hr	2.00 eV
	Parabolic (B)	386 um^2/hr	0.78 eV	772 um^2/hr	1.23 eV

ⓐ 1.186 min ⓑ 11.86 min ⓒ 118.6 min ⓓ 1,186 min

26 Si MOSFET 제조공정중 건식산화로 게이트 산화막을 900℃에서 40 nm 두께로 형성하는 경우 소요되는 산화시간은? 단, 산화에 대해 아래 주어진 성장률 수식과 상수를 이용하되 τ=0으로 간주하고, k=8.6x10^{-5} eV/K)이고, 산화에 대한 성장률 수식 및 상수(B, B/A)는 데이터표를 적용함

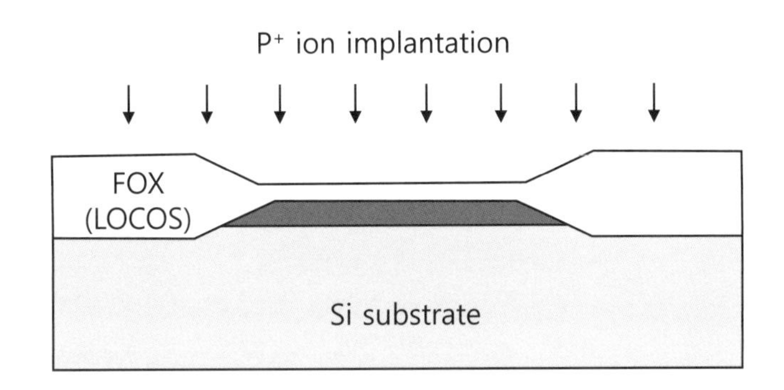

Oxidation time (t) $t=\frac{x^2}{B}+\frac{x}{B/A}-\tau$		Wet Oxidation (xi=0nm)		Dry Oxidation (xi=25 nm)	
		Do	Ea	Do	Ea
Si <100>	Linear(B/A)	9.7x10^7 um/hr	2.05 eV	3.71x10^6 um/hr	2.00 eV
	Parabolic (B)	386 um^2/hr	0.78 eV	772 um^2/hr	1.23 eV
Si <111>	Linear(B/A)	1.63x10^8 um/hr	2.05 eV	6.23x10^6 um/hr	2.00 eV
	Parabolic (B)	386 um^2/hr	0.78 eV	772 um^2/hr	1.23 eV

ⓐ 5.24 min ⓑ 52.4 min ⓒ 5.24 hr ⓓ 52.4 hr

27 Si MOSFET 제조공정중 phosphorous를 4x10^{15} cm^{-2} 이온주입하고 1000℃에서 drive-in 확산을 하여 n-well을 형성하였다. n-well 표면(산화막과 실리콘의 계면)에서 phosphorous 농도를 1x10^{17} cm^{-3}으로 형성하기 위한 확산시간은? 단, 간단한 계산을 위해 이온주입된 phosphorous는 산화막과의 계면에 포인트소스(delta function)으로 주입된 것으로 간주하고, D_o=8x10^4 cm^2/sec, E_a=3 eV, k=8.617x10^{-5} eV/K이고, drive-in 확산의 경우 Gaussian 분포 ($c=\frac{Q}{2\sqrt{\pi Dt}}exp\left(-\frac{x^2}{4Dt}\right)$)을 적용함

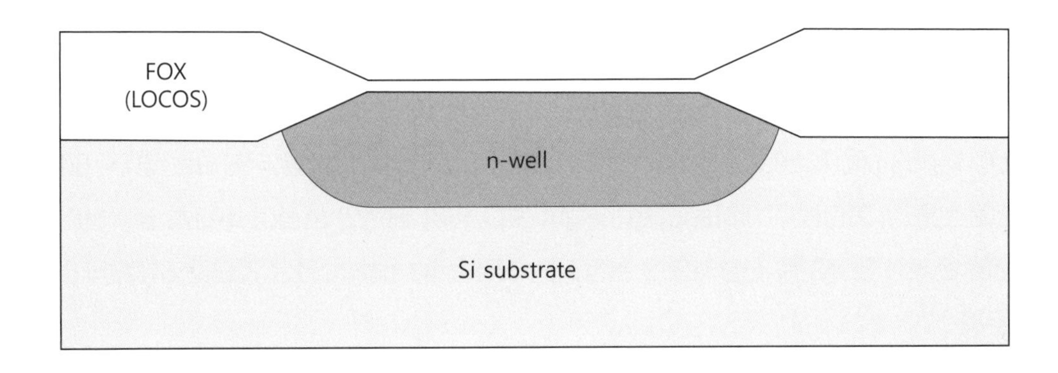

ⓐ 1.274 sec ⓑ 12.47 sec ⓒ 127.4 sec ⓓ 1,274 sec

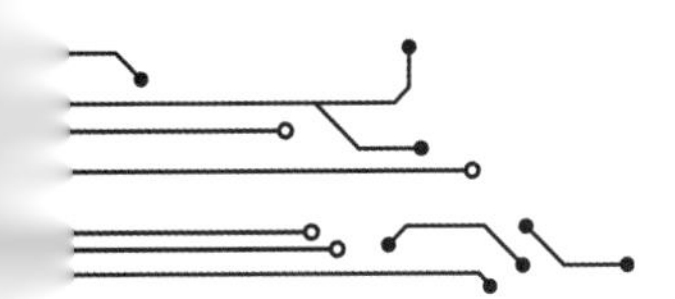

28 Si MOSFET 제조공정중 ArF 레이저 리소그래피 스텝퍼를 사용하는데 있어서 NA=0.6, λ=193 nm, k_1=0.6, k_2=0.5, $R=k_1(\lambda/NA)$, $DoF=k_2(\lambda/NA^2)$를 적용하는 경우, 리소그래피로 형성할 수 있는 poly-gate의 산술적 최소선폭은?

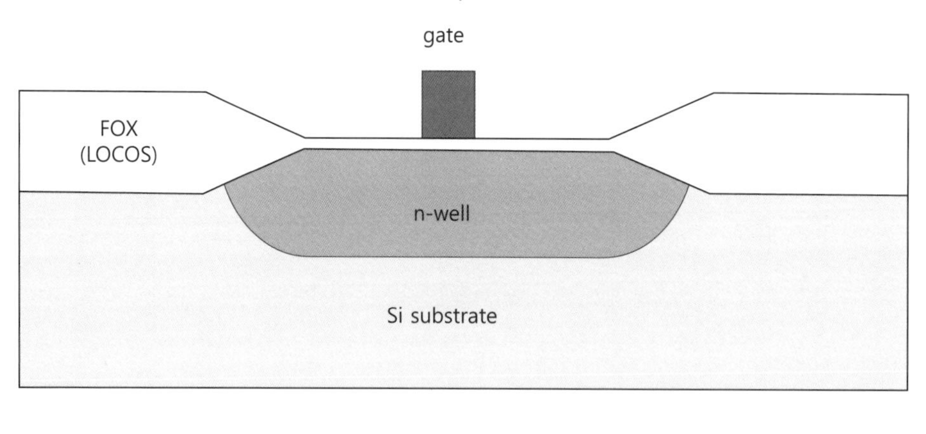

ⓐ 0.193 nm ⓑ 1.93 nm ⓒ 19.3 nm ⓓ 193 nm

29 Si MOSFET 제조공정중 ArF 레이저 리소그래피 스텝퍼를 사용하는데 있어서 NA=0.6, λ=193 nm, and k_1=0.6, k_2=0.5, $R=k_1(\lambda/NA)$, $DoF=k_2(\lambda/NA^2)$를 적용하는 경우, DOF(depth of focus)는 반도체 기판에 존재하는 step height 보다 커야 패턴의 형성이 정확하다. 산술적으로 허용되는 최대의 step height(실리콘 표면과 LOCOS의 표면 사이 높이 격차)는?

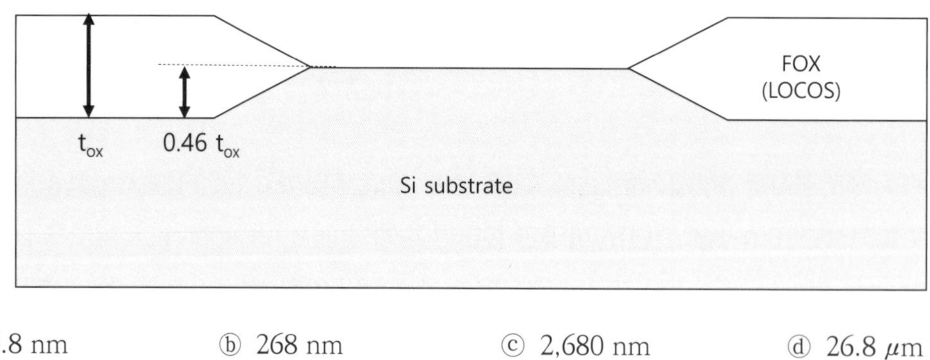

ⓐ 26.8 nm ⓑ 268 nm ⓒ 2,680 nm ⓓ 26.8 μm

30 Si MOSFET 제조공정중 실리콘 반도체의 산화막 형성에 있어서 LOCOS 두께는 초기 실리콘 표면을 기준으로 상부와 하부가 각각 54:46로 형성된다. ArF 레이저 리소그래피 스텝퍼를 사용하는데 있어서 NA=0.6, λ=193 nm, k_1=0.6, k_2=0.5, $R=k_1(\lambda/NA)$, $DoF=k_2(\lambda/NA^2)$를 적용하는 경우, DOF(Depth of Focus)는 반도체 기판에 존재하는 step-height 보다 커야 패턴의 형성이 비교적 정확하다. 후속 리소그래피에 문제가 안되도록 산술적으로 허용되는 최대 step-height의 조건으로 하려면 LOCOS의 최대 허용 두께는?

ⓐ 496.3 nm ⓑ 4,963 nm ⓒ 49.63 nm ⓓ 4.963 nm

31 Si MOSFET 제조공정중 10 nm 두께의 게이트 산화막위에 0.4 ㎛ 두께의 poly-Si을 증착하고, 게이트 패턴을 형성한 후에 PR 패턴을 마스크로 해서 poly-Si을 건식식각하여 게이트를 형성하려 한다. 다결정 실리콘(poly-Si)의 식각률은 0.2 ㎛/min이고, 10% 과잉식각을 하되 노출된 게이트 산화막의 두께는 8 nm 이상 유지되어야 한다. poly-Si와 산화막 사이의 식각에 대해 필요한 최소의 선택비(selectivity)는?

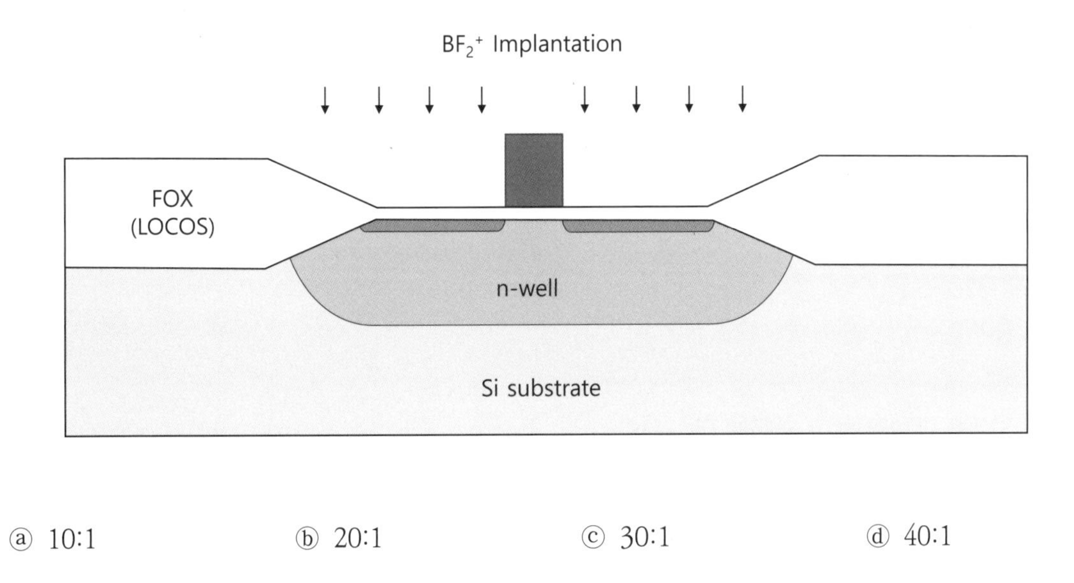

ⓐ 10:1　　ⓑ 20:1　　ⓒ 30:1　　ⓓ 40:1

32 Si MOSFET 제조공정중 산화막(SiO_2) 측벽(side wall) spacer를 형성하고자 한다. 비등방성(anisotropic) 건식식각 레서피는 산화막의 종횡비(aspect ratio)가 100:1이고, 식각의 완벽성을 위해 10% 를 과잉식각(over etch) 하여 조건을 잡는다고 한다. 최종적으로 측벽산화막 스페이서의 폭을 100 nm로 형성하기 위해 증착해야 하는 산화막의 두께는? 단, 여기에서 산화막 증착시 step coverage는 완벽하다고 간주함

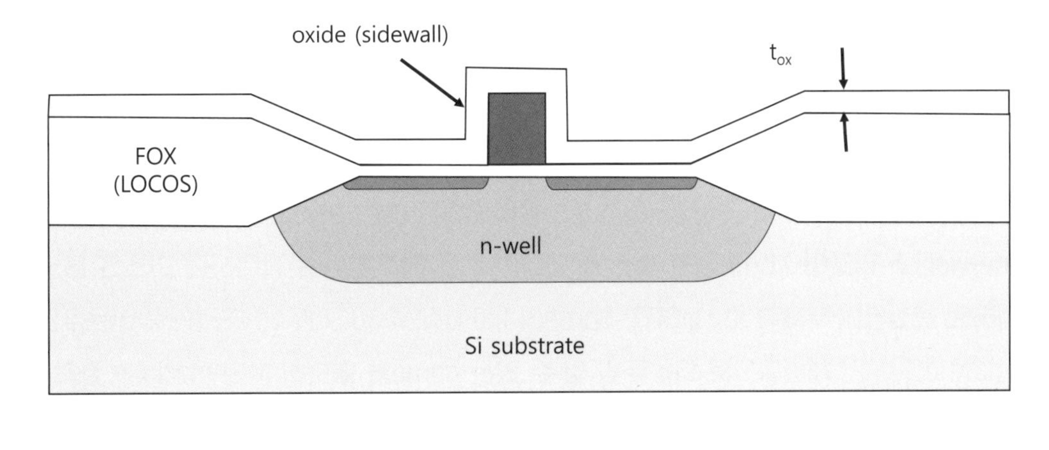

ⓐ 10.11 nm　　ⓑ 101.1 nm　　ⓒ 10.11 ㎛　　ⓓ 101.1 ㎛

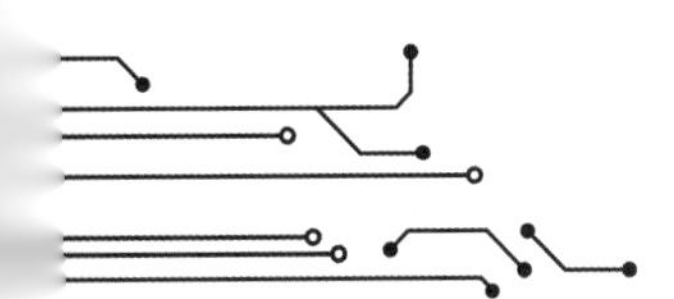

33 Si MOSFET 제조공정중 500 nm 두께인 다결정 실리콘(poly-Si) 게이트에 두께 100 nm로 증착된 산화막을 이용해 측벽을 형성하는 건식식각에 있어서 10%를 과잉식각한다. 산화막과 poly-Si의 식각선택비(selectivity)가 10:1인 조건의 경우 산화막 측벽을 형성하는 식각을 마친 후에 poly-gate의 두께는?

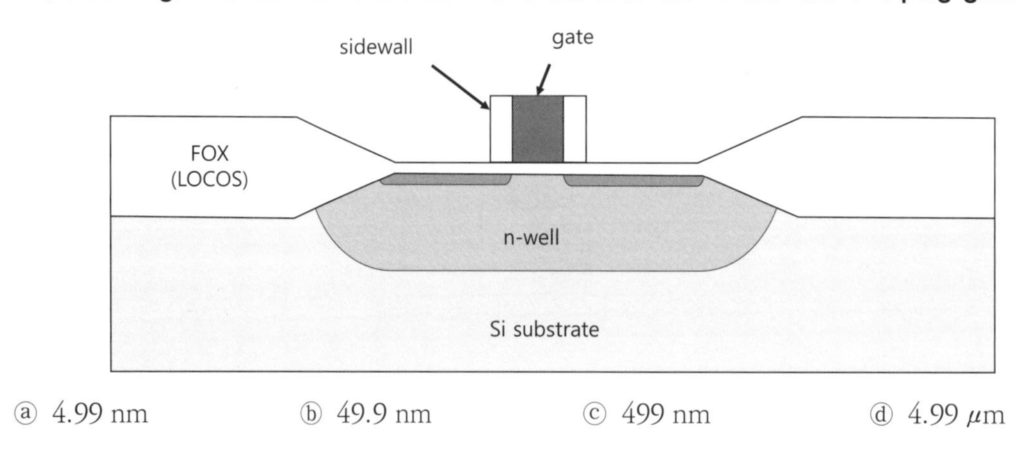

ⓐ 4.99 nm ⓑ 49.9 nm ⓒ 499 nm ⓓ 4.99 μm

[34-36] 다음 그림을 보고 물음에 답하시오.

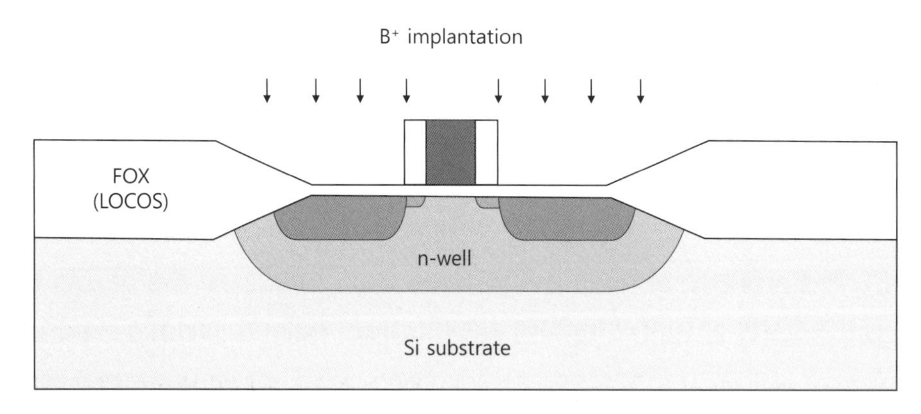

34 Si MOSFET 제조공정중 boron을 100 keV의 에너지로 이온주입하여 p^+-형 소스와 드레인을 형성하는데 있어서 면저항이 10 ohm/square이 되도록 하기 위한 주입량(ion dose)은? 단, 간단한 계산을 위해 여기에서 주입된 boron은 완벽히 활성화되고, p^+ 층의 이동도는 100 cm^2/Vs이고, 확산에 의한 재분포(redistribution)는 무시하고, n-well의 phosphorous의 영향도 무시할 수준이라 간주함

ⓐ $6.25x10^{12}$ cm^{-2} ⓑ $6.25x10^{13}$ cm^{-2} ⓒ $6.25x10^{14}$ cm^{-2} ⓓ $6.25x10^{15}$ cm^{-2}

35 Si MOSFET 제조공정중 n^+형 Poly Gate(As불순물이 $2x10^{20}$ cm^{-3} 고농도로 도핑된 n^+-poly Si박막)는 측벽(side-wall)과 더불어 자기정렬로 소스와 드레인 이온주입 영역을 정의하는 마스크 용도로 활용된다. 게이트 산화막의 두께가 10 nm이고, boron이 100 keV, $4x10^{15}$ cm^{-2}의 조건으로 이온주입되는 경우 poly-gate 하단부인 채널층으로 이온주입 될 수 있는 boron을 충분히 차단(masking 효과 >99.99%)하는데 필요한 최소한의 n^+ poly Si 게이트의 두께($d_{min}=R_p + 3.96 \cdot \Delta Rp$)는? 단, 간단한 계산을 위해 poly-Si 및 산화막에서도 R_p, ΔR_p는 실리콘과 동일하다고 근사하며, boron 이온주입은 40 keV에서 R_p=130 nm, ΔR_p=70 nm, 100 keV에서 R_p=300 nm, ΔR_p=140 nm을 적용

ⓐ 8.444 nm ⓑ 84.44 nm ⓒ 844.4 nm ⓓ 8,544 nm

36 Si MOSFET 제조공정중 n^+형 poly-Si 게이트는 자기정렬로 소스와 드레인 이온주입 영역을 정의하는 마스크로 활용된다. 게이트 산화막의 두께가 10nm이고 poly-Si 두께가 1 μm 인 경우 오믹을 위한 B^+ 이온의 최대로 허용되는 이온에너지는? 단, 이온주입을 충분히 >99.99% 차단하는데 필요한 최소한의 두께는 $d_{min}=R_p+3.96\cdot\Delta R_p$이고, boron 이온주입은 40 kV에서 R_p=130 nm, ΔR_p=70 nm, 100 kV에서 R_p=300 nm, ΔR_p=140 nm이며, 간단한 계산을 위해 poly-Si 및 산화막에서 R_p, ΔR_p는 실리콘과 동일하고 이온에너지에 비례하여 R_p, ΔR_p가 선형으로 변한다고 간주함

ⓐ 0.303 keV ⓑ 3.03 keV ⓒ 30.3 keV ⓓ 303 keV

[37-38] B다음 그림을 보고 물음에 답하시오.

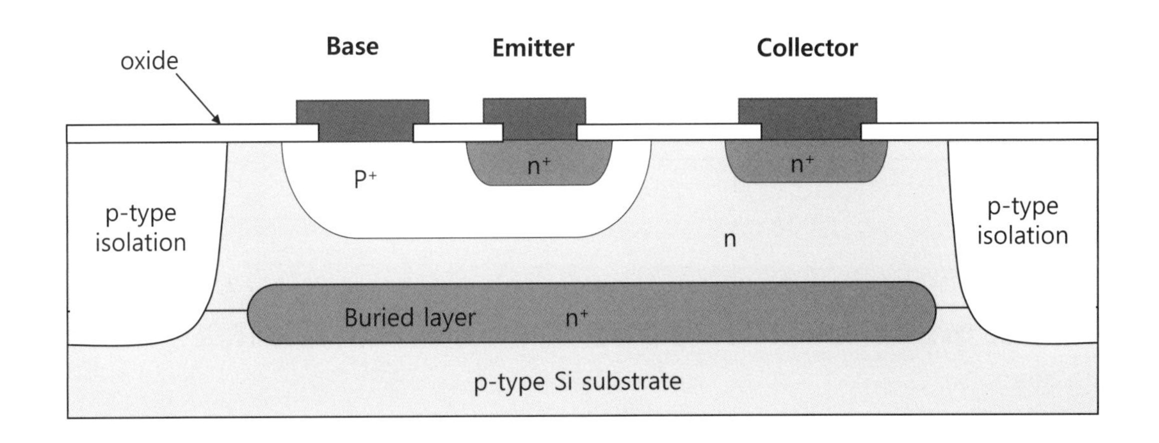

37 BJT 제조공정에 있어서 n^+ buried layer (매몰층)의 면저항(R_s)을 100 Ω/□로 형성하기 위해 P(인)을 이온주입하여 이용했는데 전자이동도가 500 cm^2/Vs로 측정되었다. 주입된 불순물이 100% 전기전도도에 기여한다고 할 때 필요한 이온주입 도즈(dose)는?

ⓐ $1.2x10^{13}$ cm^{-2} ⓑ $1.2x10^{14}$ cm^{-2} ⓒ $1.2x10^{15}$ cm^{-2} ⓓ $1.2x10^{16}$ cm^{-2}

38 그림의 BJT(Bipolar Junction Transistor) 제조공정에 있어서 n+ 매몰층(buried layer)을 형성하기 위하여 n형 불순물을 이온주입을 하고, 그 상부에 n-형 에피층의 성장과정에서 고려해야 하는 현상과 무관한 것은?

ⓐ 전자이탈(electromigration) ⓑ 외부 확산(out-diffusion)

ⓒ 패턴 이동(pattern shift) ⓓ 자동 도핑(auto-doping)

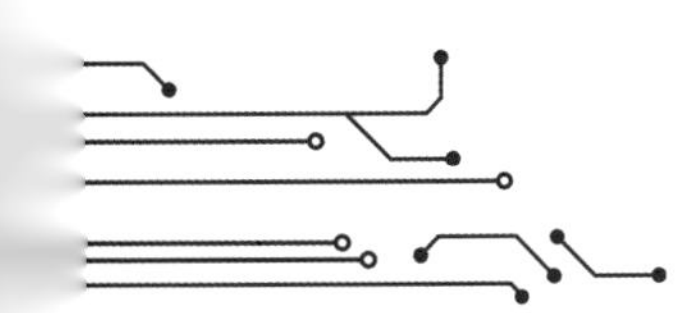

39 그림과 같이 BJT(Bipolar Junction Transistor) 제조공정에 있어서 n-type 콜렉터용 에피층의 농도는 10^{16} cm^{-3}, 두께는 2 ㎛ 인 경우, p^+ isolation을 형성하기 위한 drive-in 확산공정을 하는데 있어서, 붕소(boron)의 표면(x=0)농도가 $1x10^{18}$ cm^{-3}이며 drive-in 확산계수가 $D=4x10^{-12}$ cm^2/sec인 1000℃ 조건에서 열처리하는 경우 p^+ isolation의 도핑농도가 에피와 기판의 계면에서 동일하게 $1x10^{18}$ cm^{-3}이 되어 접촉하는데 소요되는 확산시간은? 단, 간단한 계산을 위해 불순물 농도는 Gaussian 분포 ($N = \frac{Q}{2\sqrt{\pi Dt}} exp\left(-\frac{x^2}{4Dt}\right)$)를 따르며, 기판의 boron이 에피층으로확산하는 현상은 무시하기로 함

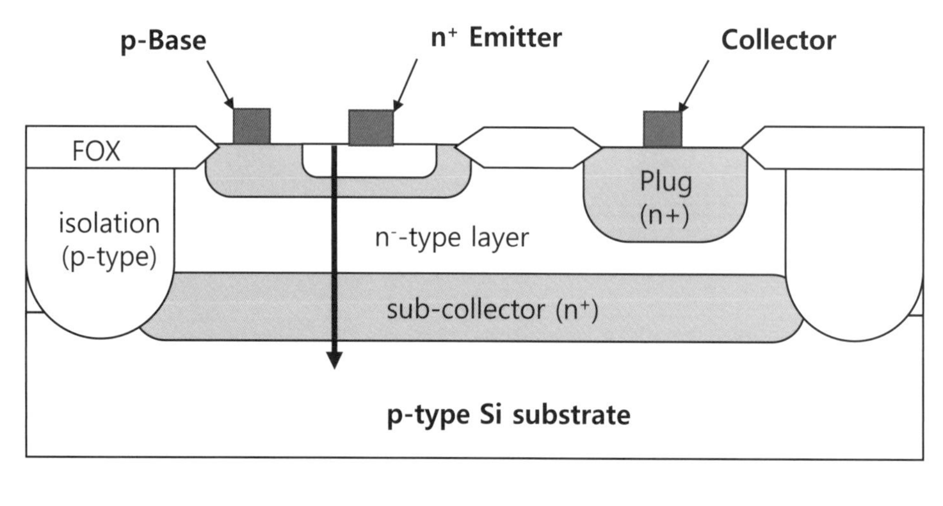

ⓐ 8 min ⓑ 18 min ⓒ 28 min ⓓ 38 min

40 선본딩(wire bonding) 기술에 비해 그림과 같은 TSV(Through Silicon Via) 기술의 장점으로 해당하지 않는 것은?

Wire Bonding Technology

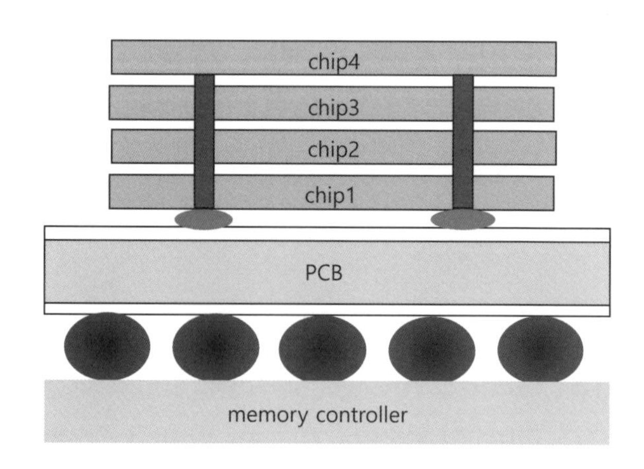

ⓐ 동작속도 빠름

ⓑ 제조공정 쉽고 저렴

ⓒ 열전도도 높음

ⓓ 소형으로 고집적화에 유리

41 **그림의 TSV(Through Silicon Via) 제조공정에 관련한 설명으로 부적합한 것은?**

Wafer Front Side

Al metal
Al metal
Si
Cu TSV
Ta/TaN
SiOx
Backside Cu
Backside Cu

ⓐ SiO_2 산화막은 via 금속연결선의 절연이나 기생정전용량과 무관함

ⓑ 비아식각에는 종횡비(aspect ratio)가 큰 공정조건을 이용해야 함

ⓒ 비아식각의 속도는 생산성(throughput)을 위해 충분히 높아야 함

ⓓ Ta/TaN는 via filling을 위한 liner(barrier + seed)로 step coverage가 우수해야 함

42 **그림과 같은 NPN- BJT 소자의 제조공정에 있어서 콜렉터 전극의 오믹접합을 위해 n^+ 도핑층을 형성하는데 이온주입할 불순물로서 부적합한 것은?**

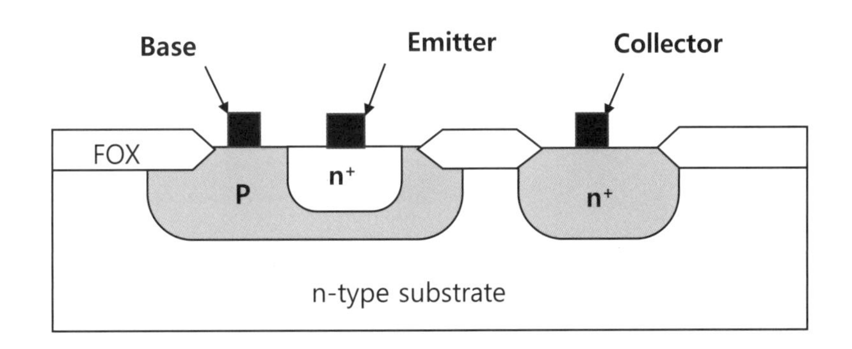

ⓐ Sn ⓑ P ⓒ Sb ⓓ As

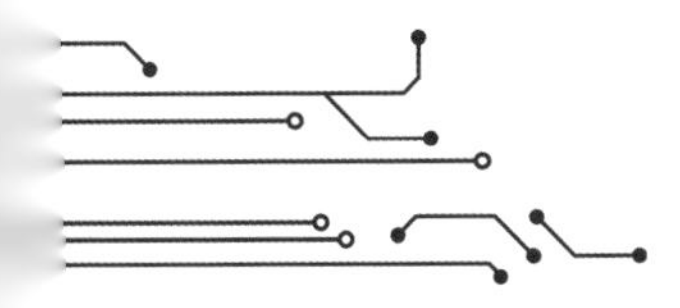

[43-44] 다음 그림을 보고 물음에 답하시오.

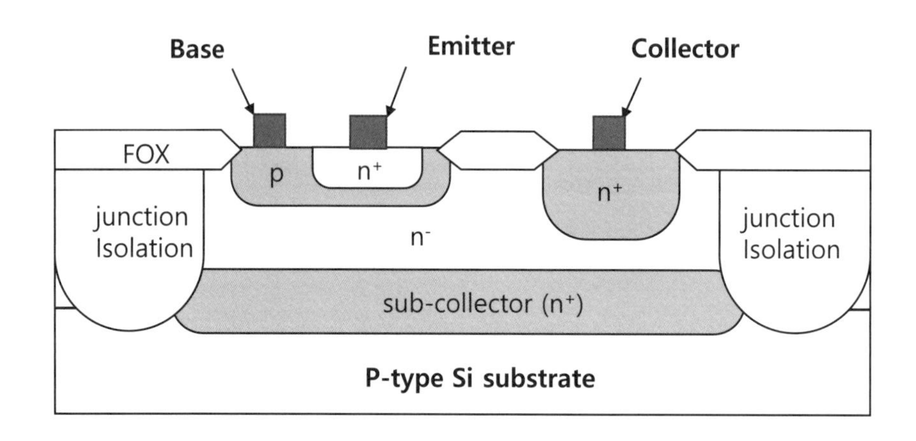

43 위 그림과 같이 p형 실리콘 기판에 NPN- BJT 소자의 제조공정에 있어서 접합격리(junction isolation)를 위해 이온주입할 불순물로서 가장 적합한 것은?

ⓐ As　　ⓑ P　　ⓒ Sb　　ⓓ B

44 위 단면구조의 소자를 형성하기 위한 리소그래피용 마스크의 최소 수량은?

ⓐ 5　　ⓑ 7　　ⓒ 9　　ⓓ 11

45 Si/SiGe 에피층을 이용한 nano-sheet MOSFET를 제작하기 위한 공정에서 부적합한 설명은?

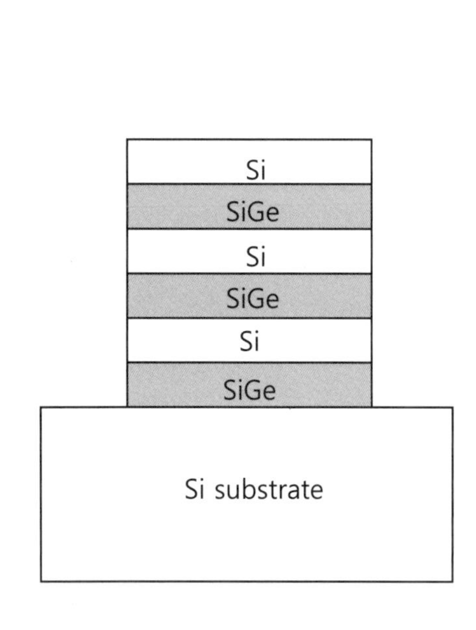

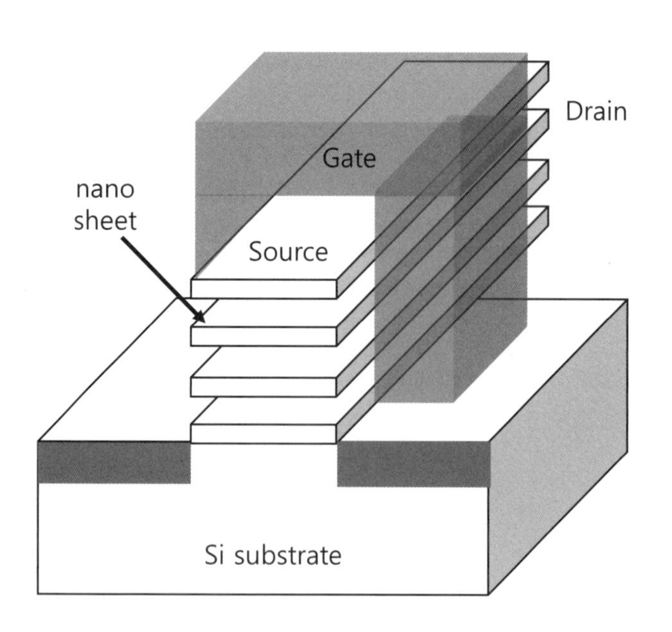

ⓐ Si과 SiGe의 수직식각은 식각은 선택비가 낮을수록 유리함

ⓑ Si과 SiGe의 수평식각은 식각은 선택비가 높을수록 유리함

ⓒ SiGe층은 비정질 결정구조로 이용됨

ⓓ 소자의 채널에는 Si 에피층이 이용됨

46 **고유전율(high-k) 게이트 절연막을 사용한 MOSFET 집적회로 제조의 전공정이 완료된 후에 고압 수소 어닐링을 하는 목적으로 가장 부합하는 것은?**

ⓐ 수소가 절연막의 금속과 결합하여 전기전도도를 높임

ⓑ 수소가 절연막의 산소와 결합해 H_2O로 제거됨

ⓒ 절연막과 반도체의 계면에 존재하는 댕글링(dangling bond)와 결합해 계면결함을 저감함

ⓓ 수소가 반도체 내부에 도핑되어 전기전도로를 높임

47 **실리콘 반도체 전공정이 완료된 후에 고압 수소 어닐링을 하는 효과에 해당하지 않는 것은?**

ⓐ 계면결함 밀도의 감소

ⓑ 산소와 반응하여 수분 농도 증가

ⓒ 전자이동도 저하문제 개선

ⓓ 댕글링(dangling) 본드의 감소로 트랜지스터 안정화 및 성능 향상

48 **실리콘 반도체 전공정이 완료된 후에 고압 수소 어닐링 공정조건에 해당하지 않는 것은?**

ⓐ 가압에 의한 1~25 ATM(기압)의 압력을 사용

ⓑ 수율을 높이기 위한 10초 이내의 고속열처리(RTA)

ⓒ 비교적 낮은 250~450℃의 어닐링 온도

ⓓ 분위기를 위한 5~100%의 수소 농도

49 **실리콘 기판에 제작할 수 있는 커패시터의 구조에 해당하지 않는 것은?**

ⓐ MOS ⓑ W plug ⓒ MIM ⓓ Schottky

50 **희생산화막에 대한 설명으로 가장 적합한 것은?**

ⓐ 실리콘 표면에 산화막을 한 번 성장하여 모든 공정이 완료될 때까지 사용함

ⓑ 실리콘 표면을 산화하여 성장하며 공정중에 불순물의 인입이나 부착을 방지함

ⓒ 실리콘 표면에 산화막을 1 μm 이상으로 가능한 두껍게 형성하여 이용함

ⓓ 실리콘 표면에 PECVD로 증착하여 공정중에 표면을 안정화함

51 **TSV(Through Silicon Via) 제조단계에 필요하지 않는 공정은?**

ⓐ 확산(diffusion) ⓑ 식각(etching) ⓒ 스퍼터(sputtering) ⓓ 도금(electroplating)

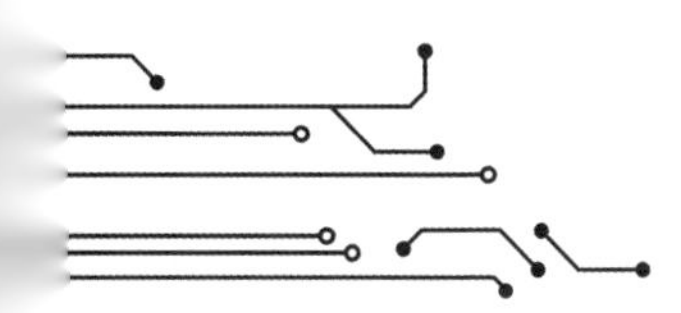

52 **NPN bipolar junction transistor에 대한 설명으로 적합하지 않는 것은?**

ⓐ n+형 에미터는 다결정 실리콘 박막보다 단결정 실리콘이 동작속도를 높이는데 유용함

ⓑ n+형 에미터의 도핑농도는 베이스 p 형 불순물의 도핑농도보다 높아야 함

ⓒ n-형 콜렉터의 도핑농도는 베이스 p 형 불순물의 도핑농도보다 낮아야 함

ⓓ p형 베이스의 도핑농도 분포는 폭이 작고 sharp하게 조절하여 이득을 높일 수 있음

53 **고저항 p-type Si 기판에 n-type 불순물을 주입하여 오믹접합을 형성하는데 있어서 접촉면적이 10 ㎛ x10 ㎛ 인 Al 오믹전극의 접촉저항(R_c)이 1 Ω 로 하려면 필요한 접촉비저항(ρ_c)은?**

ⓐ $10^{-3}\ \Omega\cdot cm^2$　ⓑ $10^{-4}\ \Omega\cdot cm^2$　ⓒ $10^{-5}\ \Omega\cdot cm^2$　ⓓ $10^{-6}\ \Omega\cdot cm^2$

54 **전극(electrode)이 2개인 그림의 소자구조를 제작하는데 최소로 필요한 리소그래피용 마스크의 수는?**

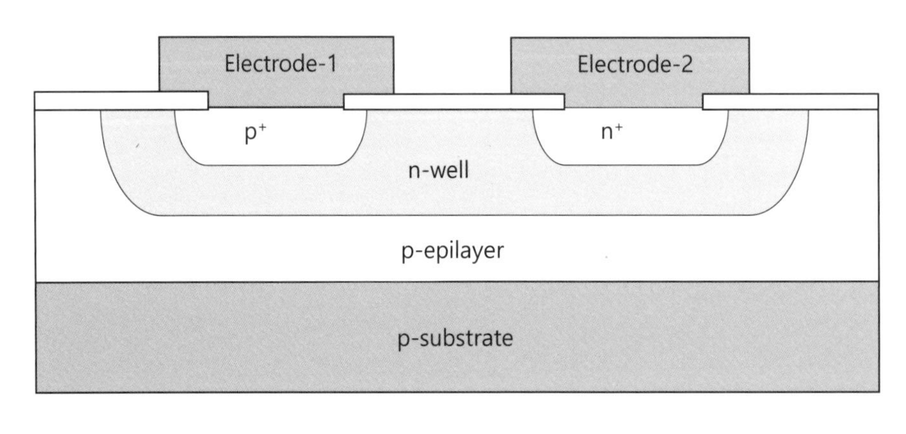

ⓐ 2　ⓑ 3　ⓒ 4　ⓓ 5

55 **전극이 3개인 그림의 단면구조에 해당하는 소자의 명칭은 ?**

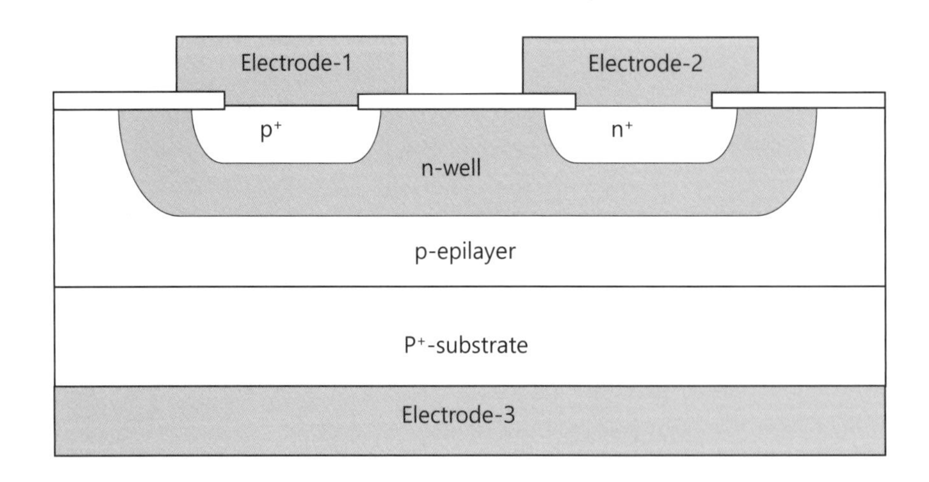

ⓐ BJT　ⓑ MOSFET　ⓒ JFET　ⓓ IGBT

56 MOSFET에 대한 설명으로 올바른 것은?

ⓐ n-MOSFET에서 채널전류의 운반자는 정공(hole)임

ⓑ p-MOSFET에서 채널전류의 운반자는 전자(electron)임

ⓒ MOSFET의 게이트 전극측 전류흐름은 무시할 수준임

ⓓ MOSFET의 게이트에 전류를 흘려서 스위칭 동작을 함

57 N-MOSFET 소자의 단면구조에서 B 커트라인에 가장 일치하는 도핑형태는?

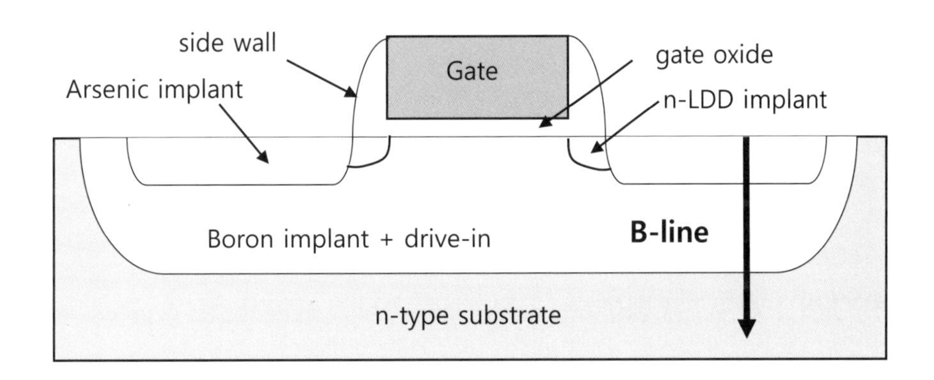

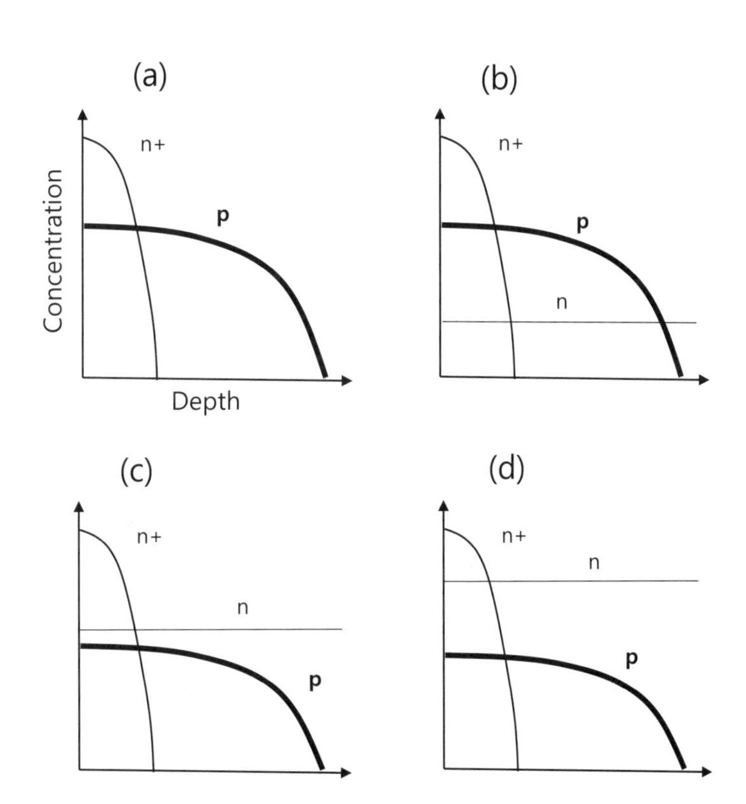

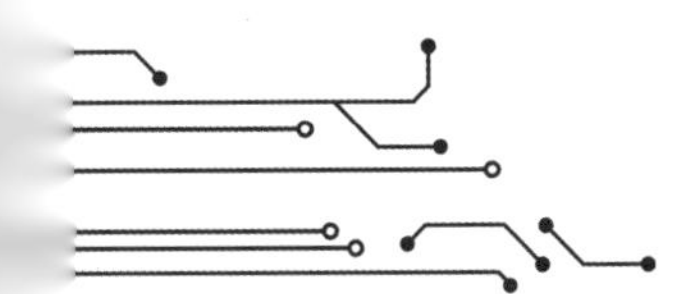

58 **그림의 MOSFET 상태를 형성하는 공정에 있어서 자기정렬 식각과 자기정렬 이온주입을 최대한 활용하는 경우 최소한 필요한 마스크의 수는?**

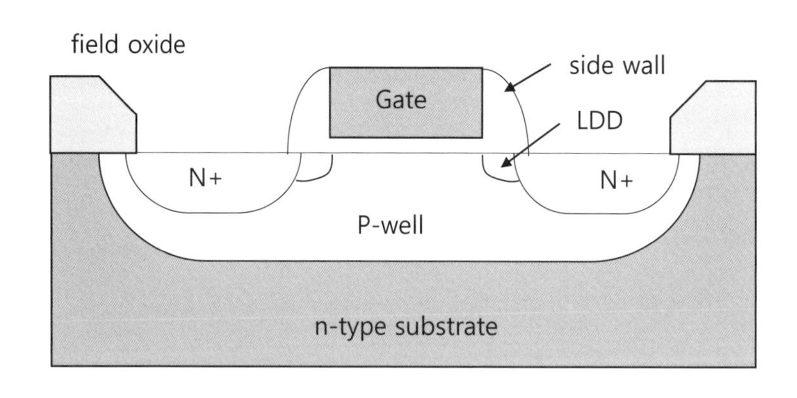

ⓐ 2 ⓑ 3 ⓒ 4 ⓓ 5

59 **그림의 단면구조의 소자 구조를 형성하는 공정순서로 가장 잘 표현된 것은?**

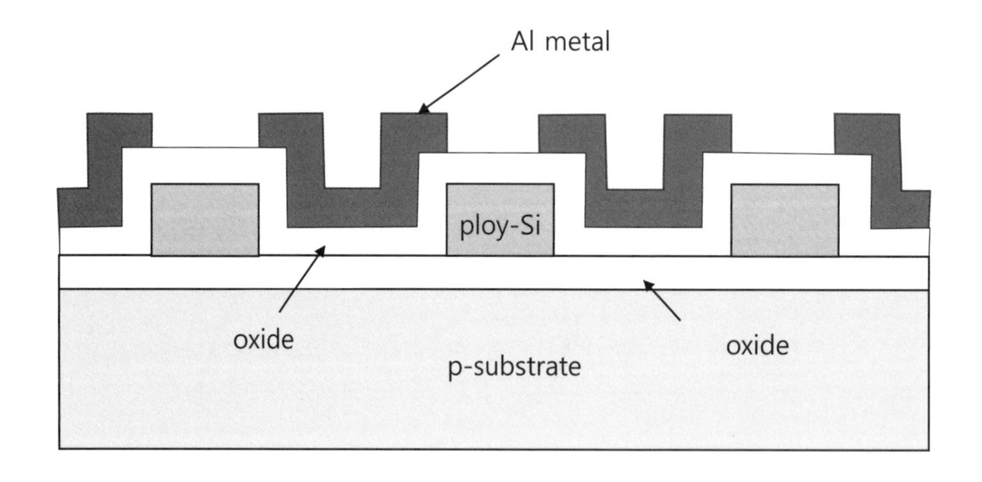

ⓐ 산화 – 다결정 Si 증착 – 리소그래피 – Si 식각 – 산화 – Al 식각 – 리소그래피 – Al 증착

ⓑ 산화막 증착 – 다결정 Si 증착 – 리소그래피 – Si 식각 – 산화 – Al 증착 – 리소그래피 – Al식각

ⓒ 산화막 증착 – 다결정 Si 증착 – Si 식각 – 리소그래피 – 산화막증착 – Al 증착 – 리소그래피 – Al 식각

ⓓ 산화 – 다결정 Si 증착 – 리소그래피 – Si 식각 – 산화막 증착 – Al 증착 – 리소그래피 – Al 식각

60 **그림의 소자구조에 대한 명칭으로 가장 부합하는 것은?**

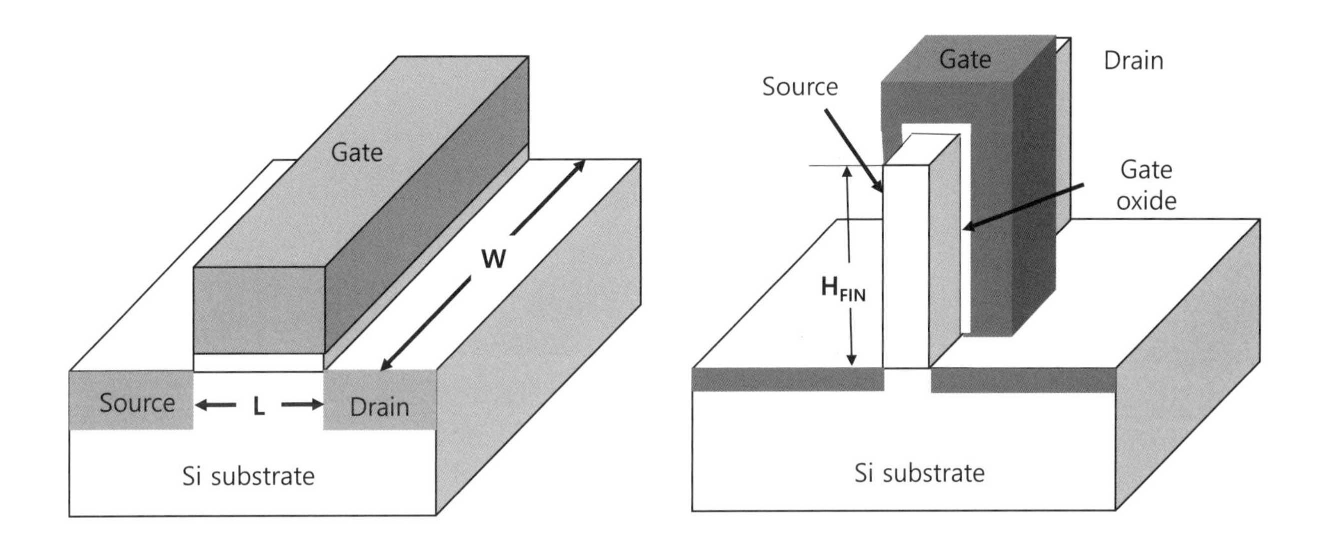

ⓐ planar MOSFET, Fin-MOSFET

ⓑ planar MOSFET, BJT

ⓒ BJT, PN junction diode

ⓓ MESFET, Fin-MOSFET

61 **MOSFET 제조공정에 게이트의 양측에 자기정렬 오믹 소스-드레인을 금속접합을 형성하는데 사용하는 것은?**

ⓐ nitride ⓑ aluminide ⓒ salicide ⓓ carbide

62 **MOSFET 제조공정에서 고순도의 게이트 산화막을 형성하는데 이용되는 가스의 종류는?**

ⓐ O_2 ⓑ H_2O ⓒ N_2O ⓓ H_2O_2

63 **MOSFET 제조단계 중에서 소자격리에 해당하는 공정은?**

ⓐ ILD deposition ⓑ gate oxidation

ⓒ conctact via etching ⓓ field oxidation

64 **MOSFET용 고유전율(high-k) 게이트 절연막의 특성과 무관한 것은?**

ⓐ 낮은 열전도도 ⓑ 큰 밴드갭 ⓒ 낮은 결함밀도 ⓓ 높은 유전상수

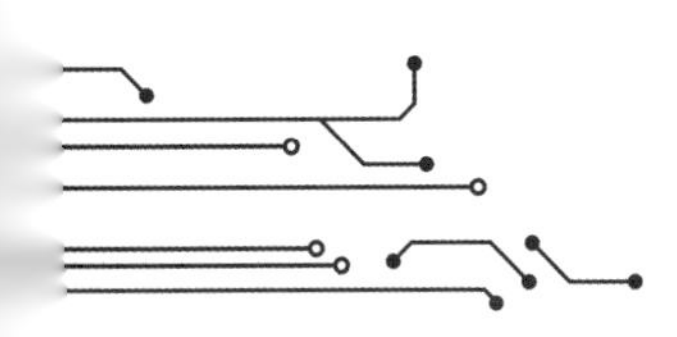

65 LOCOS(Local Oxidation of Silicon) 형성에 40 nm 두께의 희생산화막(scarificial oxide)과 300 nm 두께의 Si_3N_4(실리콘질화막)을 사용했고, LOCOS 형성후 질화막을 제거하려 한다. 온도를 180℃로 가열한 인산(H_3PO_4) 용액에서 실리콘질화막의 식각률이 30 nm/min이고, 실리콘산화막과는 선택비(selectivity)가 10:1이고, 실리콘 기판과는 선택비(selectivity)가 100:1이다. 실리콘질화막을 완전히 제거하기 위해 100% 과잉식각(over etch)한 경우 잔류하는 희생산화막의 두께는?

ⓐ 0 nm ⓑ 10 nm ⓒ 20 nm ⓓ 30 nm

66 MOSFET용 고유전율(high-k) 게이트 절연막의 물질에 해당하지 않는 것은?

ⓐ HfO_2 ⓑ Al_2O_3 ⓒ SiO_2 ⓓ Y_2O_3

[67-68] 다음 그림을 보고 물음에 답하시오.

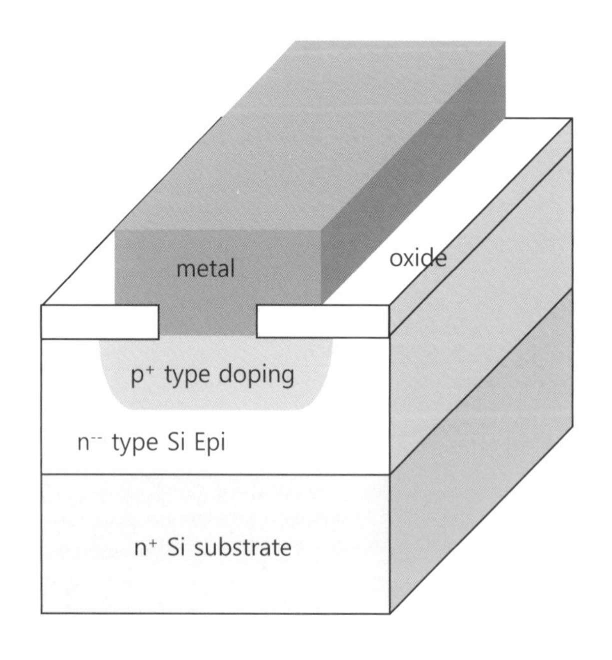

67 고농도의 n-type 실리콘 기판을 이용하는 그림의 반도체 구조의 제조방식에 대해 가장 부합하는 공정 순서는? 단, 여기에서 간략화를 위해 패턴형성을 위한 리소그래피 공정단계는 생략함

ⓐ 에피성장 – 이온주입 – 산화 – 산화막 식각 – 금속증착 – 확산 – 금속식각

ⓑ 에피성장 – 산화 – 확산 – 산화막 식각 – 금속증착 – 이온주입 – 금속식각

ⓒ 에피성장 – 이온주입 – 확산 – 산화 – 금속증착 – 산화막식각 – 금속식각

ⓓ 에피성장 – 산화 – 이온주입 – 확산 – 산화막 식각 – 금속증착 – 금속식각

68 고농도의 n-type 실리콘 기판을 이용하는 그림의 반도체 구조의 제조공정에 있어서 패턴형성을 위한 리소그래피 공정의 횟수와 마스크의 종류로 정확한 것은?

ⓐ 2회, 2종 ⓑ 3회, 3종

ⓒ 4회, 4종 ⓓ 5회, 5종

[69-70] 다음 그림을 보고 물음에 답하시오.

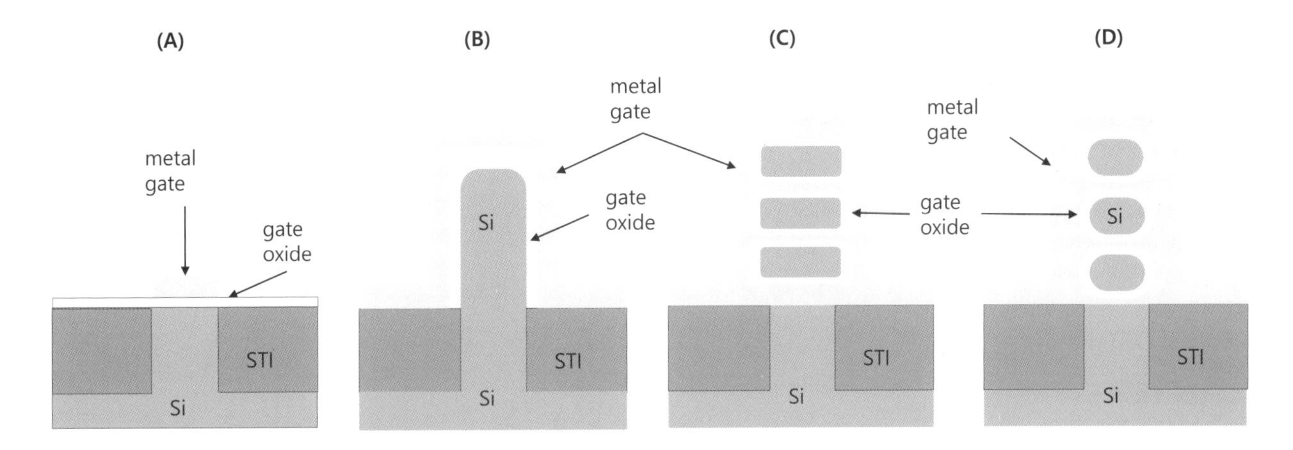

69 **다음 4종의 MOSFET 단면구조에서 multi-channel GAA(Gate All Around) 형태로서 가장 작은 nano-wire MOSFET 소자에 적합한 구조는?**

ⓐ A 구조　　ⓑ B 구조　　ⓒ C 구조　　ⓓ D 구조

70 **다음 4종의 MOSFET 단면구조와 관련한 설명으로 부적합한 것은?**

ⓐ 그림(A)는 단채널효과(SCE: schort channel effect)로 인하여 미세화에 한계가 있음

ⓑ 그림(B)는 Fin-MOSFET의 단면구조로 GAA 구조에 비해 제조공정이 간단함

ⓒ 그림(C)는 그림(A)의 평면형(planar) 구조에 비하여 전류구동과 SCE의 성능이 낮음

ⓓ 그림(D)는 GAA 형태의 nono-wire 채널구조로서 on/off비와 전류구동력이 높음

71 **다음의 MOSFET를 제작하는 공정흐름에서 LDD(Lightly Doped Drain)이온주입과 소스-드레인 이온주입을 해야하는 각 공정단계의 위치는?**

① LOCOS(field oxidation)	⑥ Side wall RIE etch
② P-well implantation	⑦ Activation anneal
③ Gate oxidation	⑧ Oxide deposition
④ Gate poly formation	⑨ Contact open
⑤ Side wall oxide deposition	

ⓐ 1-2사이와 4-5사이

ⓑ 3-4사이와 7-8사이

ⓒ 4-5사이와 6-7사이

ⓓ 5-6사이와 7-8사이

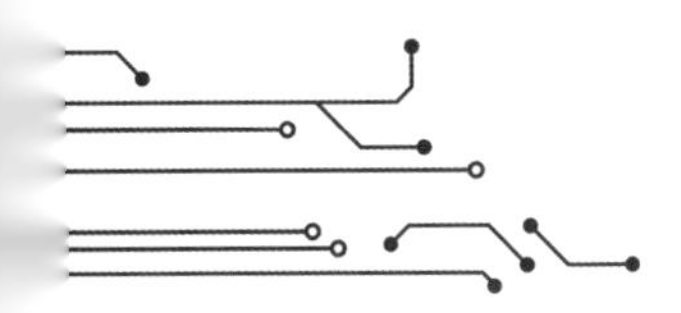

72 그림과 같이 기판에 phosphorous(P)를 100 keV(R_p=0.13 ㎛ , ΔR_p=0.04 ㎛) 에너지로 이온주입한 경우 Si기판의 내부에 형성되는 P의 도핑농도가 개념적으로 가장 적합하게 표현된 것은? 단, 간단한 계산을 위해 PR, oxide, Si에서 R_p, ΔR_p는 모두 동일하며, 이온주입 깊이($d=R_p + 3.96 \cdot \Delta R_p$)를 이온주입을 99.99% 차폐하는 깊이로 적용함

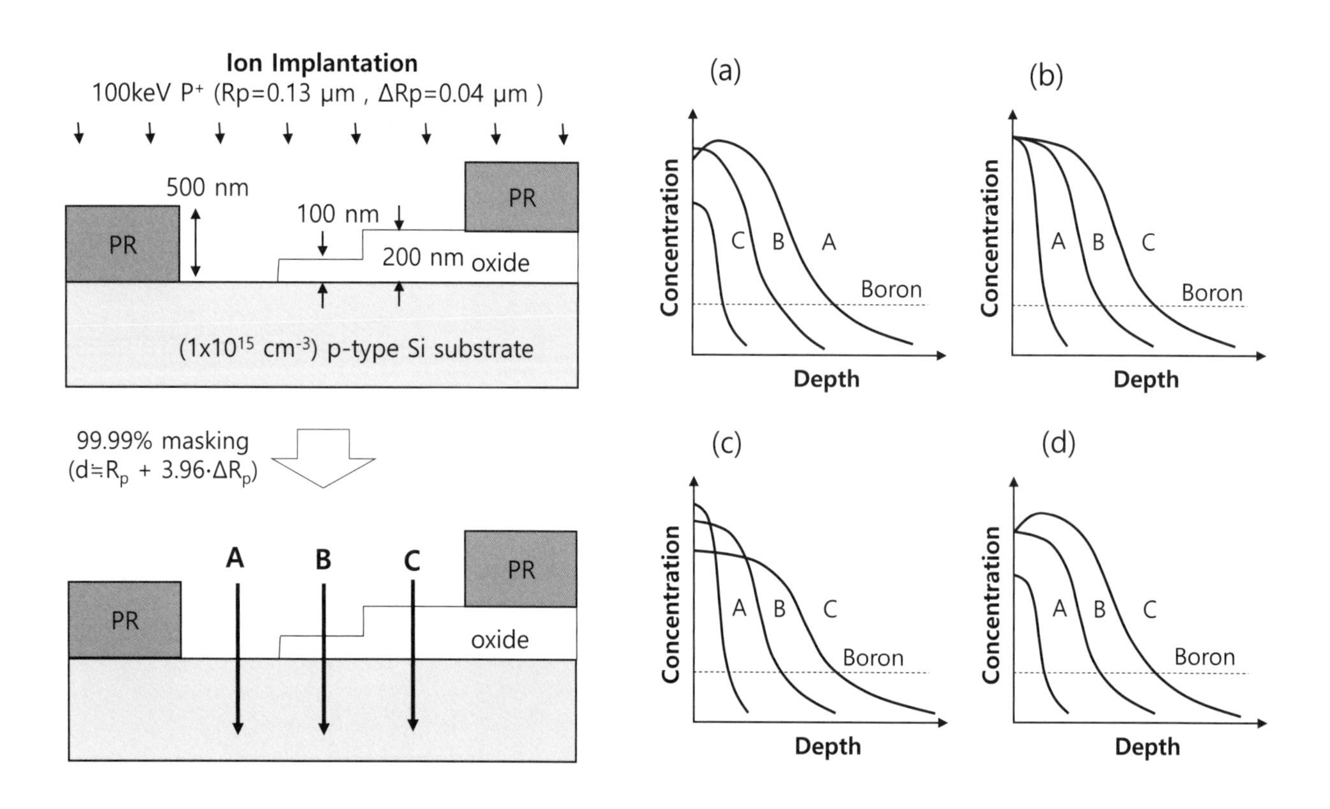

[73-74] 다음 그림을 보고 물음에 답하시오.

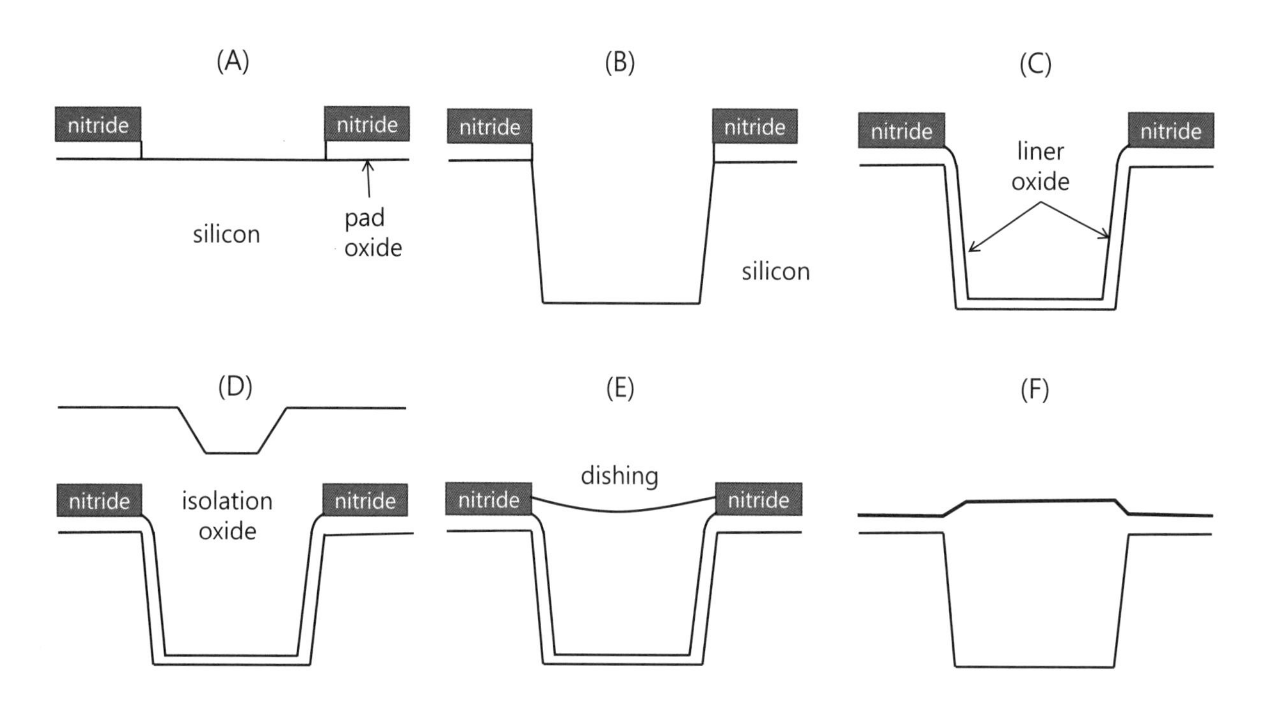

73 **얕은트렌치(shallow trench)를 제작하는 공정흐름에서 (A)-(C)-(D) 각 단계의 산화막을 형성하는 공정기술로 가장 적합한 것은?**

ⓐ 열산화막 – 열산화막 – 고밀도(HDP) 산화막

ⓑ 플라즈마증착 산화막(PECVD) – 열산화막 – 고밀도(HDP) 산화막

ⓒ 열산화막 – 플라즈마증착 산화막(PECVD) – 고밀도(HDP) 산화막

ⓓ 고밀도(HDP) 산화막 – 플라즈마증착 산화막(PECVD) – 고밀도 산화막

74 **얕은트렌치(shallow trench)를 제작하는 공정흐름에서 (B)-(C)-(D)-(F) 각 단계를 형성하는 공정기술로 가장 적합한 것은?**

ⓐ 건식식각 – 화학증착 – 스퍼터증착 – CMP 평탄화 – 습식식각

ⓑ 건식식각 – 열산화 – 스퍼터증착 – 건식식각 – 건식식각

ⓒ 습식식각 – 열산화 – 화학증착 – 건식식각 – 습식식각

ⓓ 건식식각 – 열산화 – 화학증착 – CMP 평탄화 – 습식식각

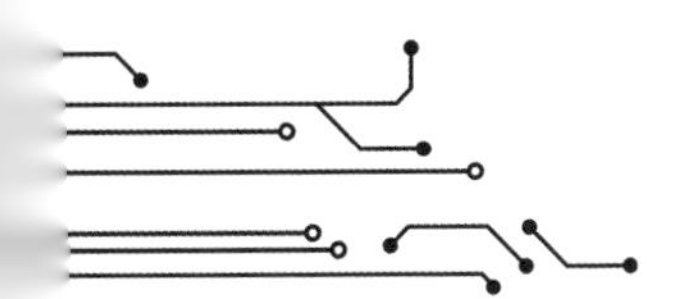

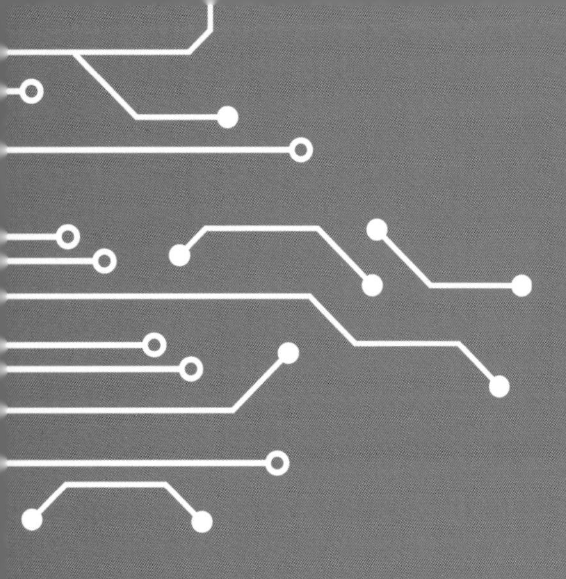

제 10 장

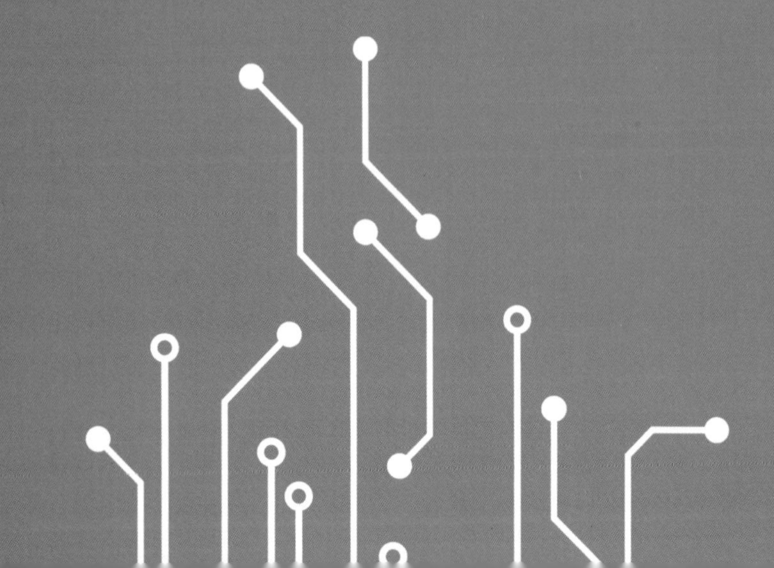

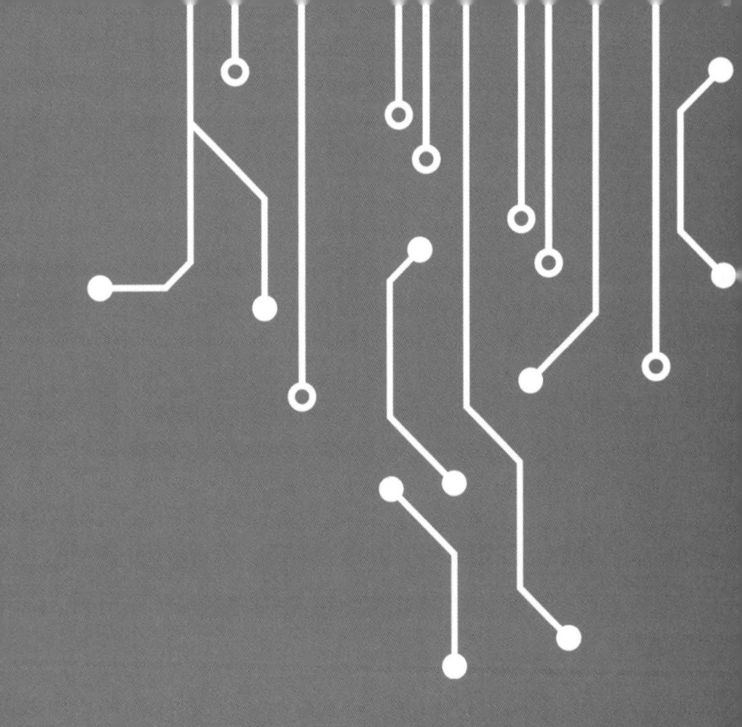

패키징

01 주변의 온도가 40℃이고, 10 watt의 전력을 소모하는 고온용 패키징 소자가 85℃를 유지한다면, 이러한 고온용 패키징 소자의 열저항(thermal resistance)은?

ⓐ 2.5 K/W ⓑ 3.5 K/W ⓒ 4.5 K/W ⓓ 5.5 K/W

02 반도체의 패키지에서 고려해야 하는 특성에 해당하지 않는 것은?

ⓐ 친수성 ⓑ 열전도도 ⓒ 기계적 강도 ⓓ 전기전도도

03 반도체 전공정이 끝나고 후면연마를 하는 목적이나 효과에 해당하지 않는 것은?

ⓐ 저저항 금속 접합 ⓑ 불순물 활성화 ⓒ 열전도도 증가 ⓓ 게더링 효과

04 반도체 전자소자의 패키지에서 고려해야 하는 특성에 해당하지 않는 것은?

ⓐ 전기전도도 ⓑ 기계적 강도 ⓒ 광 흡수도 ⓓ 내 화학성

05 flip chip BGA(Ball Grid Array) 패키지에 있어서 범프를 형성하는 방법이 아닌 것은?

ⓐ 스크린 프린팅 ⓑ 몰딩 ⓒ 무전해 도금 ⓓ 전해도금

06 반도체 전자소자의 패키지에서 고려해야 하는 특성에 해당하지 않는 것은?

ⓐ 열전도도 ⓑ 열팽창 계수 ⓒ 방습 ⓓ 광흡수 효율

07 반도체 전공정이 끝나고 후면연마를 하는 효과에 해당하지 않는 것은?

ⓐ 불순물 활성화 ⓑ 열전도도 증가 ⓒ 칩 분리에 편리 ⓓ 게더링

08 UBM(Under Bump Metal)용 TiW/Cu/Au 구조에서 TiW, Cu, Au층 각각의 역할로 맞는 것은?

ⓐ adhesion, barrier, wetting

ⓑ adhesion, wetting, barrier

ⓒ barrier, adhesion, wetting

ⓓ wetting barrier, adhesion

09 **범프 리플로우(bump reflow)에 사용하는 플러스(flux)의 역할로 정확한 것은?**

ⓐ 솔더 퍼짐으로 납땜성(solderability) 감소

ⓑ 공기접촉과 산화에 의한 표면의 안정화

ⓒ 표면의 산화막 제거

ⓓ 표면의 친수성을 위한 수분 공급

10 **플립칩(flip chip) BGA(Ball Grid Array) 패키지에 있어서 범프를 형성하는 기술과 무관한 것은?**

ⓐ 스크린 프린팅

ⓑ 무전해 도금

ⓒ 스터드(stud)

ⓓ CMP

11 **UBM(Under Bump Metal)용 물질구조로 적합하지 않은 것은?**

ⓐ Cr/Cu/Au

ⓑ Ti/Cu/Ni

ⓒ TiW/Cu/Au

ⓓ Ni/AlN/Ag

12 **범프 리플로우(bump reflow) 공정단계로 가장 적합한 순서는 어느 것?**

ⓐ cool down – soak – reflow – preheat

ⓑ soak – reflow – preheat – cool down

ⓒ preheat – soak – relow – cool down

ⓓ reflow – preheat – cool down – soak

13 **범프 리플로우(bump reflow)에 사용하는 플러스(flux)의 역할이 아닌 것은?**

ⓐ 표면의 친수성을 위한 수분 공급

ⓑ 표면 산화막 제거

ⓒ 표면 청정화로 납땜성(Soderability) 증가

ⓓ 공기접촉에 의한 표면산화의 방지

14 **플립칩 범프(flip chip bump)를 형성하는 방법이 아닌 것은?**

ⓐ electroplating

ⓑ electroless plating

ⓒ wedge bonding

ⓓ stud bump

15 **범프 리플로우(bump reflow)에 사용하는 플러스(flux)의 역할이 아닌 것은?**

ⓐ 표면 산화막 제거

ⓑ 표면의 산화를 위한 공기의 공급

ⓒ 공기접촉에 의한 표면산화의 방지

ⓓ 솔더 퍼짐을 돕는 표면장력 제어 효과

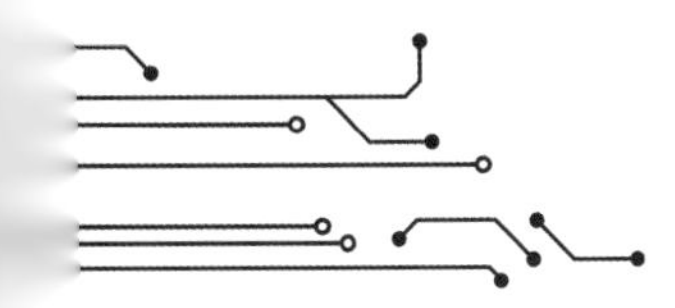

16 **칩급패키지(chip scale package)의 플립칩범프(flip chip bump)를 형성하는 아래 공정흐름(process flow)에서 가장 적합한 것은?**

ⓐ UBM 증착 – PR 패턴형성 – bump reflow – 전기도금 – PR 제거 – UBM 식각
ⓑ PR 패턴형성 – UBM 증착 – 전기도금 – PR 제거 – bump reflow – UBM 식각
ⓒ PR 패턴형성 – UBM 증착 – 전기도금 – UBM 식각 – PR 제거 – bump reflow
ⓓ UBM 증착 – PR 패턴형성 – 전기도금 – PR 제거 – UBM 식각 – bump reflow

17 **패키지의 금속연결(metal interconnection) 방식과 관련 없는 것은?**

ⓐ slip bonding ⓑ wire bonding ⓒ TAB bonding ⓓ flip chip bonding

18 **칩패키지(chip scale package)에서 플립칩범프(flip chip bump)를 형성하는 공정흐름(process flow)으로 가장 적절한 것은?**

ⓐ UBM 증착 – PR 패턴형성 – 전기도금 – PR 제거 – UBM 식각 – Bump reflow
ⓑ PR 패턴형성 – UBM 증착 – UBM 식각 – PR 제거 – 전기도금 – Bump reflow
ⓒ UBM 증착 – PR 패턴형성 – Bump reflow – 전기도금 – PR 제거 – UBM 식각
ⓓ PR 패턴형성 – UBM 증착 – 전기도금 – PR 제거 – Bump reflow – UBM 식각

19 **플립칩 범프(flip chip bump)를 형성하는 방법이 아닌 것은?**

ⓐ wedge bonding ⓑ printing ⓒ electroplating ⓓ stud bump

20 **패키지의 금속연결(metal interconnection) 방식에 해당하지 않는 것은?**

ⓐ clip bonding ⓑ wedge bonding ⓒ glue bonding ⓓ ball bonding

21 **금속 선(metal wire)의 형태에 따른 부착(bonding) 방식이 아닌 것은?**

ⓐ ball bonding ⓑ wedge bonding ⓒ eutectic bonding ⓓ ribon bonding

22 **반도체 패키지용 리드프레임이 갖추어야 하는 특성으로 가장 적합한 것은?**

ⓐ 전기전도도, 방열은 높아야 하고, 인장도는 낮아야 함
ⓑ 전기전도도, 방열, 인장도가 모두 낮아야 함
ⓒ 전기전도도, 방열, 인장도가 모두 높아야 함
ⓓ 전기전도도, 방열은 낮아야 하고, 인장도는 높아야 함

23 **선부착(wire bonding)의 에너지 형태에 따른 부착(bonding) 방식에 해당하지 않는 것은?**

ⓐ 레이저 ⓑ 초음파 ⓒ 열음파 ⓓ 열압착

24 **반도체 패키지에서 밀봉재료로 사용하지 않는 소재인 것은?**

ⓐ resin ⓑ ceramic ⓒ silicon ⓓ glass

25 **반도체 패키지(package) 방식의 종류에 해당하지 않는 것은?**

ⓐ SOP ⓑ UFC ⓒ SIP ⓓ QFP

26 **리드프레임(lead frame)을 사용하는 SOT(Small Outline Transistor) 패키지 공정으로 올바른 것은?**

ⓐ die attache - seal - wire bonding - moulding - trimming - forming

ⓑ die attache - wire bonding - seal - trimming - moulding - forming

ⓒ die attache - wire bonding - forming - seal - moulding - trimming

ⓓ die attache - wire bonding - seal - moulding - trimming - forming

27 **패키지(package)의 발전단계에서 집적도가 높은 순서로 가장 적합하게 정렬된 것은?**

ⓐ QFP(Quad Flat) - DIP(Dual Inline) - FO WLP(Fan Out Wafer Level) - CSP(Chip Scale)

ⓑ DIP - CSP - QFP - FO WLP

ⓒ DIP - QFP - CSP - FO WLP

ⓓ QFP - CSP - FO WLP - DIP

28 **그림과 같은 FC-BGA(Flip Chip Ball Grid Array) 방식의 패키지에서 위로부터 차례대로 제조공정에 의한 명칭의 순서가 올바른 것은?**

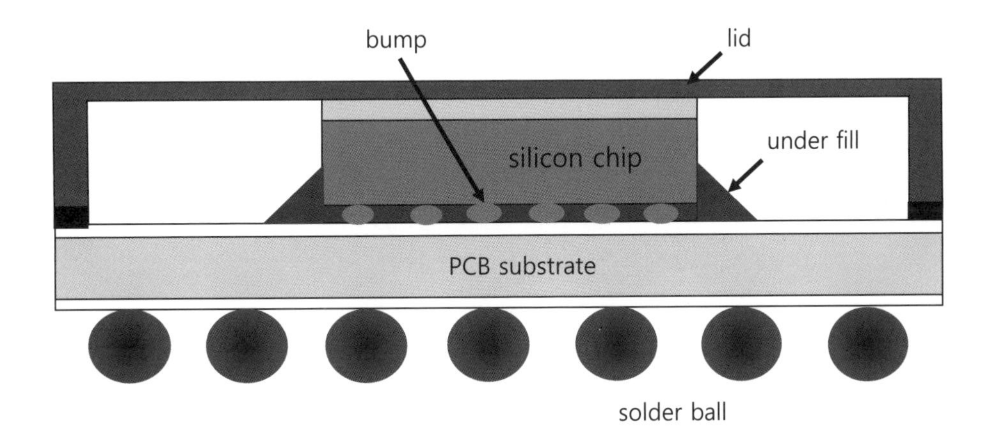

ⓐ die solder ball – under fill – PCB solder bump

ⓑ die solder bump – under fill – PCB solder ball

ⓒ PCB solder bump – under fill – die solder ball

ⓓ PCB solder ball – under fill – die solder bump

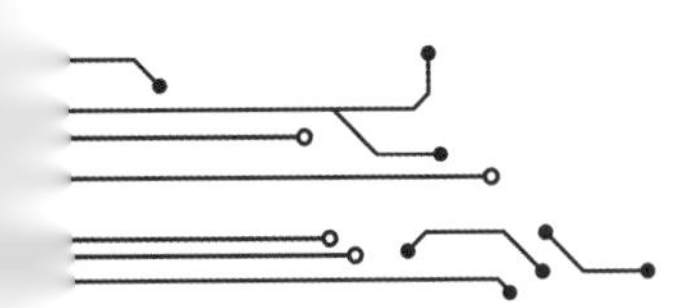

29 **반도체 칩을 분리하는 쏘(saw)를 이용한 다이싱(dicing)에 있어서 무관한 전문용어는?**

ⓐ chiping ⓑ debris ⓒ kerf loss ⓓ eutectic

[30-31] 다음 그래프를 보고 물음에 답하시오.

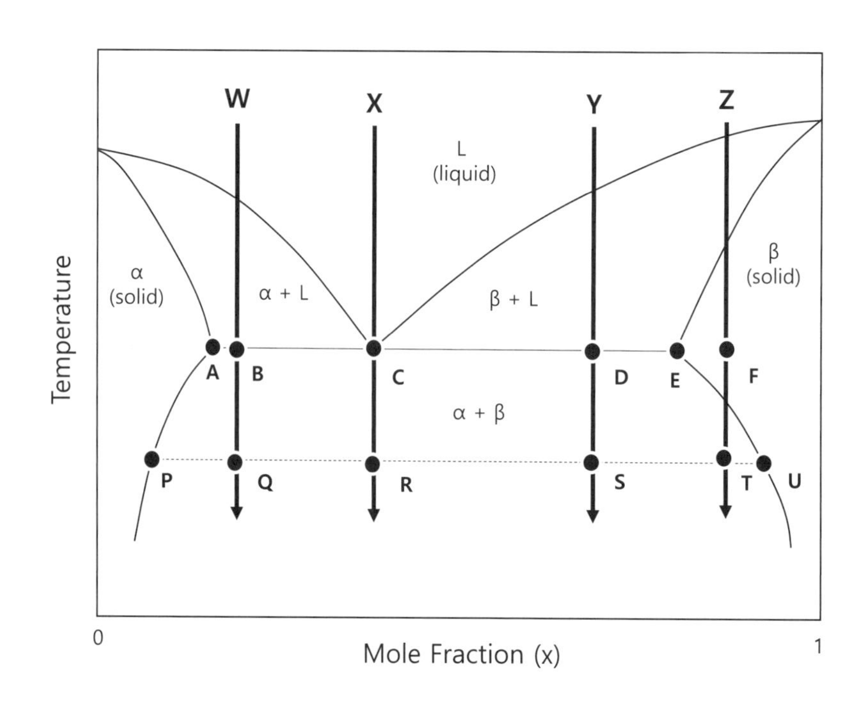

30 **공정(eutectic) 금속을 이용한 다이(die) 본딩에 있어서 상변태도(phase diagram)에서 가장 바람직한 조성의 조건은?**

ⓐ X(x=0.2) ⓑ Y(x=0.3) ⓒ Z(x=0.97) ⓓ Y-Z 사이 조건

31 **공정(eutectic)금속을 이용한 die 본딩에 대한 설명으로 적합하지 않은 것은?**

ⓐ 전력소자용에는 액상화 온도가 높은 Z의 조성이 유용함

ⓑ reflow 열처리시 eutectic 온도가 낮아 쉽게 액상이 되고 균일한 부착이 가능

ⓒ reflow 열처리시 eutectic 온도 아래에서 β상과 α상이 존재하는 고체로 됨

ⓓ X, Y, Z중 Y의 조성이 가장 적합한 조건에 해당함

32 **Ball Gid Array(BGA) 패키지를 위한 범프리플로우(bump reflow) 단계로 정확한 것은?**

ⓐ pre-heat, reflow, soak, cool down

ⓑ pre-heat, soak, cool down, reflow

ⓒ pre-heat, soak, reflow, cool down

ⓓ pre-heat, cool down, soak, reflow

33 **반도체 IC칩의 DIP(Dual In-line Package)에서 고려해야 하는 특성으로 가장 적합한 것은?**

ⓐ 전기전도도, 열전도도, 내화학성, 내마모성, 친수성

ⓑ 전기전도도, 열전도도, 기계적 강도, 내화학성, 내마모성

ⓒ 열전도도, 기계적 강도, 내화학성, 내마모성, UV 투과성

ⓓ 열전도도, 기계적 강도, 내마모성, 친수성, UV 투과성

34 **반도체 집적회로(IC)칩의 DIP(Dual In-line Package) 패키지에서 고려해야 하는 특성으로 가장 적합한 것은?**

ⓐ 전기전도도, 열전도도, 내화학성, 내마모성, 친수성

ⓑ 열전도도, 기계적 강도, 내화학성, 내마모성, UV 투과성

ⓒ 전기전도도, 열전도도, 기계적 강도, 내화학성, 내마모성

ⓓ 열전도도, 기계적 강도, 내마모성, 친수성, UV 투과성

35 **BGA(Bal Grid Array) 패키지를 위한 범프리플로우(bump reflow) 단계로 올바른 것은?**

ⓐ pre-heat, reflow, soak, cool down

ⓑ pre-heat, soak, reflow, cool down

ⓒ pre-heat, soak, cool down, reflow

ⓓ pre-heat, cool down, soak, reflow

36 **HBM(High Bandwidth Memory) 제조에 사용하는 실리콘관통비아(TSV: Through Silicon Via)가 제공하는 주요 성능과 관련이 없는 것은?**

ⓐ 빠른 신호전달

ⓑ 작은 전력소모

ⓒ 높은 입출력 단자 밀도

ⓓ 높은 휘어짐 탄성도

37 **Si 웨이퍼의 후면연마(back grind)후에 후면의 상태에 대한 설명으로 적합하지 않은 것은?**

ⓐ 기판의 후면에는 결정결함이 다량 존재함

ⓑ 후면에 back metal을 증착하면 완전한 단결정 상태로 복구됨

ⓒ 기판의 후면에는 응력(stress)이 다량 존재함

ⓓ 잔류 응력과 결정결함을 제거하기 위해 습식식각이나 CMP 공정이 필요함

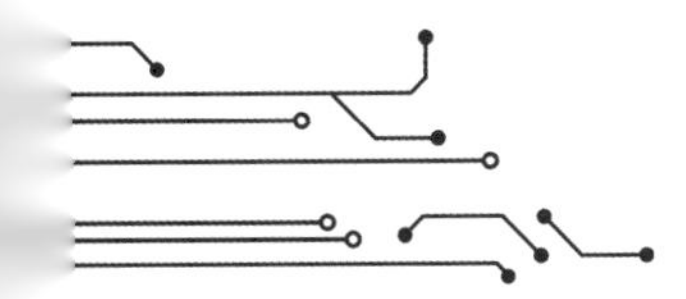

38 **반도체 패키지의 주요 기능으로 가장 정확한 설명은?**

ⓐ 전력공급, 신호전달, 열분산, 물리적 보호

ⓑ 가압, 신호전달, 열분산, 물리적 보호

ⓒ 전력공급, 신호전달, 가열, 기계적 보호

ⓓ 가압, 신호전달, 가열, 기계적 보호

39 **도금기술을 이용하는 실리콘 반도체의 금속접촉에 사용하는 증착물질이 해당하지 않는 것은?**

ⓐ Au ⓑ Fe ⓒ Cu ⓓ Ni

40 **범프 리플로우(bump reflow) 공정단계에 대한 정확한 설명은?**

ⓐ reflow zone에서 범프의 솔더링이 진행됨

ⓑ reflow zone에서 flux는 솔더의 표면장력을 크게 하여 구형이 되게 함

ⓒ soak zone 단계는 flux의 습윤(wetting)을 시킴

ⓓ reflow zone의 dwell time은 최대한 길수록 유용함

41 **반도체 소자가 시불변 고장율을 따른다고 한다. 온도가 300 K, 901 K에서 MTTF(Mean Time To Failure)가 각각 1000 hr, 10 hr이면, 이 소자의 불량(failure)을 발생시키는 메커니즘의 활성화에너지(E_a)는? 단, $MTTF = \int_0^\infty R(t)dt,\ \ R(t) = \exp(-Lt),\ \ L(T) = \exp\left(-\frac{E_a}{kT}\right)$ 관계식을 이용**

ⓐ 0.089 eV ⓑ 0.89 eV ⓒ 8.9 eV ⓓ 89 eV

42 **UBM(Under Bump Metal)용 물질의 조합으로 부적합한 것은?**

ⓐ Cr/Cu/Au

ⓑ Ti/Cu/Ni

ⓒ TiW/Cu/Au

ⓓ Al/AlN/Cu

43 **반도체 패키지 기술의 종류가 아닌 것은?**

ⓐ EUV ⓑ QFP ⓒ SOP ⓓ SOT

44 **반도체 패키지에서 인터포저(interposer)의 설명으로 부적합한 것은?**

ⓐ 칩(chip)과 PCB(substrate) 사이에 위치하여 연결함

ⓑ 수동소자 및 능동소자를 넣을 수 없음

ⓒ 소재로 Si, glass, polymer를 사용할 수 있음

ⓓ 고밀도 배치되어 배선길이를 짧게 하고 밴드폭은 넓게 함

45 **패키지 후공정(back end process) 순서로 가장 적합한 것은?**

ⓐ back grinding – saw – die bonding – wire bonding – molding – test

ⓑ back grinding – saw – wire bonding – molding – test – die bonding

ⓒ back grinding – saw – die bonding – test – wire bonding – molding

ⓓ back grinding – die bonding – saw – wire bonding – molding – test

46 **패키지(package)의 집적밀도가 높아지는 순서로서 가장 바른 것은?**

ⓐ DIP(Dual Inline) – SOP(Small Outline) – WLP (Wafer Level) – TSOP(Thin)

ⓑ SOP(Small Outline) – WLP (Wafer Level) – DIP(Dual Inline) – TSOP(Thin)

ⓒ DIP(Dual Inline) – SOP(Small Outline) – TSOP(Thin) – WLP(Wafer Level)

ⓓ SOP(Small Outline) – TSOP(Thin) – DIP(Dual Inline) – WLP(Wafer Level)

47 **플립칩 패키지에서 사용하는 고밀도 인터포저(interposer)에서 반드시 고려해야 하는 특성에 해당하지 않는 것은?**

ⓐ Cu와 같은 금속배선의 연결 집적도

ⓑ 낮은 발화점

ⓒ 낮은 RC 성분에 의한 작은 시상수

ⓓ 신호와 전력의 전송성능

48 **플립칩 패키지에서 사용하는 고밀도 인터포저(interposer)가 반드시 고려해야 하는 특성으로 해당하지 않는 것은?**

ⓐ 칩과의 열팽창계수 차이

ⓑ PCB 기판과의 열팽창 계수

ⓒ 메탄 가스의 투과도

ⓓ 마이크로 범프(micro-bump)의 접착성과 안정성

49 **패키지의 범프(bump)용으로 사용하는 물질에 해당하지 않는 것은?**

ⓐ PbSn　　ⓑ SuAg　　ⓒ Au　　ⓓ Mo

50 **전력반도체의 패키징용으로 구리(Cu) 금속박막이 양면에 부착된 절연체 기판을 이용하는 DBC(Direct Bonding Chip) 기술에 대한 설명으로 적합하지 않은 것은?**

ⓐ 절연체로 Al_2O_3, AlN, AlSiC와 같은 세라믹 소재 사용

ⓑ Cu와 절연체 기판의 열팽창계수 유사성과 높은 열전도도가 중요함

ⓒ 절연체 기판은 일반적으로 물리적 강도가 낮음

ⓓ Al, Cu 소재인 선(wire)이나 리본을 이용한 안정한 접합 가능함

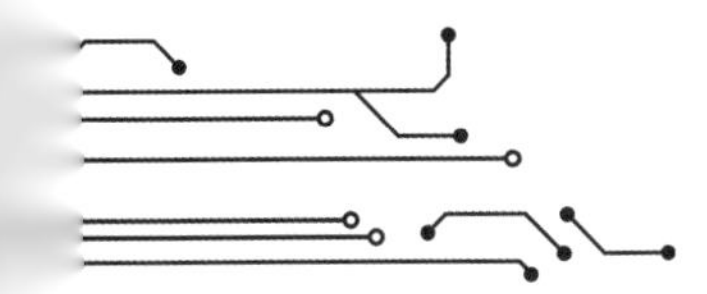

51 **OSAT(Out Sourced Assembly and Test)의 범주에 해당하지 않는 것은?**

ⓐ damascene process ⓑ package
ⓒ package test ⓓ wafer test

52 **유리 인터포저(glass interposer)의 유용성과 무관한 것은?**

ⓐ 고밀도 금속선 배치
ⓑ 고주파 신호전달
ⓒ 높은 신축성과 기계적 강도
ⓓ 대면적의 높은 생산성

53 **TGV(Through Glass Via)의 기술의 장단점으로 잘못 설명된 것은?**

ⓐ 대면적의 높은 생산성
ⓑ 실리콘칩과 동등한 높은 열전달 및 열팽창 계수
ⓒ 우수한 전기절연 특성
ⓓ 피로에 의한 파괴에 취약

54 **다양한 인터포저(interposer)의 기술적 설명으로 부적합한 것은?**

ⓐ 실리콘을 이용한 인터포저는 고밀도 배선형성에 유용함
ⓑ 유기(organic)과 유리(glass)를 이용한 인터포저는 대면적의 절연특성이 장점임
ⓒ RDL(Re-distribution Layer)에 LSI(Local Si Interconnection)을 브릿지로 부착해 사용함
ⓓ 3D 실장기술은 수동소자(R,L,C)를 내장한 인터포저(passive interposer)를 의미함

55 **표면실장을 위한 SAC(Sn-Ag-Cu) 솔더에 대한 설명으로 부적합한 것은?**

ⓐ 전기전도도 측면에서 Pb를 대체하기에 부적합함
ⓑ 솔더의 Ag와 Cu의 함량에 따라 용융점이 변함
ⓒ PCB 변형에 따른 응력에 견디는 내구성이 요구됨
ⓓ PCB에 스텐실 프린트 및 솔더볼로 형성하여 이용함

56 **삼차원 집적화(3D integration)를 위한 배선(interconnection)에서 트렌치 채우기(trench filling)용 구리(Cu)의 electrodeposition(ED)에 대한 설명으로 틀린 것은?**

ⓐ 결함없이 트렌치의 내부를 완벽하게 filling하여 superconformal electrode를 형성함
ⓑ 트렌치 코너의 굴곡(curvature)과 부성저항의 형성에 의해 coverage가 개량됨
ⓒ 결함(seam, void) 방지에 CVD나 ALD(Atomic Layer Deposition)보다 불리함
ⓓ 첨가제(accelerator, suppressor, leveler)로 표면증착은 억제하고 bottom-up 증착을 유도

57 **다음 다이(die) 부착물 중에서 부도체(insulator) 특성을 지닌 물질은?**

ⓐ epoxy adhesive

ⓑ Au eutectic

ⓒ metal-filled epoxy

ⓓ conductive polyimide

58 **다음 비방습형 몰딩의 방식에 해당하는 것은?**

ⓐ welding

ⓑ epoxy molding

ⓒ soldered lid

ⓓ glass-sealed lid

59 **제조공정에 리드프레임을 사용하지 않는 패키징 방식은?**

ⓐ BGA(Ball Grid Array)

ⓑ DIP(Dual In-line Package)

ⓒ QFP(Quad Flat Package)

ⓓ TSOP(Thin Small Outline Package)

60 **반도체 기판을 후면연마(back grind)후에 회전식각(spin etch)의 목적에 부합하지 않는 것은?**

ⓐ 후면에 잔류하는 결정 결함의 제거

ⓑ 후면연마에서 발생한 응력의 제거

ⓒ 정밀한 두께와 표면 거칠기(roughness) 제어

ⓓ 기판후면의 원형 도핑농도 분포 형성

61 **WLP(Wafer Level Package)의 공정기술과 무관한 것은?**

ⓐ RDL(Redistribution Layer)

ⓑ TSV(Through Silicon Via)

ⓒ TSOP(Thin Small Outline Package)

ⓓ WLCSP(Wafer Level Chip Scale Package)

62 **SIP(System in Chip)나 SOC(System on Chip)과 비교하여 칩렛(chiplet)기술의 특징과 무관한 것은?**

ⓐ 메모리, 로직, 컨버터 안테나와 같은 기능의 칩들을 레고식으로 패키지함

ⓑ 최적의 양품으로 구성하여 수율이 향상되고 제조의 경제성을 높임

ⓒ 다양한 기능의 칩들에 각각 집중하므로 개발의 효율성이 높음

ⓓ 에폭시 수지(EMC: Epoxy Mold Compound)와 솔더볼(solder ball)은 사용하지 아니함

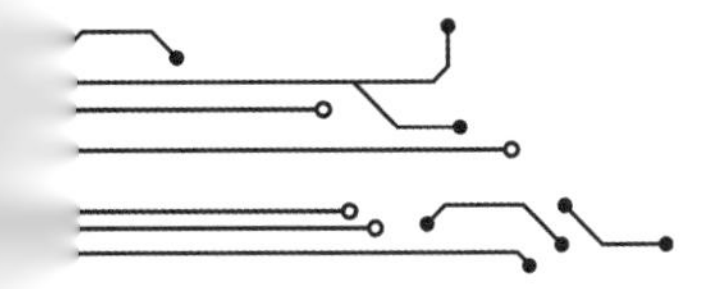

63 **반도체 후공정 패키지에 있어서 가장 일반적인 공정단계로 "웨이퍼 테스트 → A → 다이본딩 → B → 몰딩인캡 → C → 출고"의 과정에서 A, B, C 단계들이 순서대로 바르게 제시된 것은?**

ⓐ 뒷면연마, 와이어 본딩, 테스트

ⓑ 와이어 본딩, 뒷면연마, 테스트

ⓒ 뒷면연마, 테스트, 와이어 본딩

ⓓ 와이어 본딩, 테스트, 뒷면연마

64 **다음의 개념적인 개략도에서 유테틱(Eutectic) 조성의 금속합금을 이용한 플립칩 금속접합에 대한 결정화로 α상과 β상이 개념상 가장 적절하게 표현된 단면구조는?**

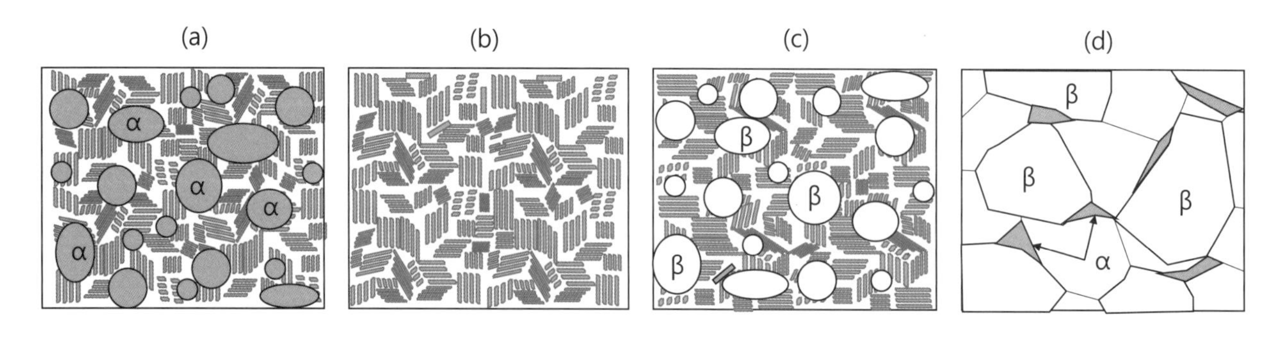

65 **그림의 유텍틱 본딩에 대한 상태도와 단면의 결정상태에 있어서 각 조성에 대해 고온의 액체상태에서 저온(상온)의 고체상태로 상변화된 결정의 개념적 구조가 올바르게 연결된 것은?**

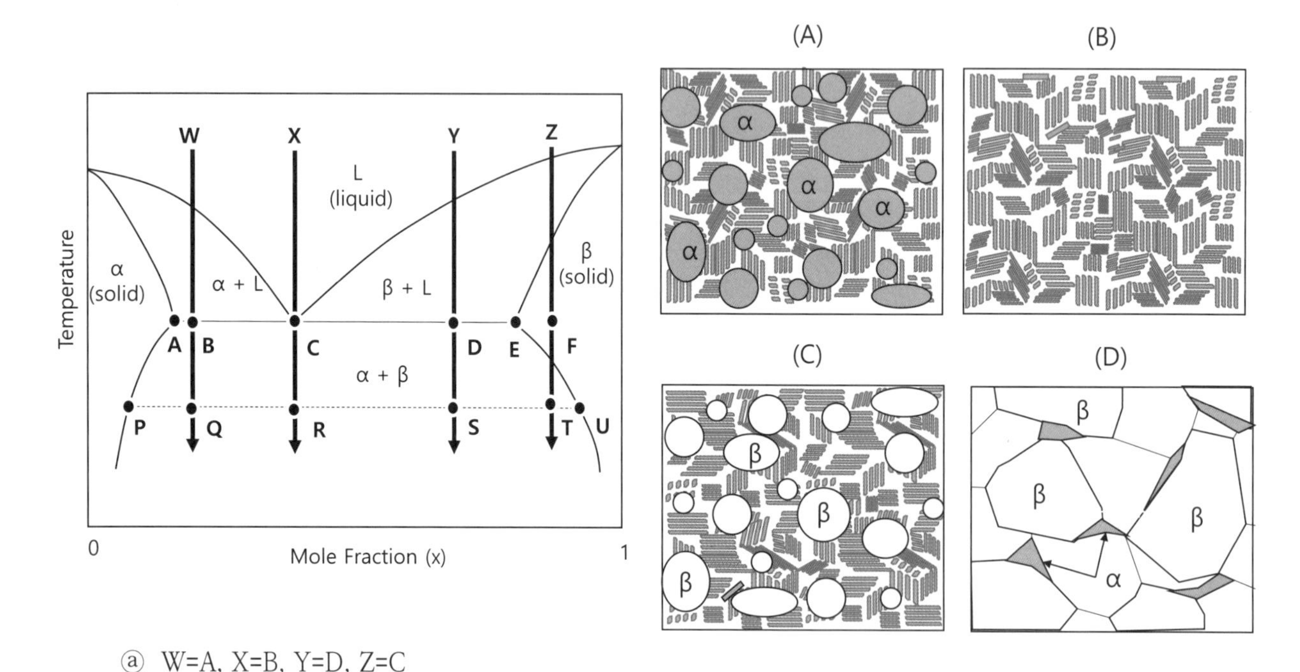

ⓐ W=A, X=B, Y=D, Z=C

ⓑ W=B, X=A, Y=C, Z=D

ⓒ W=A, X=B, Y=C, Z=D

ⓓ W=D, X=B, Y=C, Z=A

66 **최대 허용되는 소자의 동작온도는 105℃이고, 구동전력이 10 W일 때 동작온도가 85℃를 유지하는 경우 이 소자의 최대 구동전력은? 단, 주변의 온도가 40℃이고, 이 동작영역에서 열발생 및 열전도도의 특성은 선형적인 변화를 유지한다고 간주함**

ⓐ 12.4 W ⓑ 14.4 W ⓒ 16.4 W ⓓ 18.4 W

67 **HBM(High Bandwidth Memory)를 3차원 적층(stack) 구조의 SIP(System In Package)로 제작하는 단면구조와 관련한 설명으로 틀린 것은?**

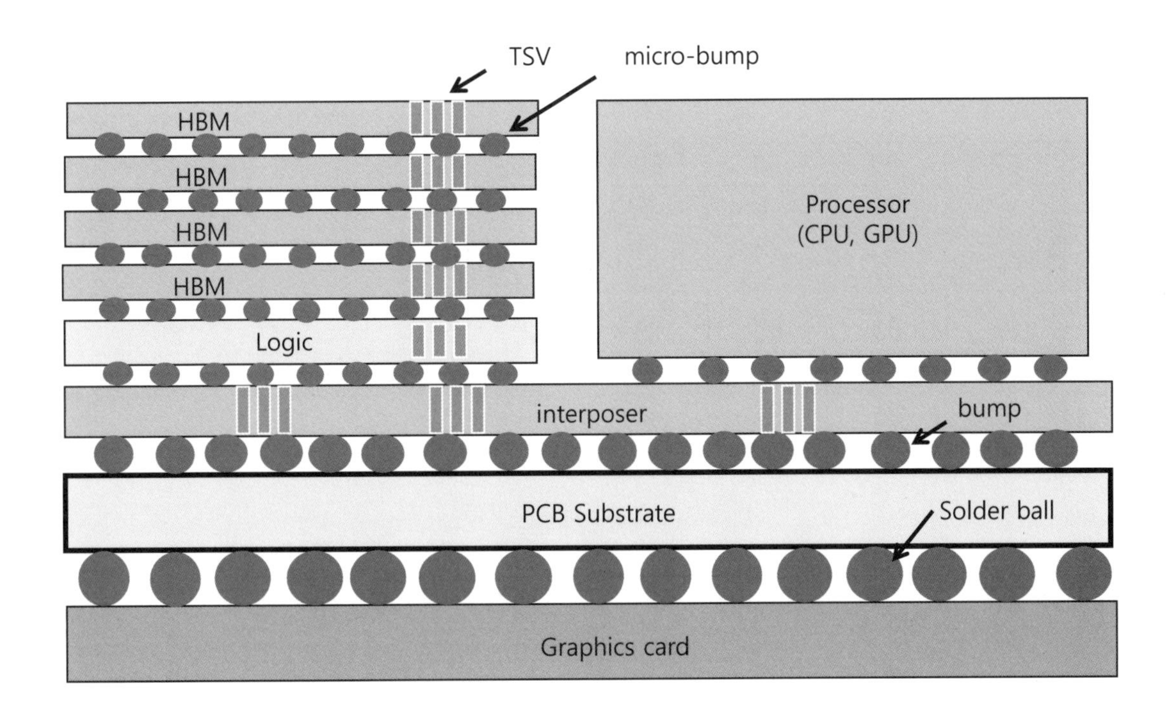

ⓐ TSV(Through Silicon Via)를 적용하여 전력분배 및 데이터 라인을 효율적 배치하여 고속전송의 성능과 전력효율이 높아짐

ⓑ 인터포저(interposer)는 수 만개의 고정밀 micro-bump I/O를 통해 칩 사이에 라우팅(routing)하며 기판(substrate)과 가교 역할을 제공함

ⓒ HBM의 3차원 적층구조의 고속-고성능 동작은 열발생이 심각하여 정상적인 동작을 위한 액침냉각 등의 대책을 요구하게 됨

ⓓ 이러한 SIP 구조에서는 데이터 전송속도가 수 M bps급에 한정되므로 성능개선을 위한 광신호처리 기법의 집적화 기술이 요구됨

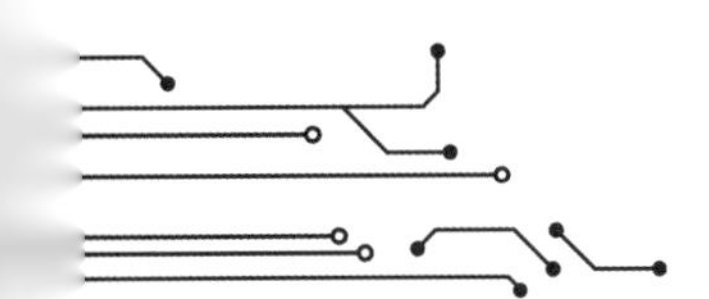

해 답

제1장 | 반도체 기초

1	2	3	4	5	6	7	8	9	10
ⓓ	ⓐ	ⓑ	ⓐ	ⓒ	ⓓ	ⓒ	ⓑ	ⓓ	ⓑ
11	**12**	**13**	**14**	**15**	**16**	**17**	**18**	**19**	**20**
ⓒ	ⓐ	ⓐ	ⓑ	ⓑ	ⓐ	ⓐ	ⓓ	ⓒ	ⓒ
21	**22**	**23**	**24**	**25**	**26**	**27**	**28**	**29**	**30**
ⓐ	ⓐ	ⓒ	ⓑ	ⓑ	ⓐ	ⓐ	ⓐ	ⓐ	ⓒ
31	**32**	**33**	**34**	**35**	**36**	**37**	**38**	**39**	**40**
ⓑ	ⓒ	ⓓ	ⓐ	ⓓ	ⓑ	ⓓ	ⓒ	ⓒ	ⓐ
41	**42**	**43**	**44**	**45**	**46**	**47**	**48**	**49**	**50**
ⓓ	ⓐ	ⓒ	ⓒ	ⓓ	ⓐ	ⓑ	ⓓ	ⓓ	ⓐ
51	**52**	**53**	**54**	**55**	**56**	**57**	**58**	**59**	**60**
ⓑ	ⓒ	ⓐ	ⓓ	ⓒ	ⓑ	ⓒ	ⓓ	ⓑ	ⓓ
61	**62**	**63**	**64**	**65**	**66**	**67**	**68**	**69**	**70**
ⓑ	ⓐ	ⓒ	ⓑ	ⓓ	ⓐ	ⓒ	ⓓ	ⓑ	ⓐ
71	**72**	**73**	**74**	**75**	**76**	**77**	**78**	**79**	**80**
ⓒ	ⓒ	ⓐ	ⓑ	ⓑ	ⓒ	ⓓ	ⓐ	ⓓ	ⓒ
81	**82**	**83**	**84**	**85**	**86**	**87**	**88**	**89**	**90**
ⓐ	ⓓ	ⓐ	ⓓ	ⓒ	ⓐ	ⓓ	ⓑ	ⓓ	ⓒ
91	**92**	**93**	**94**	**95**					
ⓐ	ⓑ	ⓓ	ⓐ	ⓒ					

제2장 | 산화

1	2	3	4	5	6	7	8	9	10
ⓓ	ⓑ	ⓐ	ⓓ	ⓓ	ⓑ	ⓒ	ⓒ	ⓐ	ⓐ
11	**12**	**13**	**14**	**15**	**16**	**17**	**18**	**19**	**20**
ⓓ	ⓓ	ⓐ	ⓑ	ⓒ	ⓓ	ⓓ	ⓒ	ⓑ	ⓐ
21	**22**	**23**	**24**	**25**	**26**	**27**	**28**	**29**	**30**
ⓓ	ⓑ	ⓓ	ⓐ	ⓓ	ⓑ	ⓒ	ⓓ	ⓐ	ⓑ
31	**32**	**33**	**34**	**35**	**36**	**37**	**38**	**39**	**40**
ⓒ	ⓐ	ⓐ	ⓒ	ⓑ	ⓑ	ⓐ	ⓓ	ⓓ	ⓒ
41	**42**	**43**	**44**	**45**	**46**	**47**	**48**	**49**	**50**
ⓑ	ⓑ	ⓒ	ⓒ	ⓐ	ⓒ	ⓑ	ⓒ	ⓐ	ⓓ
51	**52**	**53**	**54**	**55**	**56**	**57**	**58**	**59**	**60**
ⓐ	ⓑ	ⓒ	ⓑ	ⓐ	ⓐ	ⓐ	ⓓ	ⓒ	ⓓ
61	**62**	**63**	**64**	**65**	**66**	**67**	**68**	**69**	**70**
ⓑ	ⓓ	ⓑ	ⓒ	ⓓ	ⓐ	ⓓ	ⓒ	ⓒ	ⓑ
71	**72**	**73**	**74**	**75**	**76**	**77**			
ⓒ	ⓓ	ⓓ	ⓓ	ⓐ	ⓑ	ⓒ			

제3장 | 확산

1	2	3	4	5	6	7	8	9	10
ⓒ	ⓓ	ⓐ	ⓐ	ⓑ	ⓒ	ⓐ	ⓑ	ⓒ	ⓓ
11	12	13	14	15	16	17	18	19	20
ⓒ	ⓓ	ⓑ	ⓒ	ⓒ	ⓐ	ⓑ	ⓐ	ⓐ	ⓒ
21	22	23	24	25	26	27	28	29	30
ⓒ	ⓑ	ⓑ	ⓓ	ⓓ	ⓒ	ⓑ	ⓓ	ⓓ	ⓑ
31	32	33	34	35	36	37	38	39	40
ⓐ	ⓒ	ⓓ	ⓓ	ⓓ	ⓐ	ⓐ	ⓒ	ⓒ	ⓐ
41	42	43	44	45	46	47	48	49	50
ⓐ	ⓓ	ⓐ	ⓑ	ⓓ	ⓒ	ⓒ	ⓓ	ⓐ	ⓒ
51	52	53	54	55	56	57	58	59	60
ⓑ	ⓒ	ⓐ	ⓐ	ⓓ	ⓒ	ⓓ	ⓒ	ⓐ	ⓑ
61	62	63	64	65					
ⓒ	ⓑ	ⓓ	ⓐ	ⓐ					

제4장 | 이온주입

1	2	3	4	5	6	7	8	9	10
ⓑ	ⓒ	ⓑ	ⓐ	ⓑ	ⓒ	ⓒ	ⓒ	ⓑ	ⓒ
11	12	13	14	15	16	17	18	19	20
ⓑ	ⓒ	ⓐ	ⓓ	ⓑ	ⓑ	ⓒ	ⓒ	ⓓ	ⓑ
21	22	23	24	25	26	27	28	29	30
ⓓ	ⓒ	ⓑ	ⓓ	ⓐ	ⓑ	ⓒ	ⓐ	ⓑ	ⓒ
31	32	33	34	35	36	37	38	39	40
ⓒ	ⓑ	ⓒ	ⓒ	ⓓ	ⓒ	ⓒ	ⓒ	ⓒ	ⓓ
41	42	43	44	45	46	47	48	49	50
ⓑ	ⓓ	ⓑ	ⓓ	ⓐ	ⓐ	ⓓ	ⓑ	ⓓ	ⓑ
51	52	53	54	55	56	57	58	59	60
ⓐ	ⓒ	ⓒ	ⓑ	ⓐ	ⓓ	ⓐ	ⓑ	ⓑ	ⓒ
61	62	63	64	65	66	67	68	69	70
ⓓ	ⓐ	ⓐ	ⓓ	ⓓ	ⓐ	ⓑ	ⓓ	ⓒ	ⓐ
71	72	73	74	75	76	77	78	79	80
ⓐ	ⓒ	ⓓ	ⓑ	ⓓ	ⓒ	ⓑ	ⓐ	ⓑ	ⓒ

제5장 | 박막 증착

1	2	3	4	5	6	7	8	9	10
ⓒ	ⓒ	ⓒ	ⓐ	ⓑ	ⓒ	ⓒ	ⓑ	ⓒ	ⓑ

11	12	13	14	15	16	17	18	19	20
ⓓ	ⓒ	ⓓ	ⓐ	ⓓ	ⓒ	ⓓ	ⓒ	ⓐ	ⓓ
21	22	23	24	25	26	27	28	29	30
ⓑ	ⓐ	ⓒ	ⓓ	ⓒ	ⓑ	ⓓ	ⓒ	ⓒ	ⓒ
31	32	33	34	35	36	37	38	39	40
ⓒ	ⓐ	ⓑ	ⓓ	ⓒ	ⓐ	ⓐ	ⓐ	ⓓ	ⓐ
41	42	43	44	45	46	47	48	49	50
ⓑ	ⓒ	ⓒ	ⓑ	ⓐ	ⓑ	ⓓ	ⓑ	ⓐ	ⓑ
51	52	53	54	55	56	57	58	59	60
ⓐ	ⓒ	ⓒ	ⓓ	ⓒ	ⓓ	ⓐ	ⓑ	ⓐ	ⓐ
61	62	63	64	65	66	67	68	69	70
ⓒ	ⓐ	ⓓ	ⓒ	ⓐ	ⓓ	ⓑ	ⓑ	ⓑ	ⓐ
71	72	73	74	75	76	77	78	79	80
ⓑ	ⓒ	ⓑ	ⓐ	ⓒ	ⓐ	ⓓ	ⓓ	ⓐ	ⓐ
81	82	83	84	85	86	87	88	89	90
ⓒ	ⓓ	ⓓ	ⓑ	ⓑ	ⓓ	ⓐ	ⓒ	ⓐ	ⓓ
91	92	93	94	95	96	97	98	99	100
ⓑ	ⓒ	ⓓ	ⓐ	ⓒ	ⓑ	ⓓ	ⓓ	ⓐ	ⓒ
101	102	103	104	105	106	107	108	109	110
ⓑ	ⓓ	ⓑ	ⓒ	ⓐ	ⓐ	ⓓ	ⓒ	ⓒ	ⓑ
111	112	113	114						
ⓐ	ⓓ	ⓐ	ⓑ						

제6장 | 리소그라피

1	2	3	4	5	6	7	8	9	10
ⓑ	ⓑ	ⓒ	ⓑ	ⓐ	ⓐ	ⓐ	ⓒ	ⓑ	ⓒ
11	12	13	14	15	16	17	18	19	20
ⓓ	ⓐ	ⓓ	ⓐ	ⓐ	ⓒ	ⓒ	ⓓ	ⓐ	ⓐ
21	22	23	24	25	26	27	28	29	30
ⓑ	ⓒ	ⓓ	ⓒ	ⓓ	ⓑ	ⓑ	ⓐ	ⓐ	ⓐ
31	32	33	34	35	36	37	38	39	40
ⓒ	ⓒ	ⓓ	ⓐ	ⓑ	ⓒ	ⓓ	ⓐ	ⓓ	ⓑ
41	42	43	44	45	46	47	48	49	50
ⓒ	ⓒ	ⓐ	ⓓ	ⓑ	ⓐ	ⓑ	ⓐ	ⓓ	ⓒ
51	52	53	54	55	56	57	58	59	60
ⓓ	ⓓ	ⓑ	ⓐ	ⓒ	ⓐ	ⓓ	ⓐ	ⓓ	ⓑ
61	62	63	64	65	66	67	68	69	70
ⓓ	ⓒ	ⓐ	ⓓ	ⓑ	ⓒ	ⓐ	ⓑ	ⓓ	ⓒ
71	72	73	74	75	76	77	78	79	80
ⓓ	ⓑ	ⓓ	ⓐ	ⓒ	ⓑ	ⓓ	ⓑ	ⓐ	ⓓ

제7장 | 식각기술

1	2	3	4	5	6	7	8	9	10
ⓓ	ⓑ	ⓐ	ⓓ	ⓑ	ⓓ	ⓒ	ⓒ	ⓓ	ⓐ
11	**12**	**13**	**14**	**15**	**16**	**17**	**18**	**19**	**20**
ⓒ	ⓐ	ⓐ	ⓒ	ⓑ	ⓓ	ⓓ	ⓓ	ⓓ	ⓒ
21	**22**	**23**	**24**	**25**	**26**	**27**	**28**	**29**	**30**
ⓑ	ⓐ	ⓓ	ⓐ	ⓒ	ⓑ	ⓒ	ⓑ	ⓓ	ⓑ
31	**32**	**33**	**34**	**35**	**36**	**37**	**38**	**39**	**40**
ⓓ	ⓐ	ⓓ	ⓐ	ⓓ	ⓒ	ⓑ	ⓐ	ⓓ	ⓐ
41	**42**	**43**	**44**	**45**	**46**	**47**	**48**	**49**	**50**
ⓒ	ⓒ	ⓓ	ⓐ	ⓐ	ⓓ	ⓓ	ⓐ	ⓐ	ⓒ
51	**52**	**53**	**54**	**55**	**56**	**57**	**58**	**59**	**60**
ⓑ	ⓑ	ⓐ	ⓐ	ⓓ	ⓒ	ⓑ	ⓓ	ⓓ	ⓒ
61	**62**	**63**	**64**	**65**	**66**	**67**	**68**	**69**	**70**
ⓐ	ⓐ	ⓑ	ⓒ	ⓐ	ⓒ	ⓓ	ⓒ	ⓑ	ⓑ
71	**72**	**73**	**74**	**75**	**76**	**77**	**78**	**79**	**80**
ⓓ	ⓒ	ⓑ	ⓐ	ⓒ	ⓒ	ⓑ	ⓓ	ⓐ	ⓑ
81	**82**	**83**	**84**	**85**	**86**	**87**	**88**	**89**	**90**
ⓓ	ⓓ	ⓒ	ⓐ	ⓓ	ⓓ	ⓓ	ⓑ	ⓐ	ⓐ
91	**92**	**93**	**94**	**95**	**96**	**97**	**98**	**99**	**100**
ⓒ	ⓐ	ⓐ	ⓓ	ⓒ	ⓒ	ⓐ	ⓑ	ⓒ	ⓑ
101	**102**	**103**	**104**	**105**	**106**	**107**	**108**	**109**	**110**
ⓓ	ⓐ	ⓐ	ⓒ	ⓓ	ⓑ	ⓓ	ⓒ	ⓑ	ⓐ
111	**112**	**113**	**114**	**115**	**116**	**117**	**118**	**119**	**120**
ⓑ	ⓑ	ⓒ	ⓓ	ⓐ	ⓐ	ⓓ	ⓒ	ⓓ	ⓑ
121	**122**	**123**	**124**						
ⓒ	ⓐ	ⓐ	ⓑ						

제8장 | 금속배선

1	2	3	4	5	6	7	8	9	10
ⓒ	ⓒ	ⓓ	ⓑ	ⓑ	ⓒ	ⓐ	ⓐ	ⓐ	ⓑ
11	**12**	**13**	**14**	**15**	**16**	**17**	**18**	**19**	**20**
ⓓ	ⓒ	ⓑ	ⓐ	ⓒ	ⓒ	ⓒ	ⓒ	ⓑ	ⓑ
21	**22**	**23**	**24**	**25**	**26**	**27**	**28**	**29**	**30**
ⓒ	ⓐ	ⓐ	ⓑ	ⓓ	ⓑ	ⓒ	ⓐ	ⓐ	ⓐ
31	**32**	**33**	**34**	**35**	**36**	**37**	**38**	**39**	**40**
ⓓ	ⓓ	ⓐ	ⓐ	ⓓ	ⓒ	ⓒ	ⓓ	ⓑ	ⓑ
41	**42**	**43**	**44**	**45**	**46**	**47**	**48**	**49**	**50**
ⓒ	ⓐ	ⓐ	ⓑ	ⓐ	ⓑ	ⓓ	ⓓ	ⓒ	ⓒ
51	**52**	**53**	**54**	**55**	**56**	**57**	**58**	**59**	**60**
ⓓ	ⓒ	ⓑ	ⓐ	ⓒ	ⓑ	ⓑ	ⓐ	ⓒ	ⓒ

61	62	63	64	65	66	67	68	69	70
ⓑ	ⓐ	ⓓ	ⓑ	ⓐ	ⓑ	ⓓ	ⓐ	ⓐ	ⓒ
71	72	73	74	75	76				
ⓓ	ⓐ	ⓓ	ⓑ	ⓒ	ⓑ				

제9장 | 소자 공정

1	2	3	4	5	6	7	8	9	10
ⓐ	ⓑ	ⓒ	ⓐ	ⓒ	ⓓ	ⓓ	ⓒ	ⓑ	ⓐ
11	12	13	14	15	16	17	18	19	20
ⓑ	ⓓ	ⓒ	ⓑ	ⓑ	ⓒ	ⓐ	ⓐ	ⓓ	ⓓ
21	22	23	24	25	26	27	28	29	30
ⓒ	ⓑ	ⓒ	ⓒ	ⓒ	ⓒ	ⓓ	ⓓ	ⓑ	ⓐ
31	32	33	34	35	36	37	38	39	40
ⓑ	ⓑ	ⓒ	ⓓ	ⓒ	ⓓ	ⓒ	ⓐ	ⓑ	ⓑ
41	42	43	44	45	46	47	48	49	50
ⓐ	ⓐ	ⓓ	ⓑ	ⓒ	ⓒ	ⓑ	ⓑ	ⓑ	ⓑ
51	52	53	54	55	56	57	58	59	60
ⓐ	ⓐ	ⓒ	ⓓ	ⓐ	ⓒ	ⓑ	ⓐ	ⓓ	ⓐ
61	62	63	64	65	66	67	68	69	70
ⓒ	ⓐ	ⓓ	ⓐ	ⓑ	ⓒ	ⓓ	ⓑ	ⓓ	ⓒ
71	72	73	74						
ⓒ	ⓐ	ⓐ	ⓓ						

제10장 | 패키징

1	2	3	4	5	6	7	8	9	10
ⓒ	ⓐ	ⓑ	ⓒ	ⓑ	ⓓ	ⓐ	ⓒ	ⓒ	ⓓ
11	12	13	14	15	16	17	18	19	20
ⓓ	ⓒ	ⓐ	ⓒ	ⓑ	ⓓ	ⓐ	ⓐ	ⓐ	ⓒ
21	22	23	24	25	26	27	28	29	30
ⓒ	ⓒ	ⓐ	ⓒ	ⓑ	ⓓ	ⓒ	ⓑ	ⓓ	ⓐ
31	32	33	34	35	36	37	38	39	40
ⓐ	ⓒ	ⓑ	ⓒ	ⓑ	ⓓ	ⓑ	ⓐ	ⓑ	ⓒ
41	42	43	44	45	46	47	48	49	50
ⓐ	ⓓ	ⓐ	ⓑ	ⓐ	ⓒ	ⓑ	ⓒ	ⓓ	ⓒ
51	52	53	54	55	56	57	58	59	60
ⓐ	ⓒ	ⓑ	ⓓ	ⓐ	ⓒ	ⓐ	ⓑ	ⓐ	ⓓ
61	62	63	64	65	66	67			
ⓒ	ⓓ	ⓐ	ⓑ	ⓒ	ⓑ	ⓓ			

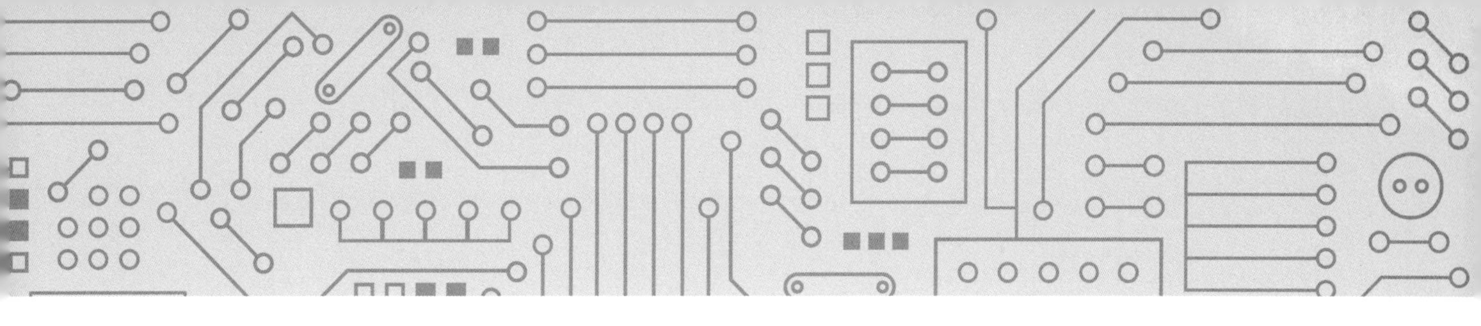

EPILOGUE

문제지는 과거에 산출된 결과를 전달하는 것이 목적이며, 학습하여 안다는 사실 그 자체만으로 산출된 가치는 높지 않다고 볼 수 있습니다. 그러나 문제풀이의 과정에서 기초 지식은 물론 응용 능력을 다차원으로 갖춤으로써 신기술을 창출하고 초격차를 이루는 "문제해결사"로 성장한다면 소위 이득(Gain)을 수 만 배 내지 억 배로 막대하게 높이는 최고의 전문가가 될 것입니다.
이제까지 반도체에 의해 이루어진 과학기술 및 산업적 성과는 그야말로 위대하다 할 수 있습니다. 그리고 지난 60년간 이어온 무어의 법칙이 종료되면서 더 이상의 혁신이 의문시되는 시점이기도 합니다. 그러나 역사적으로 보면 인류가 존재하고 발전하는 한 어떤 방식과 어떠한 형태로 미래의 변혁을 이끌지 모르는 일입니다. 앞으로 또 다른 60여년 반도체가 어떠한 세상을 만들어 갈지 상상하면 가슴이 벅차옵니다.

■ ■ ■ ■

저자 약력

최철종

(현) 전북대학교 반도체학과 교수
(전) 삼성전자 종합기술원 수석연구원

심규환

(현) (주)시지트로닉스(SIGETRONICS) 대표
(현) 전북대학교 반도체학과 교수
(전) 한국전자통신연구원 책임연구원

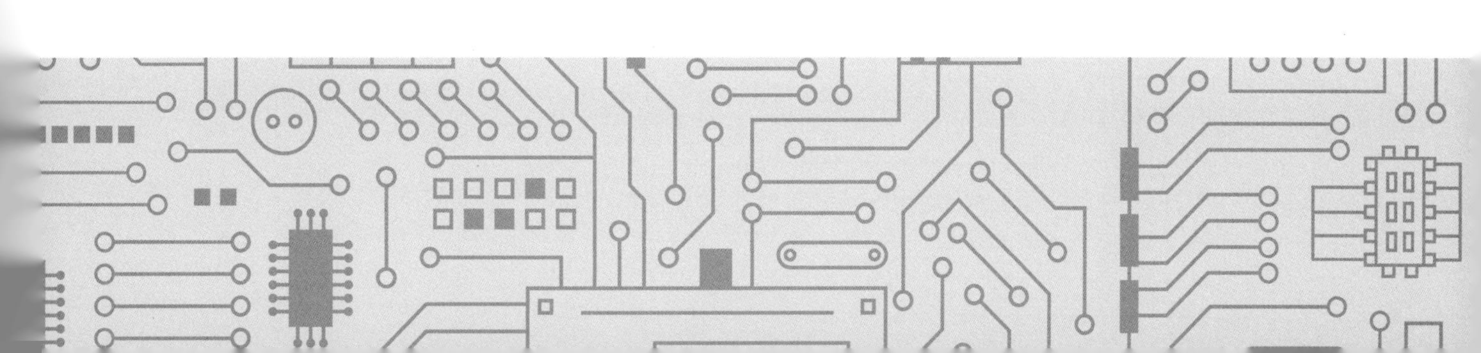

반도체 8대 공정 마스터

1판 1쇄 발행 2024년 7월 26일

지은이 최철종, 심규환

편집 이새희
마케팅 • 지원 김혜지

펴낸곳 (주)하움출판사 펴낸이 문현광

이메일 haum1000@naver.com 홈페이지 haum.kr
블로그 blog.naver.com/haum1000 인스타 @haum1007

ISBN 979-11-6440-601-2(13560)

좋은 책을 만들겠습니다.
하움출판사는 독자 여러분의 의견에 항상 귀 기울이고 있습니다.
파본은 구입처에서 교환해 드립니다.